C语言程序实验与课程设计教程

于延　邹倩　主编

李红宇　范雪琴　周英　副主编

清华大学出版社

北京

内 容 简 介

本教程是"计算机系统能力"课程群的重点建设成果,与于延等编写的《C语言程序设计与实践》(主教材,清华大学出版社出版)配套。全书共两大部分,第1部分是"C语言程序设计实验与教学要求",包括对C语言各章知识点的能力要求、适合各章内容的实验题目和题解,以及C语言编译环境的介绍;第2部分是"C语言程序课程设计与案例",详细介绍课程设计的目的、任务、要求和评价,并给出3个典型的课程设计案例。

本书内容与主教材完全同步,各章的知识点能力要求表格可以实现对学生学习过程的辅助与监督,也为广大教师授课提供参考;全书所有的实验题目和课程设计案例都提供完整的代码,大部分实验题目选自网上的OJ系统,相应的程序代码已经在网上正确给出。本书既适合与《C语言程序设计与实践》配套教学使用,也可单独使用作为学习C语言的参考书。

为方便教学和读者上机操作练习,本书所有实验题目的代码和所有课程设计案例的代码,以及配套主教材中的所有资源都可在清华大学出版社网站 http://www.tup.com.cn 免费下载。

本书封面贴有清华大学出版社防伪标签,无标签者不得销售。

版权所有,侵权必究。举报:010-62782989,beiqinquan@tup.tsinghua.edu.cn。

图书在版编目(CIP)数据

C语言程序实验与课程设计教程/于延,邹倩主编.—北京:清华大学出版社,2019(2021.9重印)
(21世纪高等学校规划教材·计算机科学与技术)
ISBN 978-7-302-53130-2

Ⅰ.①C… Ⅱ.①于… ②邹… Ⅲ.①C语言-程序设计-教学参考资料 Ⅳ.①TP312.8

中国版本图书馆CIP数据核字(2019)第112871号

责任编辑:张瑞庆 常建丽
封面设计:傅瑞学
责任校对:焦丽丽
责任印制:朱雨萌

出版发行:清华大学出版社
　　　　网　　　址:http://www.tup.com.cn,http://www.wqbook.com
　　　　地　　　址:北京清华大学学研大厦A座　　　　邮　　编:100084
　　　　社 总 机:010-62770175　　　　邮　　购:010-83470235
　　　　投稿与读者服务:010-62776969,c-service@tup.tsinghua.edu.cn
　　　　质量反馈:010-62772015,zhiliang@tup.tsinghua.edu.cn
　　　　课件下载:http://www.tup.com.cn,010-83470236
印 装 者:三河市金元印装有限公司
经　　销:全国新华书店
开　　本:185mm×260mm　　　　印　　张:21.5　　　　字　　数:514千字
版　　次:2019年9月第1版　　　　印　　次:2021年9月第5次印刷
定　　价:59.00元

产品编号:081910-01

前　言

C语言是国内广泛使用的计算机语言,是很多高校计算机及相关专业的核心课程,以及其他理工科专业的计算机通识基础课程。作者编写的《C语言程序设计与实践》已由清华大学出版社出版,采用"章-节-知识单元"的体例编写。全书通过800多个程序案例驱动知识,将C语言的知识点分解成若干相对独立、规模较小的知识单元,并重新整合知识点的顺序,为今后的MOOC和微课作准备。本书作为"计算机系统能力课程群"重点建设的教材之一,集科学性、实用性、通俗性为一体,入门容易、坡度适宜、由浅入深、难点分散,是一本非常适合初学者使用的教科书。

根据"计算机系统能力课程群"建设要求和学生学习C语言的需要,本书内容主要包括以下两大部分。

第1部分是"C语言程序设计实验"。这部分中包括了主教材《C语言程序设计与实践》全部章节的学习能力要求,以及每章的实验题目及解题分析和源程序。第1部分共分16章,与配套教科书的章节和知识点同步。每一章的知识点与学习要求节中,详细列出了配套教材中的每一节、每一个知识单元,并对知识单元适当分解成若干小的相对独立的知识点。书中对每一个知识点都给出了能力目标,要求学生按顺序、按能力目标预习、学习和复习。第1部分每一章的实验都提供了与本章内容匹配的实验题目,绝大部分实验题目选自网络OJ平台。这些实验题目难度适中,按由浅入深、先易后难的顺序编排,非常适合初学者练习。如果读者想练习更高难度的问题,请访问相应的OJ平台,那里有海量的问题供学习研究。

第2部分是"C语言程序课程设计"。系统介绍了C语言程序课程设计的目的任务、设计过程和评价方法,同时给出了3个完整的设计案例。

本书的大部分实验题目都选自网络OJ平台,包括OpenJudge、NYOJ、POJ、ZOJ、XiDian OJ等,并且每个问题都注明了出处,问题的程序代码由本书作者设计编写,在此向所有涉及的OJ平台及题目原作者表示感谢。

本书为黑龙江省高等学校教改工程项目(面向成果导向教育的混合式立体"金课"建设研究)研究成果,于延、邹倩任主编,李红宇、范雪琴、周英任副主编。其中第1~12章由于延编写,第13、14章由邹倩编写,第15、16章由范雪琴编写,第17、20章由李红宇编写,第18、19章由周英编写。全书由李英梅教授主审,感谢李英梅教授对本书的审阅和宝贵意见。

本书难免会有不足之处,敬请广大读者批评指正,作者联系邮箱: 915596151@qq.com或yuyan9999@vip.qq.com。我们将为您提供完整的C语言课程教学大纲、课件、教学进度表、《C语言程序设计与实践》书中所有案例源代码、习题答案、习题源代码、本书的所有源代码(所有代码文件990个),以上资源也可从清华大学出版社网站(http://www.tup.com.cn)下载。

作　者

2019年4月

目　　录

第 1 部分　C 语言程序实验与教学要求

第 2 部分　C 语言程序课程设计与案例

第 1 部分

C 语言程序实验与教学要求

第1章　结识C语言

1.1　本书使用说明

1. 知识点学习目标及能力要求

本书每章"知识点及学习要求"一节中所列内容为《C语言程序设计与实践》书中所有知识点及学习要求，其中带 * 号的知识点主教材中没有涉及或简单涉及，需要学习者通过学习资料或互联网自学。表格中针对每个知识点给出了不同的学习目标要求，具体含义如下。

认识：要求学生至少认真阅读两遍，才能达到认识的目标。

理解：要求学生能理解知识点或程序清单中的代码，针对此知识点在面对教师或学生提问时能自如回答，要求学生对相关程序代码上机练习至少一次。

领会：要求学生能达到为其他学生讲解该知识点或程序清单的能力，能恰当运用教学方法和手段，并且能厘清与关联知识点的关系，要求学生对相关程序代码上机练习至少2次。

运用：要求学生对相关程序代码上机练习至少3次以上；能在不参照任何资料的情况下，独立完成程序代码的录入、调试和执行；对此单元的知识点和代码，能达到为其他学生脱稿讲解。

创新：要求学生根据本单元内的程序代码，能举一反三，自行查找资料设计同类问题，自行分析解决，并最终编写程序代码，调试运行。

2. 建议学习方法

建议读者在使用本书作为学习C语言程序设计的辅导用书时，采用"以上机实践贯穿始终，预习＋课堂教学＋复习"的学习步骤，课前预习时请记**预习笔记**，记录学习中遇到的问题；课堂教学时针对问题听课，提问或讨论后再**补充笔记**；课后复习时完成创新任务，并记**创新笔记**。具体可按如下方法和步骤实施学习过程。

1）预习

预习是指正式课堂教学之前的自我学习，建议按以下方法预习。

（1）按每节的"知识点及能力要求"表格的知识点顺序进行第一遍预习，完成认识和理解层次的学习目标，记**预习笔记**。

（2）有条件的读者可进行第二次预习，尽力完成领会和运用层次的学习目标，完善预习笔记，主要记录自己对知识的理解和疑问。

（3）预习过程中，要上机练习主教材中的所有程序案例和例题，认识和尝试理解程序执行结果。

（4）预习过后，自行完成部分课后习题和补充习题，以检验预习效果。

完成一次有效预习,请在相应知识点预习栏打钩。

2)课堂教学

本书中,课堂教学是指教师在课堂或实验室正式教授知识点开始的3～7天,包括读者在课堂听讲和理解消化的时间,此段时间内建议按以下方法学习。

(1)在课堂教学过程中,针对已理解的知识点通过教师讲解进行验证,从而加深理解;针对疑问积极交流,从而消除疑问;课堂教学过程中进一步完善学习笔记。

(2)课堂教学过程中,尤其是实验实践教学过程中,要上机练习,保证教材中的所有程序案例、例题和练习达到领会和运用的目标,基本达到创新目标。

(3)课堂教学过后,自行完成绝大部分课后习题和补充习题,没有掌握的习题要在**补充笔记**中特殊记录。

完成对知识点的学习,达到相应能力目标的要求,请在知识点相应能力要求栏打钩。

3)复习

复习是指课堂教学活动之后,读者再次独立学习知识点的过程。在此过程中,读者应以初学者的心态,将知识点及其之间关联重新在大脑中建构。此段时间内建议按以下方法复习。

(1)课堂教学以后,要及时复习相应章节内容,完成创新层次学习目标,除上机熟练掌握主教材案例程序外,能自行设计问题和算法,并独立上机编程解决问题,记好**创新笔记**。

(2)有条件的读者可进行多次复习,直到达到能熟练为其他学生讲解知识并能熟练灵活运用的能力程度。多次复习的时间节点建议在课堂教学结束的1周、3周和6周根据个人情况分别进行。

(3)复习过后,应该能自行完成所有课后习题和补充习题,正确率应该达到95%以上。

完成一次有效复习,请在相应知识点复习栏打钩。

特别地,在"预习-课堂教学-复习"的学习过程中,应以"上机实践"贯穿始终。对于教材中每一个程序清单、练习或习题中涉及的程序,都至少应该上机练习3次以上,重点程序要练习更多次,以达到模仿书中程序能创新性地设计问题和独立解决问题为最终目标。

另外,按以上方法学习C语言,除课堂教学外,应该保证每天至少2小时以上的有效学习时间。

3. 关于实验题目

本书为学习者提供了大量的实验题目,并按主教材《C语言程序设计与实践》的章节内容设置。几乎所有实验题目都选自网络OJ平台,力求做到难度适中、坡度适宜,让初学者容易接受,并体现对C语言知识点的考查。书中每个题目都给出了简单的分析过程和参考代码,所有代码都在相应OJ平台上提交成功。

希望使用本教材的教师和学生能充分利用本书提供的学习方法和资源,提高C语言程序设计的教学质量。

1.2　知识点及学习要求

01-01　初遇C语言

知识单元	知识点/程序清单	认识	理解	领会	运用	创新	预习	复习
01-01-01 美丽的邂逅	调整好心情,准备与C语言亲密接触 了解C语言在程序设计领域的地位	√						
01-01-02 永远的经典——Hello World!	认识第一个C程序	√						
	程序清单01-01-01.c		√	√	√	√		
01-01-03 源文件	什么是C源文件,C源文件扩展名 文本文件的编辑工具		√	√	√			
01-01-04 目标文件和可执行文件	源程序(*.c)-编译(目标文件*.obj或*.o)-连接-执行(*.exe) 认识目标文件、可执行文件	√	√	√				
01-01-05 C语言编译器	认识C语言常用编译器及用法	√						
	*命令行编译执行C程序的方法	√	√	√	√			
01-01-06 Dev-C++ 5.11集成开发环境	掌握下载Dev C++ 5.11				√			
	熟练安装Dev C++ 5.11				√			
01-01-07 新建源程序文件	新建源文件的3种方法(菜单、工具栏按钮、快捷键)				√			
	新建一个源文件并输入代码				√	√		
01-01-08 保存文件	保存源文件的3种方法				√			
	保存时的文件类型必须为*.C				√			
	另存为操作的意义和方法				√			
01-01-09 打开文件	编译器中打开源文件的3种基本方法				√			
	双击文件图标打开源文件				√			
01-01-10 C语言源文件的编译、运行	编译、运行、编译运行操作的3种方法				√			
	运行结果的查看				√			
	*在命令行执行编译后生成的可执行文件				√	√		
01-01-11 设置高亮匹配括号	设置高亮匹配括号的方法				√			
	*设置插入光标样式、当前行颜色				√	√		
01-01-12 设置编辑器字体、字号	设置编辑器字体、字号的方法				√			
	*Ctrl+鼠标滚轮可任意缩放字号				√	√		
	*设置是否显示行号及行号属性				√	√		
01-01-13 设置代码补全和自动完成符号	设置代码补全和自动完成符号的方法				√			
	*设置自动保存功能				√	√		

01-02 第一次约会

知 识 单 元	知识点/程序清单	认识	理解	领会	运用	创新	预习	复习
01-02-01 甜蜜的约会	程序清单 01-02-01．c		√	√	√	√		
	练习 01-02-01 练习 01-02-02		√	√	√	√		
01-02-02 初步相识	C 语言源程序特征(函数、主函数、语句、分号)	√	√	√	√			
	printf()函数的功能及运用		√	√	√	√		
	程序清单 01-02-02．c 空主函数		√	√				
	♯include＜stdio.h＞预处理指令		√	√				
01-02-03 进一步了解	程序清单 01-02-03．c 多条输出函数语句的应用		√	√	√	√		
	理解字符流		√	√	√			
	程序清单 01-02-03-A．c		√	√	√	√		
	程序清单 01-02-04．c 认识换行符 \n 程序清单 01-02-04-A．c 程序清单 01-02-04-B．c 程序清单 01-02-04-C．c		√	√	√	√		
	练习 01-02-03		√	√	√	√		
01-02-04 输出字符图形	程序清单 01-02-05．c 输出由空格、字符、回车组成的图形图案		√	√	√			
	程序清单 01-02-05-A．c		√	√	√	√		
	练习 01-02-04		√	√	√	√		
01-01-05 输出汉字点阵	*理解汉字点阵		√	√				
	程序清单 01-02-06．c		√	√	√	√		
	练习 01-02-05 练习 01-02-06		√	√	√	√		

01-03 又见 C 程序

知 识 单 元	知识点/程序清单	认识	理解	领会	运用	创新	预习	复习
01-03-01 加深了解	程序清单 01-03-01．c 初步了解整型变量、赋值、格式说明符％d 及简单用法	√	√	√	√			
	理解 printf("a＋b＝％d",c);语句		√	√	√			
	程序清单 01-03-02．c 理解 printf("％d＋％d＝％d",a,b,a＋b);语句	√	√	√	√			

续表

知识单元	知识点/程序清单	认识	理解	领会	运用	创新	预习	复习
01-03-01 加深了解	练习 01-03-01 练习 01-03-02 练习 01-03-03					√	√	
	程序清单 01-03-03.c		√	√	√	√		
	理解四则运算表达式 理解括号的运用 认识加、减、乘、除符号和运算规则 理解整数除以整数的结果是整数		√	√	√	√		
01-03-02 数据输入	程序清单 01-03-04.c					√		
	认识 scanf()函数 scanf()函数的简单应用	√	√	√	√			
	数据输入以空白字符分隔 空白字符：空格、回车、TAB		√	√	√	√		
	练习 01-03-04 练习 01-03-05		√	√	√			
01-03-03 智能判断	程序清单 01-03-05.c		√	√	√	√		
	认识 if-else 语句	√	√					
	理解 if-else 语句的执行原理		√	√	√			
	程序清单 01-03-06.c		√	√	√	√		
	认识表达式"a>=b? a：b"	√	√					
	理解"a>=b? a：b"的运算原理		√	√	√			
	练习 01-03-06 练习 01-03-07					√		
01-03-04 自定义函数	程序清单 01-03-07.c		√	√	√	√		
	认识本例中的自定义函数	√	√					
	主函数中调用自定义函数的方法 简单认识参数的传递 简单理解函数的执行	√	√					
	练习 01-03-08 练习 01-03-09 练习 01-03-10		√	√	√			
01-03-05 程序注释	程序清单 01-03-08.c		√	√	√	√		
	掌握给程序加注释的两种方法		√	√	√			
	练习 01-03-11		√	√	√	√		
01-03-06 关键字	什么是关键字		√	√				
	简单认识C语言的关键字	√						

知 识 单 元	知识点/程序清单	认识	理解	领会	运用	创新	预习	复习
01-03-07 标识符	什么是标识符		√					
	标识符命名规则 能识别非法标识符		√	√	√			
01-03-08 保留标识符	了解保留标识符的意义	√	√					

01-04　程序调试

知 识 单 元	知识点/程序清单	认识	理解	领会	运用	创新	预习	复习
01-04-01 编译错误	了解编译错误	√						
01-04-02 缺少分号	程序清单 01-04-01.c		√	√	√	√		
	学会查看编译错误信息		√	√				
	双击编译错误高亮显示出错代码		√	√				
	认识最常见的错误：缺少分号错误		√	√				
	学会读懂出错信息，并改正程序		√	√	√			
01-04-03 变量未定义先使用	程序清单 01-04-02.c		√	√	√	√		
	认识改正此常见错误(下同)		√	√				
01-04-04 头文件名或路径错误	程序清单 01-04-03.c		√	√	√			
01-04-05 变量定义不合法	程序清单 01-04-04.c		√	√	√			
	程序清单 01-04-05.c		√	√	√			
01-04-06 成对符号不匹配	程序清单 01-04-06.c		√	√	√			
01-04-07 书写失误	程序清单 01-04-07.c		√	√	√			

01-05　C语言的前世今生

知 识 单 元	知识点/程序清单	认识	理解	领会	运用	创新	预习	复习
01-05-01 我们的生活离不开软件	软件无处不在,软件改变生活	√	√					
01-05-02 计算机程序设计语言	什么是编程语言	√	√					
	编程语言发展的 4 个阶段及特点		√	√				
	机器语言、汇编语言的基本原理		√	√				
	常见的几种高级语言及应用		√	√				
	*查阅相关资料了解各种编程语言					√		

续表

知 识 单 元	知识点/程序清单	认识	理解	领会	运用	创新	预习	复习
01-05-03 C语言的诞生和发展	简单了解C语言的诞生和发展过程	√						
	* 查阅资料了解C语言设计者信息					√		
	* 查阅资料了解C语言发展的详细过程					√		
01-05-04 C语言的特点	简单了解主教材中介绍的C语言特点	√						
	* 查阅资料了解C语言的其他特点					√		
01-05-05 怎样学好用好本书	正确理解主教材中的观点	√	√					
	* 查阅资料了解学习方法					√		
	* 制订适合自己的学习计划					√		

1.3 初识C语言程序实验

实验1 最简单的C程序实验

1. 相关知识点

(1) 一种C语言编程环境简单用法。
(2) 最简单的C程序的编写、简单调试和编译运行。
(3) C程序的基本结构。
(4) 如何在OpenJudge等网络OJ平台提交程序。

2. 实验目的和要求

(1) 了解一种C语言编程环境的使用,了解C语言程序录入、修改、编译和执行的基本过程和方法。
(2) 通过编写运行简单的C语言程序,初步了解C程序的特点,了解C语言程序的基本组成和结构。
(3) 掌握简单的输入输出语句,掌握简单的变量定义和使用方法。
(4) 学会使用OpenJudge等JudgeOnline实验系统,学会使用ZOJ、POJ等系统提交程序。

3. 实验题目

实验01-01-01 Hello,World!

总时间限制:1000ms;内存限制:65536KB。

描述:对于大部分编程语言来说,编写一个能够输出"Hello,World!"的程序是最基本、最简单的。因此,这个程序常常作为初学者接触一门新的编程语言所写的第一个程序,也经常用来测试开发、编译环境是否能够正常工作。

现在就需要完成这样一个程序。

输入：无。

输出：一行，仅包含一个字符串："Hello，World!"

样例输入：无。

样例输出：

```
Hello, World!
```

提示：使用英文标点符号；逗号后面有一个空格。

注：该题目选自 OpenJudge 网站，在线网址 http：//noi. openjudge. cn/ch0101/01/。

问题分析：该题目选自 OpenJudge 网站，读者可以打开网页在线提交程序代码，由系统评判程序是否正确。请注意严格按题目中的要求输出，不要输出多余的空格和回车。

注意程序末尾最好加上"return 0；"语句，这符合 C 语言程序设计规范。

另外，在 OpenJudge 网站提交程序需要先注册后登录，本书涉及的其他网站也是如此。

参考代码（01-01-01. c）：

```c
#include<stdio.h>
int main(){
    printf("Hello, World!");
    return 0;
}
```

实验 01-01-02　超级玛丽游戏

总时间限制：1000ms；**内存限制**：65536KB。

描述：超级玛丽是一个非常经典的游戏。请用字符画的形式输出超级玛丽中的一个场景。

输入：无。

输出：如样例所示。

样例输入：无。

样例输出：

```
                ********
              ************
              ####....#.
            #..###.....##....
            ###.......######              ###            ###        ###            ###
            ...........                   #...#          #...#      #...#          #...#
            ##*#######                    #.#.#          #.#.#      #.#.#          #.#.#
            ####*******######             #.#.#          #.#.#      #.#.#          #.#.#
            ...#***.****.*###....         #...#          #...#      #...#          #...#
            ....*******.*****....          ###            ###        ###            ###
            ....****  *****....
            ....##### #####
            #######   #######
#########################################################   ##################################
#..##.#......#.##..#.##....#.##-------------#.##----------#   #..#.#....#.##----------------#
##.#....#.#####..#.#.#.....#.#####----------#   #.#....#.#####----------------#
#.#..#.#......#.#...#.#.#..#.#####----------#   #.#..#.#.#####----------#
#####..#.#####..#.#.#.####..#.#####   #---------#   #############.#   #---------#
#..#....#.#.#####..#.#....#.#.#   #--------#   #....#.#.#####   #---------#
#.#.#.#.#.#..#.#.#.#####..#.#   #--------#   #.#.#.#.#####   #---------#
#################################   #########   ##############   ###########
```

提示：必须严格按样例输出，每行的行尾不能有空格。

注：该题目选自 OpenJudge 网站，在线网址 http：//noi. openjudge. cn/ch0101/10/。

问题分析：本题目考查学生对 printf 函数最基本使用方法的掌握，题目同样要求严格按样例给出的格式输出，不能有多余的空格和回车。此题目考验学生程序书写的认真程度，差一个字符也不会通过系统评判，所以建议按行输出，写每一行输出内容时可直接从网页上复制，以免手动输入产生错误。

参考代码（01-01-02. c）：

```
#include<stdio.h>
int main(){
    printf("            ********\n");
    printf("          ************\n");
    printf("          ###....#. \n");
    printf("        #..###....##....\n");
    printf("        ###.......######        ###        ###        ###        ###\n");
    printf("        ...........        #...#        #...#        #...#        #...#\n");
    printf("        ##*######        #.#.#        #.#.#        #.#.#        #.#.#\n");
    printf("        ###########        #...#        #...#        #...#        #...#\n");
    printf("        ...#***.****.###...        #...#        #...#        #...#        #...#\n");
    printf("        ....*********##.....        ###        ###        ###        ###\n");
    printf("        ....****    *****....\n");
    printf("        ####        ###\n");
    printf("        #####        #####\n");
    printf("###########################################        ###########################\n");
    printf("#...#....#.##...#..#.##..#.##----------------#        #..#......#.##------------#\n");
    printf("##########################################        #######################\n");
    printf("#..#...#....#.##..#.#.##        #####################        #..#....#..#######################\n");
    printf("###########################        #--------#        ###########        #-------#\n");
    printf("#...#....#.##..#..#.#        #--------#        #...#....#        #-------#\n");
    printf("#.#..#..#..#.##        #--------#        #.#..#..#        #-------#\n");
    printf("###########################        ##########        ###########        ##########\n");
    return 0;
}
```

实验 01-01-03　A＋B 问题

总时间限制：1000ms；**内存限制**：65536KB。

描述：在大部分的在线题库中，都会将 A＋B 问题作为第一题，以帮助初学者熟悉平台的使用方法。

A＋B 问题的题目描述如下：给定两个整数 A 和 B，输出 A＋B 的值。保证 A、B 及结果均在整型范围内。

现在请解决这一问题。

输入：一行，包含两个整数 A、B，中间用单个空格隔开。A 和 B 均在整型范围内。

输出：一个整数，即 A＋B 的值。保证结果在整型范围内。

样例输入：

1 2

样例输出：

3

注：该题目选自 OpenJudge 网站，在线网址 http：//noi. openjudge. cn/ch0103/01/。

问题分析：《C 语言程序设计与实践》中第 1 章程序清单 01-03-04. c 简单介绍了用 scanf 函数输入整型数据的方法，仿照这个例子，可以简单完成此题目的设计。

参考代码（01-01-03. c）：

```c
#include<stdio.h>
int main(){
    int a,b,c;
    scanf("%d%d",&a,&b);
    c=a+b;
    printf("%d",c);
    return 0;
}
```

实验 01-01-04　打印小写字母表

题目描述：把英文字母表的小写字母按顺序和倒序打印出来。（每行 13 个）

输入：无。

输出：输出 4 行。

样例输入：无。

样例输出：

```
abcdefghijklm
nopqrstuvwxyz
zyxwvutsrqpon
mlkjihgfedcba
```

注：该题目选自 JZXX OJ 网站，在线网址 http：//oj. jzxx. net/problem. php?id＝1024。

问题分析：此问题依然是考查简单的输出，读者可以灵活使用 printf（）函数完成此题目。

参考代码（01-01-04. c）：

```c
#include<stdio.h>
int main(){
    printf("abcdefghijklm\n");
    printf("nopqrstuvwxyz\n");
    printf("zyxwvutsrqpon\n");
    printf("mlkjihgfedcba");
    return 0;
}
```

第 2 章　数　据

2.1　知识点及学习要求

02-01　数据类型

知识单元	知识点/程序清单	认识	理解	领会	运用	创新	预习	复习
02-01-01 程序和数据	程序、数据、指令、数据类型	√	√					
02-01-02 数据类型	初步认识 C 语言数据类型	√	√					
	C 语言数据类型总体上分为 4 类		√	√				
	各基本类型关键字、大小和取值范围		√	√				
02-01-03 sizeof 运算符	掌握 sizeof 运算符的基本用法	√	√					
	程序清单 02-01-01.c			√	√	√	√	
	理解不同系统数据类型大小可能不同		√					

02-02　常量

知识单元	知识点/程序清单	认识	理解	领会	运用	创新	预习	复习
02-02-01 常量和变量	什么是常量、字面常量、符号常量 每一个常量都属于某一数据类型	√	√	√				
	程序清单 02-02-01.c 程序清单 02-02-02.c			√	√	√	√	
02-02-02 整型常量	整型常量的 3 种表示方法：十进制、八进制(0 开头)、十六进制(0x 开头)		√	√	√			
	程序清单 02-02-03.c		√	√	√	√		
	掌握格式说明符 %o 和 %x 的用法和含义		√	√				
02-02-03 整型常量的类型	根据数值大小自动认定类型		√					
	加后缀 L、U、LL 说明类型		√					
02-02-04 不同类型整型常量的区别	类型不同的常量占内存大小不同	√	√					
	同一数值有不同的表示方法 程序清单 02-02-04.c			√	√	√	√	
02-02-05 实型常量	实型常量的两种表示方法	√	√					
	指数形式要求 E 前后有数且后面为整型		√	√	√			
	程序清单 02-02-05.c			√	√	√	√	

知 识 单 元	知识点/程序清单	认识	理解	领会	运用	创新	预习	复习
02-02-06 实型常量的类型	实型常量默认为 double,加 F 后缀为 float,加 L 后缀为 long double		√	√	√			
	程序清单 02-02-06.c		√	√	√	√		
02-02-07 字符型常量	单引号定界一个字符常量	√	√					
02-02-08 普通字符	单引号定界一个普通字符	√						
02-02-09 转义字符	转义字符表示方法	√						
	记住各个转义字符的表示方法		√					
	掌握'\ddd'、'\xhh'形式的字符		√	√				
	程序清单 02-02-07.c 程序清单 02-02-08.c		√	√	√	√		
02-02-10 ASCII 码	ASCII 码的全称、来历和表示方法	√	√					
	掌握常用字符 ASCII 码值	√	√					
02-02-11 字符型数据在内存中的表示	字符型数据在内存占 1B,存储的是其 ASCII 码值	√	√					
	字符型数据可以和整型数据混合计算	√	√					
	程序清单 02-02-09.c 程序清单 02-02-10.c		√	√	√	√		
02-02-12 字符串常量	字符串常量的表示(双引号定界)	√						
02-02-13 字符串常量在内存中的表示	字符串在内存中从某地址开始依次存储每个字符,外加空字符'\0'	√	√					
	理解字符串占内存字节数为字符数+1		√					
	程序清单 02-02-11.c		√	√	√	√		
02-02-14 符号常量	符号常量的定义、表示、处理规则	√	√					
	程序清单 02-02-12.c		√	√	√	√		
02-02-15 编译预处理指令	预处理指令规则(无分号,一般放在程序开头)	√	√					
	程序清单 02-02-13.c		√	√	√	√		
	使用符号常量的好处	√	√					
02-02-16 #define 指令的另一个用法	#define 指令实现编译前程序中的替换	√	√					
	程序清单 02-02-14.c 程序清单 02-02-15.c		√	√	√	√		

02-03 变量

知 识 单 元	知识点/程序清单	认识	理解	领会	运用	创新	预习	复习
02-03-01 认识变量	什么是变量 每一个变量都属于某一数据类型	√	√					

续表

知识单元	知识点/程序清单	认识	理解	领会	运用	创新	预习	复习
02-03-02 变量的基本属性	变量属性：变量名称、类型、值	√	√					
02-03-03 变量在内存中的存储	变量保存在内存，按地址读写	√	√					
02-03-04 变量的定义	变量定义语句的语法： 　　类型标识符　变量名表；	√	√					
	变量名表以逗号分隔，语句以分号结尾	√	√					
	程序清单 02-03-01.c 程序清单 02-03-02.c 程序清单 02-03-03.c 程序清单 02-03-03-A.c			√	√	√	√	
02-03-05 C语言中没有字符串变量	C语言没有字符串变量	√	√					
02-03-06 变量使用规则	先定义后使用，定义后类型固定	√	√					
	同一空间内变量定义不能重名		√	√				
	程序清单 02-03-04.c 程序清单 02-03-05.c			√	√	√	√	
02-03-07 未赋值的变量	已定义未赋值变量的值不定	√	√	√				
	程序清单 02-03-06.c			√	√	√	√	
02-03-08 变量定义后要及时赋值	程序清单 02-03-07.c			√	√	√	√	
	高精度向低精度赋值损失精度		√	√				
02-03-09 变量赋初值	变量赋初值的方法	√	√	√				
	定义时赋初值要一个个单独进行 （语句 int a＝b＝c＝d＝6;语法错误）	√	√	√				
	程序清单 02-03-08.c			√	√	√	√	

2.2　数据类型程序实验

实验 2　数据类型及表示实验

1．相关知识点

（1）C语言各个类型数据的表示方法和范围。

（2）常量和变量的使用。

2．实验目的和要求

本实验的目的是让学生掌握C语言各种不同数据类型的表示方法、数值范围和所占内存大小等知识，熟悉常量和变量的使用方法和规则。要求掌握字符型变量的表示方法、字符串常量的表示、符号常量的使用。

3. 实验题目

实验题目02-01-01　整型数据类型的存储空间大小

总时间限制：1000ms；内存限制：65536KB。

描述：分别定义int、short类型的变量各一个，并依次输出它们的存储空间大小（单位：字节）。

输入：无。

输出：一行，两个整数，分别是两个变量的存储空间大小，用一个空格隔开。

提示：使用sizeof函数可以得到一个特定变量的存储空间大小。例如，对于int型变量x，sizeof(x)的值为4，即x的存储空间为4B。

注：该题目选自OpenJudge网站，在线网址http：//noi. openjudge. cn/ch0102/01/。

程序分析：此题目主要考查sizeof运算符的使用，请按题目要求做。

参考代码（02-01-01. c）：

```
#include<stdio.h>
int main(){
    int a;
    short b;
    printf("%d %d",sizeof(a),sizeof(b));
    return 0;
}
```

实验题目02-01-02　浮点型数据类型的存储空间大小

总时间限制：1000ms；内存限制：65536KB。

描述：分别定义float、double类型的变量各一个，并依次输出它们的存储空间大小（单位：字节）。

输入：无。

输出：一行，两个整数，分别是两个变量的存储空间大小，用一个空格隔开。

注：该题目选自OpenJudge网站，在线网址http：//noi. openjudge. cn/ch0102/02/。

问题分析：同上题，此题目主要考查sizeof运算符的使用，请按题目要求做。

参考代码：**（02-01-01. c）**：

```
#include<stdio.h>
int main(){
    float a;
    double b;
    printf("%d %d",sizeof(a),sizeof(b));
    return 0;
}
```

实验题目 02-01-03　打印字符

总时间限制：1000ms；内存限制：65536KB。

描述：输入一个 ASCII 码，输出对应的字符。

输入：一个整数，即字符的 ASCII 码，保证存在对应的可见字符。

输出：一行，包含相应的字符。

样例输入：

65

样例输出：

A

注：该题目选自 OpenJudge 网站，在线网址 http：//noi.openjudge.cn/ch0102/08/。

程序分析：本题考查字符型数据和整型数据的关系，可在程序中定义整型变量，输入一个整数值，然后以字符形式输出即可。

参考代码（02-01-03.c）：

```
#include<stdio.h>
int main(){
  int a;
  scanf("%d",&a);
  printf("%c",a);
  return 0;
}
```

实验题目 02-01-04　输出第二个整数

总时间限制：1000ms；内存限制：65536KB。

描述：输入 3 个整数，把第二个输入的整数输出。

输入：只有一行，共 3 个整数，整数之间由一个空格分隔。整数是 32 位有符号整数。

输出：只有一行，一个整数，即输入的第二个整数。

样例输入：

123 456 789

样例输出：

456

注：该题目选自 OpenJudge 网站，在线网址 http：//noi.openjudge.cn/ch0101/02/。

程序分析：根据题目要求，编写程序定义 3 个 int 型变量，读入它们，输出第二个变量即可。

参考代码（02-01-04.c）：

```
#include<stdio.h>
```

```
int main(){
  int a,b,c;
  scanf("%d%d%d",&a,&b,&c);
  printf("%d",b);
  return 0;
}
```

第3章 运 算

3.1 知识点及学习要求

03-01 运算符和表达式

知 识 单 元	知识点/程序清单	认识	理解	领会	运用	创新	预习	复习
03-01-01 运算符	什么是运算符	√	√					
	简单认识 C 语言运算符分类	√	√					
	简单认识 C 语言的所有运算符和其优先级、结合性	√	√					
03-01-02 单目运算符、双目运算符和三目运算符	初步认识单目运算符、双目运算符和三目运算符的概念	√						
	简单记忆几个运算符的目数	√						
03-01-03 表达式	什么是表达式	√	√					
	能写出简单的表达式	√	√					
03-01-04 优先级和结合性	理解优先级和结合性的规则	√	√					
	程序清单 03-01-01.c			√	√	√	√	
03-01-05 不同类型数据的混合运算	相同类型的两个数据才能运算	√	√					
	混合类型运算时的转换规则		√	√				
	程序清单 03-01-02.c			√	√	√	√	
03-01-06 强制类型转换	强制类型转换运算的两种形式	√	√					
	理解(float)(x+y)与(float)x+y 的区别		√	√				
	程序清单 03-01-03.c			√	√	√	√	
	高精度强制转成低精度有损失	√	√	√				
03-01-07 运算结果类型测试	程序清单 03-01-04.c			√	√	√	√	
	掌握根据 sizeof(表达式)的值判断表达式值的类型		√	√				

03-02 算术运算

知 识 单 元	知识点/程序清单	认识	理解	领会	运用	创新	预习	复习
03-02-01 算术运算符和算术表达式	认识所有算术运算符 +、−、*、/、%、++、−−	√						
	什么是算术表达式	√						

知 识 单 元	知识点/程序清单	认识	理解	领会	运用	创新	预习	复习
03-02-02 基本算术运算符	掌握基本算术运算符的运算规则（＋、－、＊、/、％）		√	√	√			
	特别掌握"/、％"的运算规则		√	√	√			
	程序清单 03-02-01.c		√	√	√	√		
	程序清单 03-02-02.c 正负号优先级高于基本算术运算符		√	√	√	√		
	程序清单 03-02-03.c		√	√	√	√		
	程序清单 03-02-04.c 认识非法算术表达式		√	√	√	√		
03-02-03 特殊的算术运算符（＋＋、－－）	认识＋＋、－－运算符和基本含义	√	√					
	＋＋、－－运算符只能作用于变量	√	√					
03-02-04 ＋＋、－－的运算规则	掌握前缀＋＋、－－运算符的运算规则		√	√				
	掌握后缀＋＋、－－运算符的运算规则		√	√				
	程序清单 03-02-05.c		√	√	√	√		
	练习 03-02-01		√	√	√	√		
	程序清单 03-02-05-A.c		√	√	√	√		
	深刻理解 x＋＋＋y 被解释成（x＋＋）＋y 深刻理解 m-＋＋n 被解释成 m-（＋＋n）		√	√	√			
	练习 03-02-02		√	√	√			
03-02-05 书写明晰的表达式	增加空格或括号提高程序的可读性	√	√					
	程序清单 03-02-05-B.c		√	√	√			
	对比程序清单 03-02-05-A.c 和 03-02-05-B.c		√	√	√			
03-02-06 无法理解的表达式	学会识别非法表达式的方法	√	√					
	程序清单 03-02-06.c 程序清单 03-02-06-A.c		√	√				

03-03 赋值运算

知 识 单 元	知识点/程序清单	认识	理解	领会	运用	创新	预习	复习
03-03-01 赋值运算符	认识赋值运算符	√						
	赋值运算符左侧只能为变量	√	√					
	程序清单 03-03-01.c		√	√	√	√		
	练习 03-03-01		√	√	√	√		

续表

知 识 单 元	知识点/程序清单	认识	理解	领会	运用	创新	预习	复习
03-03-02 不同类型间赋值	赋值时类型转换规则		√	√	√			
	高精度向低精度赋值发生精度损失		√	√	√			
	程序清单 03-03-02.c		√	√	√	√		
03-03-03 赋值表达式	什么是赋值表达式	√	√					
	赋值表达式的值		√	√				
	赋值表达式参与运算 掌握 a＝(b＝10)/(c＝2)运算过程		√	√				
	程序清单 03-03-03.c		√	√	√	√		
	练习 03-03-02		√	√	√	√		
*03-03-04 奇怪的输出	程序清单 03-03-04.c		√	√	√	√		
	简单理解 printf()函数中的参数求解次序是从右至左的	√	√					
	避免在 printf()函数的参数中使用＋＋、－－或赋值运算符		√	√				
*03-03-05 让人崩溃的输出结果	程序清单 03-03-05.c		√	√	√	√		
	理解教材中对此程序的分析		√	√				
	避免在一个表达式里对同一个变量执行两次以上赋值		√	√				
03-03-06 复合赋值运算符	认识复合赋值运算符	√						
	理解复合赋值运算符的语法规则		√	√				
	x＊＝y＋8 解释成 x＝x＊(y＋8),而不是 x＝x＊y＋8		√	√				
	程序清单 03-03-06.c		√	√	√	√		
	赋值运算符的优先级和右结合性		√	√	√			

03-04　关系运算

知 识 单 元	知识点/程序清单	认识	理解	领会	运用	创新	预习	复习
03-04-01 关系运算符	认识关系运算符 (＞、＞＝、＜、＜＝、＝＝、!＝)	√						
	认识关系运算符的优先级	√	√					
03-04-02 关系表达式	什么是关系表达式	√	√					
	认识关系表达式	√	√					

续表

知 识 单 元	知识点/程序清单	认识	理解	领会	运用	创新	预习	复习
03-04-03 关系表达式的值	关系表达式的值为 1(真)或 0(假)		√	√				
	程序清单 03-04-01.c		√	√	√	√		
	注意对表达式 x>=y>=z 的理解		√	√	√			

03-05　逻辑运算

知 识 单 元	知识点/程序清单	认识	理解	领会	运用	创新	预习	复习
03-05-01 逻辑运算符	认识逻辑运算符(&&、||、!)	√						
	认识逻辑运算符的优先级	√	√					
03-05-02 逻辑表达式	什么是逻辑表达式	√	√					
	认识逻辑表达式	√	√					
03-05-03 逻辑表达式的值	逻辑表达式的值为 1(真)或 0(假)		√	√				
	理解非 0 为真,0 为假		√	√				
03-05-04 逻辑运算符运算规则	掌握逻辑运算符的运算规则		√	√				
	逻辑表达式值为整数,可参与运算		√	√	√			
	程序清单 03-05-01.c		√	√	√	√		
03-05-05 逻辑运算特别说明	理解全与逻辑表达式的截断现象		√	√				
	理解或逻辑表达式的截断现象		√	√				
	程序清单 03-05-02.c		√	√	√	√		
	尽量不要在逻辑表达式中嵌入赋值操作		√	√				
03-05-06 判断闰年	掌握闰年规律及判断方法		√	√				
	掌握判断闰年的逻辑表达式 (y%4==0&&y%100!=0)||(y%400==0)		√	√				
	程序清单 03-05-03.c		√	√	√	√		

03-06　逗号运算和条件运算

知 识 单 元	知识点/程序清单	认识	理解	领会	运用	创新	预习	复习
03-06-01 逗号运算符和逗号表达式	认识逗号运算符	√						
	认识逗号表达式	√	√					
	掌握逗号运算符的优先级		√	√				
	掌握逗号表达式的运算规则		√	√	√			

续表

知 识 单 元	知识点/程序清单	认识	理解	领会	运用	创新	预习	复习
03-06-02 逗号表达式的值	理解逗号表达式的值为构成该逗号表达式的最后一个表达式的值		√	√				
	程序清单 03-06-01.c		√	√	√	√		
	练习 03-06-01		√	√	√	√		
03-06-03 条件运算符	认识条件运算符(-? -：-)	√						
	条件运算符是唯一的三目运算符		√	√				
03-06-04 条件表达式	掌握条件表达式的一般形式 表达式1？表达式2：表达式3		√	√				
03-06-05 条件表达式的求解过程及值	理解**条件表达式的求解过程及值**		√	√	√			
	程序清单 03-06-02.c		√	√	√	√		
	练习 03-06-02		√	√	√	√		
	练习 03-06-03		√	√	√	√		
	练习 03-06-04		√	√	√			
	理解运用条件运算符可根据指定条件实现二值选一的功能(判断、选择)		√	√	√			
	程序清单 03-06-03.c		√	√	√			
	练习 03-06-05		√	√	√	√		

03-07　常用数学函数

知 识 单 元	知识点/程序清单	认识	理解	领会	运用	创新	预习	复习
03-07-01 数学计算函数	认识常用的数学函数	√						
	#include <math.h> 数学函数被定义在 math.h 中	√	√					
	程序清单 03-07-01.c		√	√	√	√		
	掌握数学函数的调用方法		√	√	√			
03-07-02 随机数产生函数	掌握 srand() 和 rand() 的功能和用法	√	√					
	简单掌握 time() 的功能和用法	√	√					
	#include <stdlib.h> #include <time.h>	√	√					
	程序清单 03-07-02.c		√	√	√	√		
	程序清单 03-07-03.c		√	√	√			
	同一个种子产生相同的随机序列		√	√	√			
	练习 03-07-01 掌握生成指定范围随机数的方法		√	√	√	√		

知 识 单 元	知识点/程序清单	认识	理解	领会	运用	创新	预习	复习
03-07-02 随机数产生函数	程序清单 03-07-04.c		√	√	√	√		
	练习 03-07-02		√	√	√	√		

3.2 运算符表达式实验

实验 3.1 算术运算程序实验

1. 有关知识点

(1) 算术运算符的规则和使用方法。

(2) 不同数值范围对应不同的数据类型。

(3) 数学公式向 C 语言算术表达式的转换。

(4) ++、−− 运算符的用法。

2. 实验目的及要求

本实验的目的是让学生掌握算术运算符的使用规则和技巧,掌握数学问题转换为程序的方法,掌握不同数据类型对应的不同数值范围。

3. 实验题目

实验题目 03-01-01　计算(a+b) * c 的值

总时间限制:1000ms;内存限制:65536KB。

描述:给定 3 个整数 a、b、c,计算表达式(a+b) * c 的值。

输入:输入仅一行,包括 3 个整数 a、b、c,数与数之间以一个空格分开。

($-10000<a,b,c<10000$)

输出:输出一行,即表达式的值

样例输入:

2 3 5

样例输出:

25

注:该题目选自 OpenJudge 网站,在线网址 http://noi.openjudge.cn/ch0103/02/。

问题分析:此题目考查基本算术运算符+和 * 的使用方法,注意输入函数与输出函数的使用。

参考代码(03-01-01.c):

```
#include<stdio.h>
```

```
int main(){
    int a,b,c,d;
    scanf("%d%d%d",&a,&b,&c);
    d=(a+b)*c;
    printf("%d",d);
    return 0;
}
```

实验题目 03-01-02　带余除法

总时间限制：1000ms；内存限制：65536KB。

描述：给定被除数和除数，求整数商及余数。

此题中请使用默认的整除和取余运算，无须对结果进行任何特殊处理。看程序运行结果与数学上的定义有什么不同？

输入：一行，包含两个整数，依次为被除数和除数（除数非零），中间用一个空格隔开。

输出：一行，包含两个整数，依次为整数商和余数，中间用一个空格隔开。

样例输入：

10 3

样例输出：

3 1

注：该题目选自 OpenJudge 网站，在线网址 http://noi.openjudge.cn/ch0103/04/。

问题分析：此题目考查算术运算符/和%的使用，注意这两个运算符的使用规则。

参考代码（03-01-02.c）：

```
#include<stdio.h>
int main(){
    int a,b,c,d;
    scanf("%d%d",&a,&b);
    c=a/b;
    d=a%b;
    printf("%d %d",c,d);
    return 0;
}
```

实验题目 03-01-03　与圆相关的计算

总时间限制：1000ms；内存限制：65536KB。

描述：给出圆的半径，求圆的直径、周长和面积。

输入：输入包含一个实数 r(0<r≤10000)，表示圆的半径。

输出：输出一行，包含 3 个数，分别表示圆的直径、周长、面积，数与数之间以一个空格分开，每个数保留小数点后 4 位。

样例输入：

3.0

样例输出：

6.0000 18.8495 28.2743

提示： 如果圆的半径是 r，那么圆的直径、周长、面积分别是 2 * r、2 * Pi * r、Pi * r * r，其中约定 Pi＝3.14159。

可以使用 printf("%.4lf",…) 实现保留小数点后 4 位。

注： 该题目选自 OpenJudge 网站，在线网址 http：//noi.openjudge.cn/ch0103/09/。

问题分析： 此题目考查与圆有关的数学公式及基本算术运算符的使用，注意题目中提示的保留小数位数的方法。

参考代码（03-01-03.c）：

```c
#include<stdio.h>
int main(){
    double r,pi=3.14159;
    scanf("%lf",&r);
    printf("%.4lf %.4lf %.4lf",2*r,2*pi*r,pi*r*r);
    return 0;
}
```

实验题目 03-01-04 计算并联电阻的阻值

总时间限制： 1000ms；**内存限制：** 65536KB。

描述： 对于阻值为 r1 和 r2 的电阻，其并联电阻的阻值公式计算如下：

R＝1/(1/r1＋1/r2)

输入： 两个电阻的阻抗大小，浮点型，以一个空格分开。

输出： 并联之后的阻抗大小，结果保留小数点后 2 位。

样例输入：

1 2

样例输出：

0.67

提示： 计算过程中使用 float 类型。

注： 该题目选自 OpenJudge 网站，在线网址 http：//noi.openjudge.cn/ch0103/10/。

问题分析： 此题目考查并联电阻的阻值公式，注意题目提示的数据类型用 float（单精度实型），与之对应的输入输出格式说明符为 %f，还要在表达式中注意括号的使用。

参考代码（03-01-04.c）：

```c
#include<stdio.h>
```

```
int main(){
    float r1,r2,R;
    scanf("%f%f",&r1,&r2); //注意用%f
    R=1.0/(1.0/r1+1.0/r2);
    printf("%.2f",R);
    return 0;
}
```

实验题目 03-01-05　A * B 问题

总时间限制：1000ms；内存限制：65536KB。

描述：输入两个正整数 A 和 B，求 A * B。

输入：一行，包含两个正整数 A 和 B，中间用单个空格隔开。1≤A,B≤50000。

输出：一个整数，即 A * B 的值。

样例输入：

3 4

样例输出：

12

提示：注意乘积的范围和数据类型的选择。

注：该题目选自 OpenJudge 网站，在线网址 http://noi.openjudge.cn/ch0103/19/。

问题分析：此题目考查整型数据的表示范围以及长整型说明符%ld 的使用，以下代码如果将数据类型定义成 int 型，则提交时提示"Wrong Answer_"。原因是，有些测试数据 a * b 的乘积超出 int 型表示范围，改成 long int 后提交通过。

参考代码（03-01-05. c）：

```
#include<stdio.h>
int main(){
    long int a,b,c;
    scanf("%ld%ld",&a,&b);
    c=a * b;
    printf("%ld",c);
    return 0;
}
```

实验 3.2　其他运算程序实验

1. 有关知识点

（1）条件运算符、逻辑运算符的规则和使用。

（2）赋值运算符、条件运算符、逗号运算符的规则和使用。

（3）常用数学函数的使用方法。

2. 实验目的和要求

本实验的目的是让学生掌握条件、逻辑、赋值、逗号运算符的基本使用方法,掌握逻辑值的判断、全与或全或逻辑表达式的截断功能,掌握条件运算符的选择功能。

3. 实验题目

实验题目 03-02-01　晶晶赴约会

总时间限制:1000ms;内存限制:65536KB。

描述:晶晶的朋友贝贝约晶晶下周一起看展览,但晶晶每周一、三、五有课,请帮晶晶判断她能否接受贝贝的邀请,如果能,则输出 YES;如果不能,则输出 NO。

输入:输入一行,贝贝邀请晶晶看展览的日期,数字 1~7 表示星期一到星期日。

输出:输出一行,如果晶晶可以接受贝贝的邀请,则输出 YES,否则输出 NO。注意,YES 和 NO 都是大写字母。

样例输入:

2

样例输出:

YES

注:该题目选自 OpenJudge 网站,在线网址 http://noi.openjudge.cn/ch0104/11/。

问题分析:此题目考查关系算术运算符和逻辑运算符的使用,注意这两个运算符的使用规则。最后输出数据时,根据条件判断结果,要在两个单词中选择一个输出,这正好可以使用条件运算符完成。

参考代码(03-02-01-A. c):

```c
#include<stdio.h>
int main(){
    int n,ok;
    scanf("%d",&n);
    ok=(n!=1&&n!=3&&n!=5);
    ok?printf("YES"):printf("NO");
    return 0;
}
```

以上代码中的全与表达式(n!=1&&n!=3&&n!=5),也可以改写成!(n==1||n==3||n==5),二者的逻辑关系一致。另外,格式说明符%s可用于输出字符串常量。

参考代码(03-02-01-B. c):

```c
#include<stdio.h>
int main(){
    int n,ok;
    scanf("%d",&n);
```

```
        ok=!(n==1||n==3||n==5);
        printf("%s",ok?"YES":"NO");
        return 0;
}
```

实验题目 03-02-02 大象喝水

总时间限制：1000ms；内存限制：65536KB。

描述：一只大象口渴了，要喝 20L 水才能解渴，但现在只有一个深 hcm，底面半径为 rcm 的小圆桶（h 和 r 都是整数）。问大象至少要喝多少桶水才会解渴。

输入：输入一行：包括两个整数，以一个空格分开，分别表示小圆桶的深 h 和底面半径 r，单位都是 cm。

输出：输出一行，包含一个整数，表示大象至少要喝水的桶数。

样例输入：

23 11

样例输出：

3

提示：如果一个圆桶的深为 hcm，底面半径为 rcm，那么它最多能装 pi * r * r * hcm^3 的水。（设 pi＝3.14159）

$$1L＝1000mL$$
$$1mL＝1cm^3$$

注：该题目选自 OpenJudge 网站，在线网址 http://noi.openjudge.cn/ch0103/14/。

问题分析：此题目实际考查的是 20L 水最少可以装几桶，可以先计算出一个桶的容积 v，然后对表达式 20/v 向上取整（即求不小于 20/v 的最小整数）。

参考代码（03-02-02.c）：

```
#include<stdio.h>
int main(){
    int r,h;
    double v,pi=3.14159;
    int x;
    scanf("%d%d",&h,&r);
    v=pi * r * r * h/1000;
    x=(int)(20/v);
    x=x+(20-v * x>0);
    printf("%d",x);
    return 0;
}
```

请分析程序中如何实现对 20/v 向上取整。

实验题目 03-02-03 计算三角形面积

总时间限制：1000ms；内存限制：65536KB。

描述：平面上有一个三角形，它的 3 个顶点坐标分别为 $(x1,y1)$，$(x2,y2)$，$(x3,y3)$，请问这个三角形的面积是多少？

输入：输入仅一行，包括 6 个单精度浮点数，分别对应 $x1,y1,x2,y2,x3,y3$。

输出：输出也是一行，输出三角形的面积，精确到小数点后两位。

样例输入：

004003

样例输出：

6.00

注：该题目选自 OpenJudge 网站，在线网址 http：//noi.openjudge.cn/ch0103/17/。

问题分析：此题目主要考查两点间距离公式和求三角形面积的海伦公式。程序中需要用到求根函数 sqrt，注意此函数的用法，同时注意输入输出格式的控制。

参考代码（03-02-03.c）

```c
#include<stdio.h>
int main(){
    double x1,y1,x2,y2,x3,y3;                              //存储 3 个顶点坐标
    double a,b,c,p,s;                                      //3 边长 (a,b,c)，半周长 p，面积 s
    scanf("%lf%lf%lf%lf%lf%lf",&x1,&y1,&x2,&y2,&x3,&y3);   //输入坐标
    a=sqrt( (x1-x2)*(x1-x2)+(y1-y2)*(y1-y2) );             //计算边长
    b=sqrt( (x1-x3)*(x1-x3)+(y1-y3)*(y1-y3) );
    c=sqrt( (x3-x2)*(x3-x2)+(y3-y2)*(y3-y2) );
    p=(a+b+c)/2.0;                                         //计算半周长
    s=sqrt( p*(p-a)*(p-b)*(p-c) );                         //计算面积
    printf("%.2lf",s);                                     //输出面积
    return 0;
}
```

实验题目 03-02-04   收集瓶盖赢大奖

总时间限制：1000ms；内存限制：65536KB。

描述：某饮料公司最近推出一个"收集瓶盖赢大奖"的活动：如果你拥有 10 个印有"幸运"或 20 个印有"鼓励"的瓶盖，就可以兑换一个神秘大奖。

现分别给出你拥有的印有"幸运"和"鼓励"的瓶盖数，判断是否可以兑换大奖。

输入：一行，包含两个整数，分别是印有"幸运"和"鼓励"的瓶盖数，用一个空格隔开。

输出：一行。若可以兑换大奖，则输出 1，否则输出 0。

样例输入：

11 19

样例输出：

1

注：该题目选自 OpenJudge 网站，在线网址 http：//noi. openjudge. cn/ch0104/07/。

问题分析：此题目主要考查关系和逻辑运算符的使用，注意输入输出格式的控制，注意逻辑表达式的值真为 1，假为 0。

参考代码（03-02-04. c）：

```c
#include<stdio.h>
int main(){
    int a,b;
    scanf("%d%d",&a,&b);
    printf("%d", a>=10||b>=20 );
    return 0;
}
```

第4章 算 法

4.1 知识点及学习要求

04-01 算法和程序

知 识 单 元	知识点/程序清单	认识	理解	领会	运用	创新	预习	复习
04-01-01 算法	什么是算法	✓	✓					
	简单举例说明	✓	✓					
04-01-02 计算机程序	什么是程序	✓	✓					
	简单理解：程序＝算法＋数据结构	✓	✓					

04-02 算法举例

知 识 单 元	知识点/程序清单	认识	理解	领会	运用	创新	预习	复习
04-02-01 问题 04-01 交换	算法 04-01		✓	✓				
	算法 04-02		✓	✓				
	算法 04-03		✓	✓				
04-02-02 问题 04-02 求最大值	算法 04-04		✓	✓				
	算法 04-05（淘汰法）		✓	✓				
	算法 04-06（打擂法）		✓	✓				
	算法 04-07		✓	✓				
	算法 04-08		✓	✓				
04-02-03 问题 04-03 求最大公约数	算法 04-09		✓	✓				
	算法 04-10		✓	✓				
	算法 04-11（辗转相除法）		✓	✓				
04-02-04 问题 04-04 判断素数	算法 04-12（穷举约数个数）		✓	✓				
	算法 04-13		✓	✓				
	算法 04-14		✓	✓				
	算法 04-15		✓	✓				
	算法 04-16		✓	✓				

续表

知 识 单 元	知识点/程序清单	认识	理解	领会	运用	创新	预习	复习
04-02-05 练习	练习 04-02-01		√	√	√	√		
	练习 04-02-02		√	√	√	√		
	练习 04-02-03		√	√	√	√		

04-03　算法的特性及表示

知 识 单 元	知识点/程序清单	认识	理解	领会	运用	创新	预习	复习
04-03-01 算法的特性	有穷性、确定性、有效性、有零个或多个输入、有一个或多个输出	√	√					
04-03-02 算法的描述	自然语言	√	√	√				
	流程图	√	√					
	* 伪代码（请查阅相关资料）	√	√					
	掌握流程图制作方法（Word 或相关软件）	√	√	√	√			

04-04　结构化程序设计

知 识 单 元	知识点/程序清单	认识	理解	领会	运用	创新	预习	复习
04-04-01 结构化程序	软件危机	√	√					
	结构化程序思想的产生	√	√					
04-04-02 程序设计的 3 种基本结构	认识 3 种基本程序结构	√	√					
	3 种结构流程示意图	√	√	√				
	为 04-02 节的算法设计流程图	√	√	√	√			
	掌握流程图制作方法（Word 或相关软件）	√	√	√	√			
04-04-03 结构化程序设计步骤	掌握结构化程序设计的基本步骤	√	√					

4.2　算法设计实验

实验 4　算法设计实验

1. 相关知识点

（1）算法的概念和特性。

（2）简单问题的算法设计。

（3）算法的表示方法、算法的流程图设计。

2. 实验目的和要求

本实验的目的是让学生掌握算法的概念和特性、算法设计的方法、算法表示常用的方法、流程图制作方法、流程图制作软件的使用。

3. 实验题目

实验题目 04-01-01　奇偶归一猜想

奇偶归一猜想的内容为：对于任意一个正整数，如果它是奇数，则对它乘 3 再加 1；如果它是偶数，则对它除以 2，如此循环，最终都能得到 1。

例如，整数 7，它的变换过程为：22,11,34,17,52,26,13,40,20,10,5,16,8,4,2,1。

对于某个输入的整数 n，要求设计算法变换过程。

问题分析：本题的逻辑比较简单，我们对整数 N 不断地做一件事，根据奇偶决定如何变换 N，每变换一次输出一次，直到 N 等于 1 为止。这正是循环的思想，简单的算法描述和流程图如下。

参考算法：

(1) 算法开始

(2) 输入整数 n。

(3) 如果 n 等于 1，则转到(7)。

(4) 如果 n 是奇数，则 n＝n＊3＋1；否则 n＝n/2。

(5) 输出 n

(6) 转到(3)

(7) 算法结束。

参考流程图：

参考流程图如图 4-1 所示。

实验题目 04-01-02　最小公倍数

给定两个正整数 M 和 N，设计算法求其最小公倍数。例如，24 和 36 的最小公倍数是 72。

问题分析：本题求 M 和 N 的最小公倍数，可以采取逐步试探的方法，让 k 的初值为 m，则每次让 k 加 m，如果某个 k 同时也是 n 的倍数，则此时的 k 就是答案。简单设计的算法描述和流程图如下。

参考算法：

(1) 算法开始。

(2) 输入整数 m、n。

(3) k＝m。

(4) 如果 k％n＝＝0，则转到(5)；否则 k＝k＋m。

(5) 输出 k。

(6) 算法结束。

参考流程图：

参考流程图如图 4-2 所示。

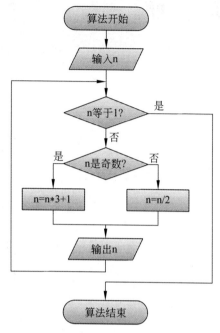

图 4-1 实验题目 04-01-01 参考流程图

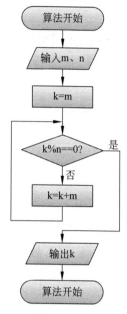

图 4-2 实验题目 04-01-02 参考流程图

第5章 顺 序

5.1 知识点及学习要求

05-01 顺序结

知 识 单 元	知识点/程序清单	认识	理解	领会	运用	创新	预习	复习
05-01-01 语句	程序由函数组成、函数由语句组成、语句以分号结尾	√	√					
	语句分类及举例	√	√					
	简单认识控制语句	√						
05-01-02 C程序的书写格式	格式自由,任意空白字符分隔关键字、标识符、运算符、运算量	√	√					
	程序清单 05-01-01.c 尽量采用缩进格式按规范书写程序			√	√	√	√	
05-01-03 顺序结构示例	理解顺序结构及其执行规则	√	√					
	程序清单 05-01-02.c			√	√	√	√	
05-01-04 基本输入输出功能的实现	标准库函数实现数据输入输出	√	√					
	#include <stdio.h>		√					
	程序清单 05-01-03.c			√	√	√	√	

05-02 字符输入输出

知 识 单 元	知识点/程序清单	认识	理解	领会	运用	创新	预习	复习
05-02-01 字符输出函数 putchar()	掌握 putchar()的一般形式及功能说明	√						
	程序清单 05-02-01.c 注意 putchar()函数参数的多种形式							
	练习 05-02-01	√						
05-02-02 字符输入函数 getchar()	掌握 getchar()的一般形式及功能说明		√	√	√			
	理解键盘缓冲区 getchar()依次从缓冲区接收字符		√	√	√			
	程序清单 05-02-02.c		√	√	√	√		
	程序清单 05-02-02-A.c		√	√	√	√		
	程序清单 05-02-03.c		√	√	√	√		

知 识 单 元	知识点/程序清单	认识	理解	领会	运用	创新	预习	复习
05-02-02 字符输入函数 getchar()	程序清单 05-02-04.c 空白字符(空格、回车、Tab)一样读入		√	√	√	√		
	程序清单 05-02-05.c		√	√	√	√		
	练习 05-02-01		√	√	√	√		
	练习 05-02-02		√	√	√	√		
05-02-03 字符输入函数 getche() 和 getch()	getche()和 getch()的一般形式及功能说明	√	√					
	程序清单 05-02-06.c		√	√	√	√		
	程序清单 05-02-07.c		√	√	√	√		
	程序清单 05-02-08.c		√	√	√	√		

05-03　标准输入输出函数

知 识 单 元	知识点/程序清单	认识	理解	领会	运用	创新	预习	复习
05-03-01 标准输出函数 printf	掌握 printf()函数的一般形式及功能说明		√	√				
	掌握格式控制字符串、格式说明符的表示方法及意义		√	√				
	掌握地址表列的表示方法及意义		√	√				
	初步认识取变量地址运算符 &	√						
05-03-02 格式说明符	掌握所有格式说明符及输出形式 常用：%d %lf %c %s %%		√	√	√			
	掌握去宽控制方法、对齐方式控制方法 %6d　%10.2lf　%-6d		√	√	√			
	掌握输出整数前导 0 的方法　　%06d		√	√	√			
	掌握输出字符串格式控制方法 %20.10s		√	√	√			
	程序清单 05-03-01.c		√	√	√	√		
	程序清单 05-03-01-A.c 程序清单 05-03-01-B.c		√	√	√	√		
	练习 05-03-01、练习 05-03-02、 练习 05-03-03、练习 05-03-04、 练习 05-03-05		√	√	√	√		
05-03-03 标准输入函数 scanf	掌握 scanf()函数的一般形式及功能说明		√	√				
	程序清单 05-03-02.c 读入数据,数据间可用空白字符分隔 如遇非法字符,函数结束		√	√	√	√		
	程序清单 05-03-03.c 普通字符原样输入		√	√	√	√		
	程序清单 05-03-04.c 普通字符原样输入		√	√	√	√		

知 识 单 元	知识点/程序清单	认识	理解	领会	运用	创新	预习	复习
05-03-04 一个数据读入的开始和完成	遇到第一个不是空白的字符便开始		√	√	√			
	遇到下列情况时认为该数据结束：空白字符、达到指定宽度、非法输入		√	√	√			
	程序清单 05-03-05.c 练习读入数据的开始和结束		√	√	√	√		
	程序清单 05-03-06.c 为输入数据指定最大宽度		√	√	√	√		
05-03-05 键盘输入字符流	理解键盘缓冲区中存放用户输入的字符流		√	√				
	scanf()、getchar()等函数从该字符流中依次读取数据		√	√				
05-03-06 读入字符型数据	程序清单 05-03-07.c 读入字符型数据时不再忽略空白字符		√	√	√	√		
05-03-07 从输入流中跳过某些数据	掌握从输入流中跳过数据的方法 %*d		√	√				
	程序清单 05-03-08.c		√	√	√	√		
	程序清单 05-03-09.c		√	√	√	√		

05-04　顺序结构程序设计举例

知 识 单 元	知识点/程序清单	认识	理解	领会	运用	创新	预习	复习
05-04-01 顺序结构程序	顺序结构程序的执行流程	√	√					
	* 初步了解 return 0;语句的用法和功能	√	√					
05-04-02 问题 05-01 简单输出	分析问题、设计算法、画流程图		√	√	√			
	程序清单 05-04-01.c		√	√	√	√		
05-04-03 问题 05-02 三角形面积	分析问题、设计算法、画流程图		√	√	√			
	程序清单 05-04-02.c		√	√	√	√		
05-04-04 问题 05-03 解一元二次方程	分析问题、设计算法、画流程图		√	√	√			
	程序清单 05-04-03.c		√	√	√	√		
05-04-05 问题 05-04 整数倒序	程序清单 05-04-04.c		√	√	√	√		
	程序清单 05-04-05.c		√	√	√	√		
	程序清单 05-04-05-A.c		√	√	√	√		
05-04-06 问题 05-05 简单输出	程序清单 05-04-06.c		√	√	√	√		

5.2　顺序结构程序实验

实验 5　顺序结构程序实验

1. 相关知识点

（1）标准输入输出语句的基本语法和使用。
（2）格式说明符的用法。
（3）顺序结构程序设计方法。

2. 实验目的和要求

本实验的目的是使学生掌握标准输入输出函数的用法、格式说明符的语法规则、顺序结构程序设计的方法。

3. 实验题目

实验题目 05-01-01　空格分隔输出

总时间限制：1000ms；内存限制：65536KB。

描述：读入一个字符、一个整数、一个单精度浮点数、一个双精度浮点数，然后按顺序输出它们，并且要求在它们之间用一个空格分隔。输出浮点数时保留 6 位小数。

输入：共有 4 行：第一行是一个字符；第二行是一个整数；第三行是一个单精度浮点数；第四行是一个双精度浮点数。

输出：输出字符、整数、单精度浮点数和双精度浮点数，它们之间用空格分隔。

样例输入：

```
a
12
2.3
3.2
```

样例输出：

```
a 12 2.300000 3.200000
```

注：该题目选自 OpenJudge 网站，在线网址 http://noi.openjudge.cn/ch0101/06/。

问题分析：此题目考查格式说明符的使用。

参考代码（05-01-01. c）：

```c
#include<stdio.h>
int main(){
    char a;
    int b;
    float c;
```

```
   double d;
   scanf("%c%d%f%lf",&a,&b,&c,&d);
   printf("%c %d %f %lf",a,b,c,d);
   return 0;
}
```

实验题目 05-01-02   输出浮点数

总时间限制：1000ms；内存限制：65536KB。

描述：读入一个双精度浮点数，分别按"%f""%f"保留 5 位小数、"%e"和"%g"的形式输出这个整数，每次单独一行输出。

输入：一个双精度浮点数。

输出：输出有 4 行：

第 1 行是按"%f"输出的双精度浮点数；

第 2 行是按"%f"保留 5 位小数输出的双精度浮点数；

第 3 行是按"%e"输出的双精度浮点数；

第 4 行是按"%g"输出的双精度浮点数。

样例输入：

```
12.3456789
```

样例输出：

```
12.345679
12.34568
1.234568e+001
12.3457
```

注：该题目选自 OpenJudge 网站，在线网址 http://noi.openjudge.cn/ch0101/07/。

问题分析：此题目考查浮点型数据输出的格式说明符的不同用法。

参考代码（05-01-02.c）：

```
#include<stdio.h>
int main(){
   double a;
   scanf("%lf",&a);
   printf("%f\n",a);
   printf("%.5f\n",a);
   printf("%e\n",a);
   printf("%g\n",a);
   return 0;
}
```

实验题目 05-01-03   字符三角形

总时间限制：1000ms；内存限制：65536KB。

描述：给定一个字符，用它构造一个底边长 5 个字符，高 3 个字符的等腰字符三角形。

输入：输入只有一行，包含一个字符。

输出：该字符构成的等腰三角形，底边长 5 个字符，高 3 个字符。

样例输入：

```
*
```

样例输出：

```
  *
 * * *
* * * * *
```

注：该题目选自 OpenJudge 网站，在线网址 http：//noi.openjudge.cn/ch0101/08/。

问题分析：此题目考查基本输出功能的实现，可以使用 putchar() 函数实现，也可以使用 printf() 函数实现。

参考代码（05-01-03.c）：

```c
#include<stdio.h>
int main(){
    char a;
    scanf("%c",&a);
    printf("  %c\n",a);
    printf(" %c%c%c\n",a,a,a);
    printf("%c%c%c%c%c\n",a,a,a,a,a);
    return 0;
}
```

实验题目 05-01-04 甲流疫情死亡率

总时间限制：1000ms；内存限制：65536KB。

描述：甲流并不可怕，在中国，它的死亡率并不是很高。请根据截至 2009 年 12 月 22 日各省报告的甲流确诊数和死亡数，计算甲流在各省的死亡率。

输入：输入仅一行，有两个整数，第一个为确诊数，第二个为死亡数。

输出：输出仅一行，甲流死亡率，以百分数形式输出，精确到小数点后 3 位。

样例输入：

```
10433 60
```

样例输出：

```
0.575%
```

提示：输出％可以使用 printf("％％")；。

注：该题目选自 OpenJudge 网站，在线网址 http：//noi.openjudge.cn/ch0103/06/。

问题分析：此题目考查实型数据的输入和输出方法、百分号的输出方法，以及输出固定小数位数格式的控制。还要注意得到整型数据精确除法值的方法。

参考代码(05-01-04. c):

```c
#include<stdio.h>
int main(){
    int a,b;
    double c;
    scanf("%d%d",&a,&b);
    c=(double)b/(double)a*100;
    printf("%.3lf%%",c);            //注意%%表示输出一个%
    return 0;
}
```

代码中变量 c 的值也可以用以下方法赋值。

```c
c=1.0*b/a*100;
```

实验题目 05-01-05　A * B 问题

总时间限制:1000ms;内存限制:65536KB。

描述:输入两个正整数 A 和 B,求 A * B。

输入:一行,包含两个正整数 A 和 B,中间用单个空格隔开。1≤A,B≤50000。

输出:一个整数,即 A * B 的值。

样例输入:

3 4

样例输出:

12

提示:注意乘积的范围和数据类型的选择。

注:该题目选自 OpenJudge 网站,在线网址 http://noi.openjudge.cn/ch0103/19/。

问题分析:此题目考查两个正整数的乘积,需要注意的是乘积的可能取值范围。根据题目的要求,最大的可能乘积为 2500000000,数值较大,所以程序中的数据类型应选择 long long int 型,与之对应的输入输出格式说明符为%lld。

参考代码(05-01-05. c):

```c
#include<stdio.h>
int main(){
  long long int a,b;
  long long int c;
  scanf("%lld%lld",&a,&b);
  c=a*b;
  printf("%lld",c);
  return 0;
}
```

实验题目 05-01-06 计算多项式的值

总时间限制：1000ms；内存限制：65536KB。

描述：对于多项式 $f(x)=ax^3+bx^2+cx+d$ 和给定的 a,b,c,d,x,计算 $f(x)$ 的值。

输入：输入仅一行,包含 5 个实数,分别是 x 及参数 a、b、c、d 的值,每个数都是绝对值不超过 100 的双精度浮点数。数与数之间以一个空格分开。

输出：输出一个实数,即 $f(x)$ 的值,保留到小数点后 7 位。

样例输入：

2.31 1.2 2 2 3

样例输出：

33.0838692

注：该题目选自 OpenJudge 网站,在线网址 http://noi.openjudge.cn/ch0103/07/。

问题分析：此题目考查算术运算符/和％的使用,注意这两个运算符的使用规则。

参考代码（05-01-06.c）：

```c
#include<stdio.h>
int main(){
    double x,y,a,b,c,d;
    scanf("%lf%lf%lf%lf%lf",&x,&a,&b,&c,&d);
    y=a*x*x*x+b*x*x+c*x+d;
    printf("%.7lf",y);
    return 0;
}
```

实验题目 05-01-07 计算浮点数相除的余数

总时间限制：1000ms；内存限制：65536KB。

描述：计算两个双精度浮点数 a 和 b 相除的余数,a 和 b 都是正数。这里,余数 r 的定义是：$a=k*b+r$,其中 k 是整数,$0 \leqslant r < b$。

输入：输入仅一行,包括两个双精度浮点数 a 和 b。

输出：输出也仅一行,a÷b 的余数。

样例输入：

73.263 0.9973

样例输出：

0.4601

提示：注意输出时小数尾部没有多余的 0,可以用下面这种格式：

```c
double x;
x =1.33;
printf("%g", x);
```

注：该题目选自 OpenJudge 网站，在线网址 http：//noi. openjudge. cn/ch0103/11/。

问题分析：此题目考查实数余数计算方法。需要注意的是，题目中没有规定输出结果的小数位数，根据样例输出可以理解为自动输出较短格式（不输出小数末尾的 0），说明符％g 可以做到。

参考代码（05-01-07. c）：

```c
#include<stdio.h>
int main(){
    double a,b,r;
    int k;
    scanf("%lf%lf",&a,&b);
    k=(int)(a/b);
    r=a-k*b;
    printf("%g",r);
    return 0;
}
```

实验题目 05-01-08　反向输出一个 3 位数

总时间限制：1000ms；内存限制：65536KB。

描述：将一个 3 位数反向输出。

输入：一个三位数 n。

输出：反向输出 n。

样例输入：

100

样例输出：

001

注：该题目选自 OpenJudge 网站，在线网址 http：//noi. openjudge. cn/ch0103/13/。

问题分析：此题目考查正整数中某一数位的提取，可以结合整数除法（/）和整数取余（％）两种运算完成某一位数字的提取。此问题中依次提取百位数字、十位数字和个位数字，然后倒序输出即可。

参考代码（05-01-08. c）：

```c
#include<stdio.h>
int main(){
    int n,a,b,c;
    scanf("%d",&n);
    a=n/100;
    b=n%100/10;
    c=n%10;
    printf("%d%d%d",c,b,a);
```

```
        return 0;
    }
```

实验题目 05-01-09　等差数列的末项计算

总时间限制：1000ms；内存限制：65536KB。

描述：给出一个等差数列的前两项 a_1、a_2，求第 n 项是多少？

输入：一行，包含 3 个整数 a_1、a_2、n。$-100 \leqslant a_1, a_2 \leqslant 100, 0 < n \leqslant 1000$。

输出：一个整数，即第 n 项的值。

样例输入：

1 4 100

样例输出：

298

注：该题目选自 OpenJudge 网站，在线网址 http://noi.openjudge.cn/ch0103/18/。

问题分析：此题目考查等差数列通项公式：$a_n = a_1 + (n-1)d$。其中 d 为公差，即数列前两项的差。

参考代码（05-01-09.c）：

```
#include<stdio.h>
int main(){
    int a1,a2,n,d,an;
    scanf("%d%d%d",&a1,&a2,&n);
    d=a2-a1;                    //公差
    an=a1+(n-1)*d;
    printf("%d",an);
    return 0;
}
```

实验题目 05-01-10　计算球的体积

总时间限制：1000ms；内存限制：65536KB。

描述：对于半径为 r 的球，其体积的计算公式为 $V = 4/3 * \pi r^3$，这里取 $\pi = 3.14$。现给定 r，求 V。

输入：输入为一个不超过 100 的非负实数，即球半径，类型为 double。

输出：输出一个实数，即球的体积，保留到小数点后 2 位。

样例输入：

4

样例输出：

267.95

注：该题目选自 OpenJudge 网站，在线网址 http://hljssyzx.openjudge.cn/

问题分析：此题目考查 C 语言基本运算、数学公式如何转换成 C 表达式和输出格式控制。

参考代码（05-01-10. c）：

```c
#include<stdio.h>
int main(){
  double r,v;
  scanf("%lf",&r);
  v=(4.0/3.0)*3.14*r*r*r;
  printf("%.2lf",v);
  return 0;
}
```

实验题目 05-01-11　计算分数的浮点数值

总时间限制：1000ms；内存限制：65536KB。

描述：两个整数 a 和 b 分别作为分子和分母，即分数 a/b，求它的浮点数值（双精度浮点数，保留小数点后 9 位）。

输入：输入仅一行，包括两个整数 a 和 b。

输出：输出也仅一行，即分数 a/b 的浮点数值（双精度浮点数，保留小数点后 9 位）。

样例输入：

5 7

样例输出：

0.714285714

注：该题目选自 OpenJudge 网站，在线网址 http://noi. openjudge. cn/ch0103/05/。

问题分析：此题目主要考查数据类型转换操作。

参考代码（05-01-11. c）：

```c
#include<stdio.h>
int main(){
  int a,b;
  double y;
  scanf("%d%d",&a,&b);
  y=(double)a/b;                    //或写成　y=1.0*a/b;
  printf("%.9lf",y);
  return 0;
}
```

实验题目 05-01-12　苹果和虫子

总时间限制：1000ms；内存限制：65536KB。

描述：你买了一箱 n 个苹果，很不幸的是买完时箱子里混进了一条虫子。虫子每 x 小时能吃掉一个苹果，假设虫子在吃完一个苹果之前不会吃另一个，那么经过 y 小时你还有多少个完整的苹果？

输入：输入仅一行，包括 n、x 和 y（均为整数）。输入数据，保证 $y \leqslant n * x$。

输出：输出也仅一行，即剩下的苹果个数。

样例输入：

10 4 9

样例输出：

7

注：该题目选自 OpenJudge 网站，在线网址 http：//noi. openjudge. cn/ch0103/15/。

问题分析：此题目实际考查经过 y 小时，虫子已经吃到第几个苹果，答案应该是 y/x 向上取整的值，剩下的苹果数应该是 n 减去这个值。

因为 y/x 是整数除法，所以 y/x 向上取整的方法是 y/x+（y％x! ＝0）。

参考代码（05-01-12. c）：

```c
#include<stdio.h>
int main(){
  int m,n,x,y;
  scanf("%d%d%d",&n,&x,&y);
  m=y/x+(y%x!=0);                //已经吃到第几个苹果
  printf("%d",n-m);              //输出剩下的苹果数
  return 0;
}
```

第6章 选 择

6.1 知识点及学习要求

06-01 if 语句

知 识 单 元	知识点/程序清单	认识	理解	领会	运用	创新	预习	复习
06-01-01 双分支 if 选择结构	双分支 if 语句的一般形式及功能说明		√	√	√			
	问题 06-01-01 设计算法,画流程图		√	√	√			
	程序清单 06-01-01.c		√	√	√	√		
06-01-02 单分支 if 选择结构	单分支 if 语句的一般形式及功能说明		√	√	√			
	程序清单 06-01-02.c 多个单分支 if 语句彼此独立,互不影响		√	√	√	√		
	程序清单 06-01-03.c		√	√	√	√		
	程序清单 06-01-04.c 用条件运算符实现选择功能		√	√	√	√		
	练习 06-01-01		√	√	√	√		
	问题 06-01-02 设计算法,画流程图		√	√	√			
	程序清单 06-01-05.c		√	√	√	√		
	程序清单 06-01-06.c		√	√	√	√		
	程序清单 06-01-07.c if 分支可以为复合语句		√	√	√	√		
	程序清单 06-01-08.c 用条件运算符实现选择功能		√	√	√	√		
	练习 06-01-02		√	√	√	√		
	练习 06-01-03		√	√	√	√		
	问题 06-01-03 设计算法,画流程图		√	√	√			
	程序清单 06-01-09.c		√	√	√	√		
	练习 06-01-04		√	√	√	√		
	问题 06-01-04 设计算法,画流程图		√	√	√			
	程序清单 06-01-10.c 单分支实现,注意:各 if 语句条件表达式要覆盖 所有情况且不能重复交叉		√	√	√	√		

知 识 单 元	知识点/程序清单	认识	理解	领会	运用	创新	预习	复习
06-01-02 单分支 if 选择结构	问题 06-01-05 设计算法,画流程图		√	√	√			
	程序清单 06-01-11.c		√	√	√	√		

06-02 if 语句的嵌套

知 识 单 元	知识点/程序清单	认识	理解	领会	运用	创新	预习	复习
06-02-01 if 语句的嵌套	if 语句嵌套的一般形式		√	√	√			
	特殊嵌套形式的 if 与 else 匹配规则		√	√	√			
	恰当使用复合语句,理清程序结构	√	√					
	问题 06-02-01 设计算法,画流程图	√	√	√				
	程序清单 06-02-01.c	√	√	√	√			
	程序清单 06-02-02.c	√	√	√	√			
	程序清单 06-02-03.c	√	√	√	√			
	练习 06-02-01	√	√	√	√			
06-02-02 多分支 if 选择结构	多分支 if 结构的一般形式、功能及流程图	√	√	√				
	程序清单 06-02-04.c	√	√	√	√			
	练习 06-02-02	√	√	√	√			
06-02-03 *超市买白菜问题的特殊解法	*程序清单 06-02-05.c 利用条件运算符实现多选一	√	√	√	√			
	*程序清单 06-02-06.c 利用条件表达式的值实现加数开关	√	√	√	√			

06-03 switch 语句

知 识 单 元	知识点/程序清单	认识	理解	领会	运用	创新	预习	复习
06-03-01 switch 语句	switch 语句的一般形式及功能		√	√	√			
	switch(){}结构括号中为有序可数类型		√	√	√			
	问题 06-03-01 设计算法,画流程图		√	√	√			
	程序清单 06-03-01.c		√	√	√	√		
06-03-02 break 语句	break 语句的一般形式及功能		√	√	√			
	程序清单 06-03-02.c		√	√	√	√		
	问题 06-03-02 设计算法,画流程图		√	√	√			
	程序清单 06-03-03.c 合理使用 break 语句		√	√	√	√		
	练习 06-03-01		√	√	√	√		

06-04 选择结构程序举例

知 识 单 元	知识点/程序清单	认识	理解	领会	运用	创新	预习	复习
06-04-01 问题 06-04-01 解一元二次方程	设计算法,画流程图		√	√	√			
	程序清单 06-04-01.c		√	√	√	√		
06-04-02 问题 06-04-02 日期计算	设计算法,画流程图		√	√	√			
	程序清单 06-04-02.c		√	√	√	√		
06-04-03 问题 06-04-03 四则运算	设计算法,画流程图		√	√	√			
	程序清单 06-04-03.c		√	√	√	√		
06-04-04 问题 06-04-04 计算器	设计算法,画流程图		√	√	√			
	程序清单 06-04-04.c		√	√	√	√		
06-04-05 问题 06-04-05 分段函数	设计算法,画流程图		√	√	√			
	程序清单 06-04-05.c		√	√	√	√		

6.2 选择结构程序实验

实验 6 选择结构程序实验

1. 相关知识点

(1) if 语句的基本语法和使用。
(2) 多分支 if 选择结构的使用。
(3) switch 语句的使用及 break 语句的使用。

2. 实验目的和要求

本实验的目的是使学生掌握选择结构程序设计方法,掌握 if 语句和 switch 语句的语法和使用方法。

3. 实验题目

实验题目 06-01-01 整数大小比较

总时间限制:1000ms;内存限制:65536KB。

描述:输入两个整数,比较它们的大小。

输入:一行,包含两个整数 x 和 y,中间用单个空格隔开。

$0 \leqslant x < 2^{32}$, $-2^{31} \leqslant y < 2^{31}$。

输出:一个字符。

若 x>y,则输出>;

若 x=y,则输出=;

若 x<y,则输出<。

样例输入：

1000 100

样例输出：

>

注：该题目选自 OpenJudge 网站，在线网址 http：//noi. openjudge. cn/ch0104/05/。

问题分析：注意题目中提供的数据范围，适当选取数据类型。此题目的输出分 3 种情况，可以用 3 个单分支的 if 语句解决(06-01-01-A. c)，也可以采用多分支 if 语句解决(06-01-01-B. c)。注意关系运算符等于(＝＝)的表示。

参考代码（06-01-01-A. c）：

```c
#include<stdio.h>
int main(){
    long int a,b;
    scanf("%ld%ld",&a,&b);
    if(a>b) printf(">");
    if(a==b)printf("=");
    if(a<b) printf("<");
    return 0;
}
```

参考代码（06-01-01-B. c）：

```c
#include<stdio.h>
int main(){
    long int a,b;
    scanf("%ld%ld",&a,&b);
    if(a>b)        printf(">");
    else if(a==b) printf("=");
    else          printf("<");
    return 0;
}
```

对于简单的选择结构程序，也可以不用 if 语句，从而借助具有选择功能的条件运算符解决。

参考代码（06-01-01-C. c）：

```c
#include<stdio.h>
int main(){
    long int a,b;
    scanf("%ld%ld",&a,&b);
    printf(
```

```
            (a>b)?(">"):(a==b?"=":"<")
        );
    return 0;
}
```

实验题目 06-01-02　判断能否被 3,5,7 整除

总时间限制：1000ms；内存限制：65536KB。

描述：给定一个整数，判断它能否被 3,5,7 整除，并输出以下信息。

（1）能同时被 3,5,7 整除（直接输出 3 5 7，每个数中间一个空格）。

（2）只能被其中两个数整除（输出两个数，小数在前，大数在后。例如，3 5 或者 3 7 或者 5 7，中间用空格分隔）。

（3）只能被其中一个数整除（输出这个除数）。

（4）不能被任何数整除，输出小写字符 n，不包括单引号。

输入：输入一行，包括一个整数。

输出：输出一行，按照描述要求给出整数被 3,5,7 整除的情况。

样例输入：

105

样例输出：

3 5 7

注：该题目选自 OpenJudge 网站，在线网址 http://noi.openjudge.cn/ch0104/09/。

问题分析：此题目提供的 4 种情况实际上可以拆分成 8 种独立的情况，可以很方便地利用多分支条件语句解决，注意每种情况判别表达式的写法。例如，变量 n 能同时被 3、5、7 整除的差别表达式可以写成 n%3==0&&n%5==0&&n%7==0，因为 3、5、7 为 3 个素数，也可以写成 n%(3*5*7)==0，即 n%105==0。

参考代码（06-01-02.c）：

```
#include<stdio.h>
int main(){
    int n;
    scanf("%d",&n);
    if(n%105==0)        printf("3 5 7");
    else if(n%15==0)    printf("3 5");
    else if(n%21==0)    printf("3 7");
    else if(n%35==0)    printf("5 7");
    else if(n%3==0)     printf("3");
    else if(n%5==0)     printf("5");
    else if(n%7==0)     printf("7");
    else                printf("n");
    return 0;
}
```

实验题目 06-01-03　有一门课不及格的学生

总时间限制：1000ms；内存限制：65536KB。

描述：给出一名学生的语文成绩和数学成绩，判断他是否恰好有一门课不及格（成绩小于 60 分）。

输入：一行，包含两个 0～100 的整数，分别是该学生的语文成绩和数学成绩。

输出：若该学生恰好有一门课不及格，则输出 1，否则输出 0。

样例输入：

50 80

样例输出：

1

注：该题目选自 OpenJudge 网站，在线网址 http：//noi.openjudge.cn/ch0104/10/。

问题分析：此题目考查"恰好有一门课不及格"的判别表达式，注意括号在复杂逻辑表达式中的作用。

参考代码（06-01-03-A.c）：

```
#include<stdio.h>
int main(){
    int a,b,c;
    scanf("%d%d",&a,&b);
    if( (a<60&&b>=60)||(a>=60&&b<60) ) printf("1");
    else                              printf("0");
    return 0;
}
```

因为逻辑表达式的值为整型值（真为 1，假为 0），所以可以直接将表达式的值赋给一个变量输出。

参考代码（06-01-03-B.c）：

```
#include<stdio.h>
int main(){
    int a,b,c;
    scanf("%d%d",&a,&b);
    c=(a<60&&b>=60)||(a>=60&&b<60);
    printf("%d",c);
    return 0;
}
```

若两科成绩分别为 a 和 b，则及格情况的判别表达式也可以表示成（a≥60）＋（b≥60）。那么，如果表达式的值为 2，则表示两科都及格；如果表达式的值为 1，则表示两科中有一科及格，另一科不及格；如果表达式的值为 0，则表示两科都不及格。

参考代码(06-01-03-C. c):

```c
#include<stdio.h>
int main(){
    int a,b,c;
    scanf("%d%d",&a,&b);
    c=(a>=60)+(b>=60);
    printf("%d",c==1);
    return 0;
}
```

实验题目 06-01-04　骑车与走路

总时间限制：1000ms；内存限制：65536KB。

描述：在北大校园里没有自行车，上课、办事会很不方便。但实际上，并非办任何事情都是骑自行车快，因为骑自行车总要找车、开锁、停车、锁车等，这要耽误一些时间。假设找到自行车，开锁并骑上自行车的时间为27s；停车锁车的时间为23s；步行每秒行走1.2m，骑车每秒行走3.0m。请判断走不同的距离办事，是骑车快，还是走路快？

输入：输入一行，包含一个整数，表示一次办事要行走的距离，单位为米。

输出：输出一行，如果骑车快，则输出一行 Bike；如果走路快，则输出一行 Walk；如果一样快，则输出一行 All。

样例输入：

```
120
```

样例输出：

```
Bike
```

注：该题目选自 OpenJudge 网站，在线网址 http://noi.openjudge.cn/ch0104/12/。

问题分析：此题目比较简单，需要计算出骑车的时间和步行的时间，然后根据二者的比较结果输出不同的结果。

参考代码(06-01-04. c):

```c
#include<stdio.h>
int main(){
    int n;
    double bike,walk;
    scanf("%d",&n);
    bike=27+23+n/3.0;
    walk=n/1.2;
    if(bike<walk)      printf("Bike");
    else if(bike>walk) printf("Walk");
    else               printf("All");
    return 0;
}
```

实验题目 06-01-05 计算邮资

总时间限制：1000ms；内存限制：65536KB。

描述：根据邮件的质量和用户是否选择加急计算邮费。计算规则：质量在1000g以内（包括1000g），基本费为8元。超过1000g的部分，每500g加收超重费4元，不足500g部分按500g计算；如果用户选择加急，则多收5元。

输入：输入一行，包含整数和一个字符，以一个空格分开，分别表示质量（单位为g）和是否加急。如果字符是y，则说明选择加急；如果字符是n，则说明不加急。

输出：输出一行，包含一个整数，表示邮费。

样例输入：

1200 y

样例输出：

17

注：该题目选自OpenJudge网站，在线网址 http://noi.openjudge.cn/ch0104/14/。

问题分析：此题目考查邮费计算方法，注意"每500g加收超重费4元，不足500g部分按500g计算"的计算方法。

特别注意题目中输入数据格式"输入一行，包含整数和一个字符，以一个空格分开"，两个数据之间"以一个空格分开"，而第二个数据又是一个字符，所以要在程序中将中间的空格读走，然后再读取第二个数据。

参考代码(06-01-05.c)：

```c
#include<stdio.h>
int main(){
    int  g;                              //邮件质量
    char j;                              //是否加急
    int  y;                              //邮费
    scanf("%d%*c%c",&g,&j);              //注意中间读走一个空格
    y=8;                                 //起步价邮费为8元
    g=g-1000;                            //总质量减去首质量
    if(g>0) y=y+(g/500)*4+(g%500>0)*4;   //计算超重邮费
    if(j=='y')y=y+5;                     //计算加急费
    printf("%d",y);
    return 0;
}
```

实验题目 06-01-06 分段函数

总时间限制：1000ms；内存限制：65536KB。

描述：编写程序，计算下列分段函数 y＝f(x) 的值。

$$y=-x+2.5; \quad 0\leqslant x<5$$
$$y=2-1.5(x-3)(x-3); \quad 5\leqslant x<10$$

$$y=x/2-1.5; \quad 10 \leqslant x < 20$$

输入：一个浮点数 N，0≤N<20

输出：输出 N 对应的分段函数值 f(N)，结果保留到小数点后 3 位。

样例输入：

1.0

样例输出：

1.500

注：该题目选自 OpenJudge 网站，在线网址 http：//noi. openjudge. cn/ch0103/13/。

问题分析：分段函数问题是典型的多分支选择结构问题，利用多分支 if 语句可以轻松解决此题目。注意数学运算表达式向 C 语言算术表达式的转换，注意数学条件向 C 语言逻辑表达式的转换。

参考代码(06-01-06. c)：

```c
#include<stdio.h>
int main(){
    double x,y;
    scanf("%lf",&x);
    if( 0<=x && x<5 )        y=-x+2.5;
    else if(5<=x && x<10)   y=2-1.5*(x-3)*(x-3);
    else if(10<=x&& x<20 ) y=x/2-1.5;
    printf("%.3lf",y);
    return 0;
}
```

实验题目 06-01-07　简单计算器

总时间限制：1000ms；内存限制：65536KB。

描述：一个最简单的计算器，支持＋、－、＊、/四种运算。仅考虑输入输出为整数的情况，数据和运算结果不会超过 int 表示的范围。

输入：输入只有一行，共有 3 个参数，其中第 1、2 个参数为整数，第 3 个参数为操作符（＋、－、＊、/）。

输出：输出只有一行，一个整数，为运算结果。然而：

（1）如果出现除数为 0 的情况，则输出 Divided by zero！。

（2）如果出现无效的操作符（即不为＋、－、＊、/之一），则输出 Invalid operator！。

样例输入：

1 2 +

样例输出：

3

注：该题目选自 OpenJudge 网站，在线网址 http：//noi. openjudge. cn/ch0104/19/。

问题分析：此题目考查算术运算符/和％的使用，注意这两个运算符的使用规则。

参考代码（06-01-07. c）：

```c
#include<stdio.h>
int main(){
  int a,b,c;
  char op;
  scanf("%d%d% * c%c",&a,&b,&op);
  if(op=='/'&&b==0){
    printf("Divided by zero!");
    return 0;
  }
  switch(op){
    case '+': c=a+b; break;
    case '-': c=a-b; break;
    case ' * ': c=a * b; break;
    case '/': c=a/b; break;
    default:
            printf("Invalid operator!");
            return 0;
  }
  printf("%d",c);
  return 0;
}
```

第7章 循　　环

7.1　知识点及学习要求

07-01　认识循环

知 识 单 元	知识点/程序清单	认识	理解	领会	运用	创新	预习	复习
07-01-01 goto 语句	goto 语句的一般形式	√	√					
	goto 语句的功能	√	√					
07-01-02 语句标号	语句标号的一般形式	√	√					
	程序清单 07-01-01.c　顺序结构			√	√	√	√	
	程序清单 07-01-02.c　加入 goto			√	√	√	√	
	标号与 goto 配合使用实现程序跳转			√	√			
	问题 07-01-01 设计算法,画流程图			√	√			
	程序清单 07-01-03.c			√	√	√	√	
07-01-03 循环体	什么是循环体		√					
	循环应该在适当时候结束		√					
07-01-04 死循环	什么是死循环	√	√					
	程序清单 07-01-04.c			√	√	√	√	
	程序清单 07-01-05.c			√	√	√	√	
	程序清单 07-01-06.c			√	√	√	√	
	* 查阅相关资料学习原码、反码、补码						√	
	练习 07-01-01			√	√	√	√	
	问题 07-01-02 设计算法,画流程图			√	√	√		
	程序清单 07-01-07.c			√	√	√	√	
	程序清单 07-01-08.c			√	√	√	√	
07-01-05 软件危机——被抛弃的 goto 语句	滥用 goto 语句引起软件危机	√	√					
	去掉 goto 语句不影响程序功能	√	√					
	顺序、选择、循环构成程序结构完备集	√	√					

07-02　结构化循环

知 识 单 元	知识点/程序清单	认识	理解	领会	运用	创新	预习	复习
07-02-01 while 循环（当型循环）	while 循环的一般形式、功能及流程图		√	√	√			
	程序清单 07-02-01.c		√	√	√	√		
	程序清单 07-02-02.c		√	√	√	√		
	练习 07-02-01		√	√	√	√		
07-02-02 do-while 循环（直到型循环）	do-while 循环的一般形式、功能及流程图		√	√	√			
	程序清单 07-02-03.c		√	√	√	√		
	程序清单 07-02-04.c		√	√	√	√		
	练习 07-02-02		√	√	√	√		
07-02-03 while 循环和 do-while 的比较	对比程序 07-02-01.c 和 07-02-02.c		√	√	√	√		
	程序清单 07-02-05.c		√	√	√	√		
	程序清单 07-02-06.c		√	√	√	√		
07-02-04 for 循环	for 循环的一般形式、功能及流程图		√	√				
	程序清单 07-02-07.c		√	√	√			
	程序清单 07-02-07-A.c		√	√	√	√		
	程序清单 07-02-07-B.c		√	√	√	√		
	程序清单 07-02-08.c		√	√	√	√		
	程序清单 07-02-09.c		√	√	√	√		
	问题 07-02-01 设计算法，画流程图		√	√	√			
	程序清单 07-02-10.c		√	√	√	√		
	练习 07-02-03		√	√	√	√		
	练习 07-02-04		√	√	√			
	问题 07-02-02 设计算法，画流程图		√	√	√			
	程序清单 07-02-11.c		√	√	√	√		
	练习 07-02-05		√	√	√	√		

07-03　循环控制语句

知 识 单 元	知识点/程序清单	认识	理解	领会	运用	创新	预习	复习
07-03-01 break 语句	break 语句的一般形式和功能	√	√					
	程序清单 07-03-01.c		√	√	√	√		
	程序清单 07-03-02.c		√	√	√	√		

知 识 单 元	知识点/程序清单	认识	理解	领会	运用	创新	预习	复习
07-03-01 break 语句	程序清单 07-03-03.c		√	√	√	√		
	练习 07-03-01		√	√	√	√		
	程序清单 07-03-04.c		√	√	√	√		
07-03-02 continue 语句	continue 语句的一般形式和功能		√	√	√			
	程序清单 07-03-05.c		√	√	√	√		
	程序清单 07-03-06.c		√	√	√			
	问题 07-03-01		√	√	√			
	程序清单 07-03-07.c		√	√	√	√		
	程序清单 07-03-08.c		√	√	√	√		
07-03-03 continue 语句和 break 的区别	continue 语句只结束本次循环,而 break 语句结束整个循环	√	√					
	练习 07-03-02 寻找符合条件的密码	√	√	√	√			

07-04   循环结构的嵌套

知 识 单 元	知识点/程序清单	认识	理解	领会	运用	创新	预习	复习
07-04-01 循环结构的嵌套	了解循环结构可以互相嵌套的各种情形	√	√					
	问题 07-04-01 输出某数的真约数		√	√	√			
	程序清单 07-04-01.c		√	√	√	√		
	问题 07-04-02 分别输出一组数的真约数		√	√	√			
	程序清单 07-04-02.c		√	√	√		√	
	问题 07-04-03 输出乘法表,画流程图		√	√	√			
	程序清单 07-04-03.c		√	√	√		√	
	问题 07-04-04 输出乘法表,画流程图		√	√	√			
	程序清单 07-04-04.c		√	√	√	√		
	* 自行设计问题用嵌套循环编程解决						√	

07-05   循环结构程序举例

知 识 单 元	知识点/程序清单	认识	理解	领会	运用	创新	预习	复习
07-05-01 问题 07-05-01.c 编程求 $S = \sum\limits_{i=1}^{10} i$	程序清单 07-05-01-A.c 程序清单 07-05-01-B.c 程序清单 07-05-01-C.c 程序清单 07-05-01-D.c		√	√	√	√		

知 识 单 元	知识点/程序清单	认识	理解	领会	运用	创新	预习	复习
07-05-01 问题 07-05-01. c 编程求 S = $\sum_{i=1}^{10} i$	程序清单 07-05-01-E. c 程序清单 07-05-01-F. c 程序清单 07-05-01-G. c 程序清单 07-05-01-H. c		√	√	√	√		
	分析以上各程序的执行结果		√	√	√			
07-05-02 问题 07-05-02 输出整数的数字位数	设计算法,画流程图		√	√	√			
	程序清单 07-05-02. c		√	√	√	√		
	程序清单 07-05-03. c		√	√	√	√		
07-05-03 问题 07-05-03 倒序输出整数	设计算法,画流程图		√	√	√			
	程序清单 07-05-04. c		√	√	√	√		
	程序清单 07-05-05. c		√		√	√		
07-05-04 问题 07-05-04 真约数和.	设计算法,画流程图		√	√	√			
	程序清单 07-05-06. c		√	√	√	√		
07-05-05 问题 07-05-05 完全数	设计算法,画流程图		√	√	√			
	程序清单 07-05-07. c		√	√	√	√		
07-05-06 问题 07-05-06 完全数	设计算法,画流程图		√	√	√			
	程序清单 07-05-08. c		√	√	√			
	程序清单 07-05-08-A. c		√	√	√			
	程序清单 07-05-08-B. c		√	√	√	√		
07-05-07 问题 07-05-07 判断素数	设计算法,画流程图		√	√	√			
	程序清单 07-05-09-A. c 程序清单 07-05-09-B. c 程序清单 07-05-09-C. c 程序清单 07-05-09-D. c 程序清单 07-05-09-E. c		√	√	√	√		
	对比以上程序,分析其功能		√	√	√			
07-05-08 问题 07-05-08 输出素数	设计算法,画流程图		√	√	√			
	程序清单 07-05-10. c		√	√	√	√		
07-05-09 问题 07-05-09 输出素数	设计算法,画流程图		√	√	√			
	程序清单 07-05-11-A. c		√	√	√	√		
	程序清单 07-05-11-B. c		√	√	√	√		
	程序清单 07-05-11-C. c		√	√	√	√		

知 识 单 元	知识点/程序清单	认识	理解	领会	运用	创新	预习	复习
07-05-10 *问题 07-05-10 由公式产生完全数	掌握完全数公式		✓	✓				
	设计算法,画流程图		✓	✓	✓			
	程序清单 07-05-12. c			✓	✓	✓	✓	
07-05-11 问题 07-05-11 奇偶归一猜想	掌握奇偶归一猜想原理		✓	✓				
	设计算法,画流程图		✓	✓	✓			
	程序清单 07-05-13. c		✓	✓	✓	✓		
	练习 07-05-01		✓	✓	✓	✓		
07-05-12 问题 07-05-12 哥德巴赫猜想	掌握哥德巴赫猜想原理		✓	✓				
	设计算法,画流程图		✓	✓	✓			
	程序清单 07-05-14. c		✓	✓	✓	✓		
	练习 07-05-02		✓	✓	✓	✓		
07-05-13 问题 07-05-13 6174 黑洞	掌握 6174 黑洞原理		✓	✓	✓			
	设计算法,画流程图		✓	✓	✓			
	程序清单 07-05-15. c		✓	✓	✓	✓		
07-05-14 问题 07-05-14 输出 7 行菱形图案	设计算法,画流程图		✓	✓	✓			
	程序清单 07-05-16-A. c		✓	✓	✓	✓		
	程序清单 07-05-16-B. c		✓	✓	✓	✓		
	程序清单 07-05-16-C. c		✓	✓	✓	✓		
	程序清单 07-05-16-D. c		✓	✓	✓	✓		
07-05-15 问题 07-05-15 输出 n 行菱形图案	设计算法,画流程图		✓	✓	✓			
	程序清单 07-05-17. c		✓	✓	✓	✓		

7.2　循环结构程序实验

实验 7.1　循环结构程序实验一

1. 相关知识点

(1) 3 种循环结构的语法规则及用法。
(2) 简单单层循环结构设计。

2. 实验目的和要求

通过本实验要求学生掌握 3 种循环结构的语法规则及用法、循环结构程序设计方法、采用穷举法和递推法解决问题。

3. 实验题目

实验题目 07-01-01　求平均年龄

总时间限制：1000ms；内存限制：65536KB。

描述：班上有学生若干名，给出每名学生的年龄（整数），求班上所有学生的平均年龄，保留到小数点后两位。

输入：第一行有一个整数 n(1≤n≤100)，表示学生的人数。其后 n 行每行有一个整数，表示每个学生的年龄，取值为 15～25。

输出：输出一行，该行包含一个浮点数，为要求的平均年龄，保留到小数点后两位。

样例输入：

```
2
18
17
```

样例输出：

```
17.50
```

注：该题目选自 OpenJudge 网站，在线网址 http：//noi. openjudge. cn/ch0105/01/。

问题分析：本题首先要读取整数 n，然后再通过 n 次循环读取 n 个整数年龄，并累加到表示年龄和的变量 sum。注意，循环变量 i 的初值设置及循环条件的设置，保证循环执行 n 次。注意年龄和变量 sum 的初始值设置，注意计算平均值时要转换成实型。

参考代码（07-01-01-A. c）：

```c
#include<stdio.h>
int main(){
    int n,a,i,sum;
    sum=0;
    scanf("%d",&n);
    i=1;
    while(i<=n){
      scanf("%d",&a);
      sum=sum+a;
      i++;
    }
    printf("%.2lf",(double)sum/n);
    return 0;
}
```

固定循环次数的 while 循环结构可以非常方便地转换成 for 循环结构。

参考代码(06-01-01-B. c):

```
#include<stdio.h>
int main(){
    int n,a,i,sum=0;
    scanf("%d",&n);
    for(i=1;i<=n;i++){
      scanf("%d",&a);
      sum=sum+a;
    }
    printf("%.2lf",sum*1.0/n);
    return 0;
}
```

实验题目 07-01-02   整数的立方和

总时间限制：1000ms;内存限制：65536KB。

描述：给定一个正整数 k(1<k<10),求 1 到 k 的立方和 m,即 m=1+2*2*2+…+k*k*k。

输入：输入只有一行,该行包含一个正整数 k。

输出：输出只有一行,该行包含 1~k 的立方和。

样例输入：

5

样例输出：

225

注：选自 OpenJudge 网站,在线网址 http://sdau.openjudge.cn/c/005/。

问题分析：本题首先要读取整数 n,然后再通过 n 次循环累加 1 到 n 的立方和。为本题设计的算法如下。

(1) 算法开始

(2) 读入整数 n,i=1,s=0。

(3) 如果 i>n,则转至(6)。

(4) s=s+i*i*i。

(5) i=i+1。

(6) 输出 s。

(7) 算法结束。

参考代码(07-01-02. c):

```
#include<stdio.h>
int main(){
    int n,i,sum;
    sum=0;
```

```
    scanf("%d",&n);
    for(i=1;i<=n;i++)
      sum=sum+i*i*i;
    printf("%d",sum);
    return 0;
}
```

实验题目 07-01-03 整数序列的元素最大跨度值

总时间限制：1000ms；内存限制：65536KB。

描述：给定一个长度为 n 的非负整数序列，计算序列的最大跨度值（最大跨度值＝最大值减去最小值）。

输入：一共 2 行，第一行为序列的个数 n(1≤n≤1000)，第二行为序列的 n 个不超过 1000 的非负整数，整数之间以一个空格分隔。

输出：输出一行，表示序列的最大跨度值。

样例输入：

```
6
3 0 8 7 5 9
```

样例输出：

```
9
```

注：该题目选自 OpenJudge 网站，在线网址 http://noi.openjudge.cn/ch0105/06/。

问题分析：本题与上题类似，首先要读取整数 n，然后再通过 n 次循环读取 n 个整数。

根据题意：最大跨度值＝最大值减去最小值。所以，问题的关键是求所有序列中的最大值 max 和最小值 min。

根据题目中的描述，我们知道最大值不大于 1000，最小值不小于 1，这一条件可以帮助我们设置最大值 max 和最小值 min 的初始值。

参考代码（07-01-03-A. c）：

```c
#include<stdio.h>
int main(){
    int n,a,i,max,min;
    max=1;
    min=1000;
    scanf("%d",&n);
    for(i=1;i<=n;i++){
      scanf("%d",&a);
      if(a>max)max=a;
      if(a<min)min=a;
    }
    printf("%d",max-min);
    return 0;
}
```

读完数据个数 n 后,也可以先读取第一个数据并把它看成是最大值和最小值的初值,然后再依次读取 n-1 个数据,并根据其大小修正最大值和最小值。

参考代码(07-01-03-B. c):

```
#include<stdio.h>
int main(){
    int n,a,i,max,min;
    scanf("%d",&n);
    scanf("%d",&a);
    max=min=a;
    for(i=1;i<=n-1;i++){
      scanf("%d",&a);
      if(a>max)max=a;
      if(a<min)min=a;
    }
    printf("%d",max-min);
    return 0;
}
```

实验题目 07-01-04　奥运奖牌计数

总时间限制:1000ms;内存限制:65536KB。

描述:2008 年北京奥运会,A 国的运动员参与了 n 天的决赛项目(1≤n≤17)。现在要统计一下 A 国获得的金、银、铜牌数目及总奖牌数。

输入:输入 n+1 行,第 1 行是 A 国参与决赛项目的天数 n,其后 n 行,每一行是该国某一天获得的金、银、铜牌数目,以一个空格分开。

输出:输出 1 行,包括 4 个整数,为 A 国获得的金、银、铜牌总数及总奖牌数,以一个空格分开。

样例输入:

```
3
1 0 3
3 1 0
0 3 0
```

样例输出:

```
4 4 3 11
```

注:该题目选自 OpenJudge 网站,在线网址 http://noi.openjudge.cn/ch0105/07/。

问题分析:本题依旧首先读取整数 n,然后再通过 n 次循环每次读取 3 个整数,分别代表金、银、铜牌数目,并分别各自累加到金、银、铜牌数目和中。

参考代码(07-01-04. c):

```
#include<stdio.h>
int main(){
```

```
    int n,a,b,c,i;
    int sum_a,sum_b,sum_c,sum;
    scanf("%d",&n);
    sum_a=sum_b=sum_c=0;
    for(i=1;i<=n;i++){
      scanf("%d%d%d",&a,&b,&c);
      sum_a+=a;
      sum_b+=b;
      sum_c+=c;
    }
    sum=sum_a+sum_b+sum_c;
    printf("%d %d %d %d",sum_a,sum_b,sum_c,sum);
    return 0;
}
```

实验题目 07-01-05   乘方计算

总时间限制：1000ms；内存限制：65536KB。

描述：给出一个整数 a 和一个正整数 n，求乘方 a^n。

输入：一行，包含两个整数 a 和 n。$-1000000 \leqslant a \leqslant 1000000$，$1 \leqslant n \leqslant 10000$。

输出：一个整数，即乘方结果。题目保证最终结果的绝对值不超过 1000000。

样例输入：

2 3

样例输出：

8

注：该题目选自 OpenJudge 网站，在线网址 http://noi.openjudge.cn/ch0105/13/。

问题分析：本题首先读取整数 a 和 n 的值，然后再通过 n 次循环将 a 累乘到积 p 中。注意累乘积 p 的初始值要设置为 1。根据题目提示"题目保证最终结果的绝对值不超过 1000000"可知，所有变量都定义成 int 型即可。

参考代码（07-01-05. c）：

```
#include<stdio.h>
int main(){
    int a,n,i,p;
    scanf("%d%d",&a,&n);
    p=1;
    for(i=1;i<=n;i++){
      p=p*a;
    }
    printf("%d",p);
    return 0;
}
```

注意：如果最后乘积很大，超过 int 型数据的表示范围，就应该将变量数据类型定义成更大范围的 long long int 型。如果 long long int 型数据仍不能满足条件，就需要设计算法完成大整数的乘法。

实验题目 07-01-06　整数的个数

总时间限制：1000ms；内存限制：65536KB。

描述：给定 k(1<k<100) 个正整数，其中每个数都是大于或等于 1，小于或等于 10 的数。写程序计算给定的 k 个正整数中，1，5 和 10 出现的次数。

输入：输入有两行：第一行包含一个正整数 k，第二行包含 k 个正整数，每两个正整数用一个空格分开。

输出：输出有 3 行，第一行为 1 出现的次数，第二行为 5 出现的次数，第三行为 10 出现的次数。

样例输入：

5
1 5 8 10 5

样例输出：

1
2
1

注：选自 OpenJudge 网站，在线网址 http：//sdau. openjudge. cn/c/004/。

问题分析：本题首先读入整数 n，然后通过 n 次循环处理 n 个数据，循环内通过多分支判别整数的值并计数。

参考代码（07-01-06. c）：

```c
#include<stdio.h>
int main(){
    int a,n,i,s1,s5,s10;
    scanf("%d",&n);                    //读入 n
    s1=s5=s10=0;                       //分别存储 1,5,10 的个数,置 0
    for(i=1;i<=n;i++){                 //循环 n 次,处理 n 个整数
      scanf("%d",&a);                  //读入 a
      switch(a){                       //多分支结构进行计数
        case 1:  s1++; break;
        case 5:  s5++; break;
        case 10: s10++;break;
      }
    }
    printf("%d\n%d\n%d",s1,s5,s10);    //输出
    return 0;
}
```

实验题目 07-01-07　求 e 的值

总时间限制：1000ms；内存限制：65536KB。

描述：利用公式 e＝1＋1/1!＋1/2!＋1/3!＋…＋1/n!求 e。

输入：输入只有一行，该行包含一个整数 n(2≤n≤15)，表示计算 e 时累加到 1/n!。

输出：输出只有一行，该行包含计算出的 e 的值，要求打印小数点后 10 位。

样例输入：

```
10
```

样例输出：

```
2.7182818011
```

提示：(1) e 以及 n!用 double 表示。

(2) 要输出浮点数、双精度数小数点后 10 位数字，可以用下面这种形式：

```
printf("%.10f", num);
```

注：选自 OpenJudge 网站，在线网址 http://sdau.openjudge.cn/c/014/。

问题分析：本题要求在 e 的初值 1.0 的基础上依次累加 1~n 的阶乘和分之一。这很容易通过循环实现。

参考代码(07-01-07-A.c)：

```
#include<stdio.h>
int main(){
  double e;
  int n,i,p;
  scanf("%d",&n);                   //读入 n
  e=1.0;                            //初始值 1.0
  p=1;                              //用于存储阶乘
  for(i=1;i<=n;i++){                //循环 n 次，依次累加 1/i!
    p=p*i;                          //得到整数 i!
    e=e+1.0/p;                      //将(1.0/i!)累加到 e,注意是 1.0
  }
  printf("%.10lf",e);              //输出
  return 0;
}
```

以上代码本机运行测试数据与样例输出相同，但是却没有提交成功，网站提示：Wrong Answer。这是怎么回事呢？问题出在 p 上，它存储的是 n!的值，而我们知道 13!已经超过 int 型整数的最大值 2147483647，所以本代码没有通过。如果将 p 的类型改为更大范围的 long 型或 long long 型，则都可以通过。

参考代码(07-01-07-B.c)：

```
#include<stdio.h>
```

```
int main(){
    double e;
    int n,i;
    long int p;                              //定义为long型
    scanf("%d",&n);                          //读入n
    e=1.0;                                   //初始值1.0
    p=1;                                     //用于存储阶乘
    for(i=1;i<=n;i++){                       //循环n次,依次累加1/i!
        p=p*i;                               //得到整数i!
        e=e+1.0/p;                           //将(1.0/i!)累加到e,注意是1.0
    }
    printf("%.10lf",e);                      //输出
    return 0;
}
```

本题根据题目中的提示将变量 p 定义成 double 型也可以通过。

参考代码(07-01-07-C.c):

```
#include<stdio.h>
int main(){
    double e;
    int n,i;
    double p;                                //定义为double型
    scanf("%d",&n);                          //读入n
    e=1.0;                                   //初始值1.0
    p=1;                                     //用于存储阶乘
    for(i=1;i<=n;i++){                       //循环n次,依次累加1/i!
        p=p*i;                               //得到整数i!
        e=e+1.0/p;                           //将(1.0/i!)累加到e,注意是1.0
    }
    printf("%.10lf",e);                      //输出
    return 0;
}
```

实验题目 07-01-08　Financial Management(ZOJ:1048)

Time Limit:2 Seconds;Memory Limit:65536KB。

Larry graduated this year and finally has a job. He's making a lot of money, but somehow never seems to have enough. Larry has decided that he needs to grab hold of his financial portfolio and solve his financing problems. The first step is to figure out what's been going on with his money. Larry has his bank account statements and wants to see how much money he has. Help Larry by writing a program to take his closing balance from each of the past twelve months and calculate his average account balance.

Input Format:The input will be twelve lines. Each line will contain the closing balance of his bank account for a particular month. Each number will be positive and displayed to the penny. No dollar sign will be included.

Output Format：The output will be a single number，the average（mean）of the closing balances for the twelve months. It will be rounded to the nearest penny，preceded immediately by a dollar sign，and followed by the end-of-line. There will be no other spaces or characters in the output.

Sample Input：

```
100.00
489.12
12454.12
1234.10
823.05
109.20
5.27
1542.25
839.18
83.99
1295.01
1.75
```

Sample Output：

```
$1581.42
```

注：本题网址 http：//acm. zju. edu. cn/onlinejudge/showProblem. do?problemCode＝1048，选自浙江大学 ZOJ 网站，题号：1048。

问题分析：此题为浙江大学 ZOJ 网站第 1048 号题，试题中文译文如下。

实验题目 07-01-08　财务管理

时间限制：2s；内存限制：65536KB。

拉里今年毕业，终于有了工作。他赚了很多钱，但似乎从来没有足够的钱。拉里已经决定，他需要抓住他的金融投资组合，解决他的融资问题。第一步是清楚他的钱到底用在哪了。拉里有银行账单，想看看他有多少钱。请帮助拉里写一个程序，根据过去 12 个月中每一个月的结余余额，计算他的平均账户余额。

输入格式：输入将是 12 行。每一行包含一个特定月份的银行账户的结余余额。每个数字都是正面的，显示在一分钱上。不包括美元标志。

输出格式：输出将是一个单一的数字，是 12 个月结余余额的平均值。它将被舍入到最近的一分钱，数字前面输出一个美元符号。输出中没有其他空格或字符。

实际上，题目要求我们读入 12 个实数，然后输出它们的平均值，输出结果保留 2 位小数，输出结果前加 ＄。以下代码提交成功。

参考代码（07-01-08. c）：

```c
#include<stdio.h>
```

```
int main(){
    double s,n;
    int i;
    s=0.0;
    for(i=0;i<12;i++){
        scanf("%lf",&n);
        s+=n;
    }
    s=s/12;
    printf("$%.2lf",s);
    return 0;
}
```

实验 7.2　循环结构程序实验二

1. 相关知识点

（1）3 种循环结构的语法规则及用法。

（2）break 语句和 continue 语句的用法。

（3）循环结构程序设计方法。

2. 实验目的和要求

通过本实验要求学生熟练掌握 3 种循环结构的语法规则及用法，掌握 break 语句和 continue 语句的用法，熟练掌握采用穷举法和递推法解决问题。

实验题目 07-02-01　求分数序列和

总时间限制：1000ms；内存限制：65536KB。

描述：有一个分数序列 2/1,3/2,5/3,8/5,13/8,21/13,…求这个分数序列的前 n 项之和。

输入：输入有一行：正整数 n。

输出：输出有一行：分数序列的和（浮点数，精确到小数点后 4 位）。

可以按 printf("%.4lf\n", a)格式输出浮点数并精确到小数点后 4 位。

样例输入：

99

样例输出：

160.4849

提示：最好在程序中使用双精度浮点数（double）记录求得的和。

注：选自 OpenJudge 网站，在线网址 http：//sdau.openjudge.cn/c/007/。

问题分析：可以看出本题的分数序列与 Fibonacci 数列的关系，Fibonacci 数列的内容是 1,1,2,3,5,8,13,21,34,55,…,规律是以两个 1 开始,后一项是前两项的和。

本题的分数序列实际上是 Fibonacci 数列从 $1,2,3,4,5,\cdots$ 开始后一项与前一项的比之和。问题的关键是求 Fibonacci 数列第 n 项和的问题。

请注意程序代码中的用于保存 Fibonacci 数列项的变量 f1,f2,f3,如果定义成整型,则会发生溢出,因为越往后,数列值越大。

参考代码(07-02-01. c):

```c
#include<stdio.h>
int main(){
  int n,i;
  double f1,f2,f3;
  double sum=0.0;
  scanf("%d",&n);
  f1=1;f2=1;                    //赋值为 Fibonacci 数列的前 2 项
  for(i=1;i<=n;i++){            //n 次循环
    f3=f1+f2;                   //得到 Fibonacci 数列后一项的值(保证第一个值是 2)
    sum=sum+f3/f2;             //累加
    f1=f2;                     //后两项变前两项
    f2=f3;                     //后两项变前两项
  }
  printf("%.4lf",sum);         //输出
  return 0;
}
```

实验题目 07-02-02　银行利息

总时间限制:1000ms;内存限制:65536KB。

描述:农夫约翰赚了一大笔钱!他想把这些钱用于投资,并对自己能得到多少收益感到好奇。已知投资的复合年利率为 R(0~20 的整数)。约翰现有总值为 M 的钱(100~1000000 的整数)。他清楚地知道自己要投资 Y 年(范围为 0~400)。请帮助他计算最终他会有多少钱,并输出它的整数部分。保证输出的数据在 32 位有符号整数范围内。

输入:一行包含 3 个整数 R、M、Y,相邻两个整数之间用单个空格隔开。

输出:一个整数,即约翰最终拥有多少钱(整数部分)。

样例输入:

5 5000 4

样例输出:

6077

提示:在样例中,

第一年后:$1.05 \times 5000 = 5250$

第二年后:$1.05 \times 5250 = 5512.5$

第三年后:$1.05 \times 5512.50 = 5788.125$

第四年后:$1.05 \times 5788.125 = 6077.53125$

6077.53125 的整数部分为 6077。

注：该题目选自 OpenJudge 网站，在线网址 http：//noi.openjudge.cn/ch0105/15/。

问题分析：本题与上题类似，根据题目描述，首先读取整数 r、m、y，然后通过 y 次循环将资金逐年累乘(1+r％)，最后输出资金的整数部分。注意输入的本金 m 是整型数据，而逐年变化的资金是实型数据。

参考代码(07-02-02.c)：

```c
#include<stdio.h>
int main(){
    int r,m,y,i;
    double s;                          //当前资金
    scanf("%d%d%d",&r,&m,&y);
    s=m;
    for(i=1;i<=y;i++){
      s=s*(1+r/100.0);
    }
    printf("%d",(int)s);
    return 0;
}
```

实验题目 07-02-03　鸡尾酒疗法

总时间限制：1000ms；内存限制：65536KB。

描述：鸡尾酒疗法原指"高效抗逆转录病毒治疗"(HAART)，由美籍华裔科学家何大一于 1996 年提出，是通过 3 种或 3 种以上的抗病毒药物联合使用治疗艾滋病。该疗法的应用可以减少单一用药产生的抗药性，最大限度地抑制病毒的复制，使被破坏的机体免疫功能部分甚至全部恢复，从而延缓病程进展，延长患者生命，提高生活质量。人们在鸡尾酒疗法的基础上又提出了很多种改进的疗法。为了验证这些治疗方法是否在疗效上比鸡尾酒疗法更好，可用通过临床对照实验的方式进行。假设鸡尾酒疗法的有效率为 x，新疗法的有效率为 y，如果 y−x 大于 5％，则效果更好，如果 x−y 大于 5％，则效果更差，否则称为效果差不多。下面给出 n 组临床对照实验，其中第一组采用鸡尾酒疗法，其他 n−1 组为各种不同的改进疗法。请编写程序，判定各种改进疗法的效果。

输入：第一行为整数 n(1＜n≤20)；

其余 n 行每行两个整数，第一个整数是临床实验的总病例数(小于或等于 10000)，第二个整数是疗效有效的病例数。

这 n 行数据中，第一行为鸡尾酒疗法的数据，其余各行为各种改进疗法的数据。

输出：有 n−1 行输出，分别表示对应改进疗法的效果：

如果效果更好，则输出 better；如果效果更差，则输出 worse；否则输出 same。

样例输入：

5

125 99

112 89

145 99

99 97

123 98

样例输出：

same

worse

better

same

注：该题目选自 OpenJudge 网站，在线网址 http：//noi. openjudge. cn/ch0104/18/。

问题分析：根据题目描述，此题目需要首先读取整数 n，再读取 1 组数据（2 个整数）并计算出鸡尾酒疗法的有效率，注意计算结果应为实型数据。然后再读取 n－1 组数据（2 个整数）。对于每组数据，计算其有效率后，与鸡尾酒疗法有效率比较，并输出结果。

参考代码（07-02-03. c）：

```c
#include<stdio.h>
int main(){
    int n,a,b,i;
    double y1,y2;              //y1:鸡尾酒有效率,y2:其他疗法有效率
    scanf("%d",&n);           //读取实验数据组数
    scanf("%d%d",&a,&b);      //读取鸡尾酒疗法数据
    y1=(double)b/a;           //计算鸡尾酒有效率
    for(i=1;i<=n-1;i++){
      scanf("%d%d",&a,&b);    //读取其他疗法数据
      y2=(double)b/a;         //计算其他疗法有效率
      //根据条件输出不同结果
      if(y2-y1>0.05)     printf("better");
      else if(y1-y2>0.05) printf("worse");
      else               printf("same");
      printf("\n");
    }
    return 0;
}
```

实验题目 07-02-04　含 k 个 3 的数

总时间限制：1000ms；内存限制：65536KB。

描述：输入两个正整数 m 和 k，其中 $1 < m < 100000$，$1 < k < 5$，判断 m 能否被 19 整除，且恰好含有 k 个 3，如果满足条件，则输出 YES，否则输出 NO。

例如，输入：

43833 3

满足条件，输出 YES。

如果输入：

39331 3

尽管有 3 个 3,但不能被 19 整除,也不满足条件,应输出 NO。

输入：m 和 k 的值,中间用单个空格间隔。

输出：满足条件时输出 YES,不满足条件时输出 NO。

样例输入：

43833 3

样例输出：

YES

注：该题目选自 OpenJudge 网站,在线网址 http：//noi. openjudge. cn/ch0104/30/。

问题分析：此题目的关键在于判断变量 m 的各位数字中有多少个 3,为了不破坏 m 的值,将其赋值给变量 mm。问题变成求变量 mm 的各位数字中有多少个 3,设有 s 个,s 的初值应该为 0。此问题的思路是通过多次循环对 mm 的个位数进行判断,如果是 3,则 s++,每次循环,最后 mm 舍弃其个位数,即 mm=mm/10,循环进行下去的条件是 mm>0。算法的简单描述如下。

S1 已知变量 mm,s=0
S2 如果 mm>0,进入循环
　　S2_1　如果 mm 的个位数是 3,则 s++
　　S2_2　mm=mm/10,转到 S2
S3 s 为所求 (变量 mm 中数字 3 的个数)

参考代码（07-02-04. c）：

```c
#include<stdio.h>
int main(){
    int m,k,i;
    int s=0,mm;              //s:整数 m 中 3 的个数,mm:计算用,初始值为 m
    scanf("%d%d",&m,&k);
    mm=m;                    //mm 的初始值为 m,用于计算 m 中有多少个 3
    while(mm>0){
      if(mm%10==3)s++;
      mm=mm/10;
    }
    if(m%19==0&&s==k) printf("YES");
    else             printf("NO");
    return 0;
}
```

实验题目 07-02-05　I Think I Need a Houseboat（ZOJ：1049）

Time Limit：2 Seconds；Memory Limit：65536KB。

Fred Mapper is considering purchasing some land in Louisiana to build his house on.

In the process of investigating the land, he learned that the state of Louisiana is actually shrinking by 50 square miles each year, due to erosion caused by the Mississippi River. Since Fred is hoping to live in this house the rest of his life, he needs to know if his land is going to be lost to erosion.

After doing more research, Fred has learned that the land that is being lost forms a semicircle. This semicircle is part of a circle centered at $(0,0)$, with the line that bisects the circle being the X axis. Locations below the X axis are in the water. The semicircle has an area of 0 at the beginning of year 1. (Semicircle illustrated in the Figure.)

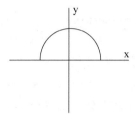

Input Format: The first line of input will be a positive integer indicating how many data sets will be included (N).

Each of the next N lines will contain the X and Y Cartesian coordinates of the land Fred is considering. These will be floating point numbers measured in miles. The Y coordinate will be non-negative. (0,0) will not be given.

Output Format: For each data set, a single line of output should appear. This line should take the form of:

Property N: This property will begin eroding in year Z.

Where N is the data set (counting from 1), and Z is the first year (start from 1) this property will be within the semicircle AT THE END OF YEAR Z. Z must be an integer.

After the last data set, this should print out: END OF OUTPUT.

Notes:

1. No property will appear exactly on the semicircle boundary: it will either be inside or outside.

2. This problem will be judged automatically. Your answer must match exactly, including the capitalization, punctuation, and white-space. This includes the periods at the ends of the lines.

3. All locations are given in miles.

Sample Input:

```
2
1.0 1.0
25.0 0.0
```

Sample Output:

```
Property 1: This property will begin eroding in year 1.
```

Property 2: This property will begin eroding in year 20.
END OF OUTPUT.

注：本题网址 http：//acm. zju. edu. cn/onlinejudge/showProblem. do？problemCode＝1049,选自浙江大学 ZOJ 网站,题号：1049。

问题分析：此题为浙江大学 ZOJ 网站第 1049 号题,试题中文大意如下。

Fred Mapper 家的坐标是(x,y),河水以原点开始向岸边以半圆形状向外侵蚀,侵蚀速度为每年 50 平方英里(1 英里＝1. 60934km)。对输入的每对坐标数据(x,y),输出多少年(year)侵蚀到该点。计算方法如下。

Fred Mapper 家到原点的距离 r＝sqrt(x＊x＋y＊y),以 Fred Mapper 家为边界的半圆面积 s＝PI＊r＊r/2,河水侵蚀到 Fred Mapper 家需要的时间为 year＝s/50(需要舍入)。

因为题目中 Notes 第 1 点特别说明,在任何房产不能出现的边界上,不是在里边,就是在外边。所以最后求得的结果应该是 year＝(int)(s/50)＋1。

注意,输出格式要与标准输出格式严格一致,特别要注意空格和回车的使用。

参考代码(07-02-05. c)：

```c
#include<stdio.h>
#include<math.h>
#define PI 3.1415926
int main(){
  int n,t,year;
  double s,x,y,r;
  scanf("%d",&n);
  for(t=1;t<=n;t++){
    scanf("%lf%lf",&x,&y);
    r=sqrt(x*x+y*y);
    s=PI*r*r/2;
    year=(int)(s/50)+1;
    printf("Property %d: ",t);
    printf("This property will begin eroding in year %d.\n",year);
  }
  printf("END OF OUTPUT.\n");
  return 0;
}
```

实验题目 07-02-06 ASCII 码排序(NYOJ-4)

内存限制：64MB;**时间限制**：3000ms。

题目描述：输入 3 个字符(可以重复)后,按各字符的 ASCII 码从小到大的顺序输出这 3 个字符。

输入描述：第一行输入一个数 N,表示有 N 组测试数据。后面的 N 行输入多组数据,每组输入数据都占一行,由 3 个字符组成,字符之间无空格。

输出描述：对于每组输入数据,输出一行,字符中间用一个空格分开。

样例输入：

```
2
qwe
asd
```

样例输出：

```
e q w
a d s
```

注：该题目选自 NYOJ 网站，在线网址 http：//nyoj.top/problem/4。

问题分析：本题主要考查多组输入数据如何正确输入，以及 3 个变量排序的问题。在读取完第一个整数后，要想读取下一行字符，必须先把上一行末尾的回车读走，注意程序中的代码和注释。

下面程序通过求最大值、最小值以及中间值（3 个字符的和减去最大值和最小值）的方法，输出从小到大的 3 个字符。读者也可以对对 3 个字符进行排序，再依次输出，请自行修改程序提交。

参考代码（07-02-06.c）：

```c
#include<stdio.h>
int main(){
  int n,i;
  char a,b,c,max,min;
  scanf("%d",&n);
  for(i=1;i<=n;i++){
    getchar();                               //读走上一行末尾的回车
    scanf("%c%c%c",&a,&b,&c);                 //读入 3 个字符
    //printf("a=%c b=%c c=%c\n",a,b,c);       //测试读入字符是否正确
    max=a>b? (a>c?a:c):(b>c?b:c);             //最大值
    min=a<b? (a<c?a:c):(b<c?b:c);             //最小值
    printf("%c %c %c\n",min,a+b+c-max-min,max); //依次输出 3 个值,注意中间值算法
  }
  return 0;
}
```

实验题目 07-02-07　A＋B Problem III（NYOJ：477）

内存限制：64MB；时间限制：1000ms。

题目描述：求 A＋B 是否与 C 相等。

输入描述：T 组测试数据。每组数据中有 3 个实数 A、B、C（－10000.0＜＝A,B＜＝10000.0,－20000.0＜＝C＜＝20000.0）。数据保证小数点后不超过 4 位。

输出描述：如果相等，则输出 YES。

如果不相等，则输出 NO。

样例输入：

```
3
-11.1 +11.1 0
11 -11.25 -0.25
1 2 +4
```

样例输出：

```
YES
YES
NO
```

注：该题目选自 NYOJ 网站，在线网址 http：//nyoj. top/problem/477。

问题分析：本题看似非常简单，我们不难得到以下程序，可是提交却显示错误结果。

参考代码（07-02-07-A. c）：

```c
#include<stdio.h>
int main(){
  int n,i;
  double a,b,c;
  scanf("%d",&n);
  for(i=1;i<=n;i++){
    scanf("%lf%lf%lf",&a,&b,&c);
    if(a+b==c)    printf("Yes\n");
    else          printf("No\n");
  }
}
```

以上程序没有通过是因为，对于实型数（浮点数），直接比较是不明智的，因为其有效数字有限，计算结果常常为一个近似值，直接判断相等是错误的。因为题目中说明每个加数小数位数不超过 4 位，所以将判断相等的条件改为 fabs(a+b-c)<1e-4，程序通过。

参考代码（07-02-07-B. c）：

```c
#include<stdio.h>
int main(){
  int n,i;
  double a,b,c;
  scanf("%d",&n);
  for(i=1;i<=n;i++){
    scanf("%lf%lf%lf",&a,&b,&c);
    if(fabs(a+b-c)<1e-4) printf("Yes\n");
    else                 printf("No\n");
  }
}
```

还有一个技巧是比较有限浮点数的大小，像本题中各加数绝对值不超过 10000，和的绝对值不超过 20000,小数倍数不超过 4 位,在这种情况下可以将浮点数转换成整数。例如,在本题中将所有加数以及和都乘以 10000,然后取整,这样浮点数就变成精确的整型值了。以下程序提交通过。

参考代码(07-02-07-C. c):

```c
#include<stdio.h>
int main(){
  int n,i;
  double a,b,c;
  scanf("%d",&n);
  for(i=1;i<=n;i++){
    scanf("%lf%lf%lf",&a,&b,&c);
    long aa=(long)(a*10000);
    long bb=(long)(b*10000);
    long cc=(long)(c*10000);
    if(aa+bb==cc) printf("YES\n");
    else          printf("NO\n");
  }
}
```

实验题目 07-02-08　韩信点兵(NYOJ:34)

内存限制:64MB;时间限制:3000ms。

题目描述:相传韩信才智过人,从不直接清点自己军队的人数,只要让士兵先后以 3 人一排、5 人一排、7 人一排地变换队形,而他每次只掠一眼队伍的排尾就知道总人数了。输入 3 个非负整数 a、b、c,表示每种队形排尾的人数($a<3,b<5,c<7$),输出总人数的最小值(或报告无解)。已知总人数不小于 10,不超过 100。

输入描述:输入 3 个非负整数 a、b、c,表示每种队形排尾的人数($a<3,b<5,c<7$)。例如,输入:2 4 5。

输出描述:输出总人数的最小值(或报告无解,即输出 No answer)。实例,输出:89。

样例输入:

2 1 6

样例输出:

41

注:该题目选自 NYOJ 网站,在线网址 http://nyoj.top/problem/34。

问题分析:本题在 10~100 的范围内穷举所有整数,判断是否符合条件即可。注意,只需输出符合条件的第一个数,还要注意识别无解的情况。

参考代码(07-02-08. c):

```c
#include<stdio.h>
int main(){
```

```
    int n,i;
    int a,b,c;
    scanf("%d%d%d",&a,&b,&c);
    for(n=10;n<=100;n++){              //穷举所有可能值
      if(n%3==a&&n%5==b&&n%7==c){     //判断
        printf("%d",n);                //符合条件输出并跳出循环,以结束程序
        break;
      }
    }
    if(n>100)                          //没找到符合条件的值,无解
      printf("No answer");
    return 0;
}
```

实验题目 07-02-09　水仙花数（NYOJ：39）

内存限制：64MB；时间限制：1000ms。

题目描述：请判断一个数是不是水仙花数。其中水仙花数的定义为各个位数的立方和等于它本身的 3 位数。

输入描述：有多组测试数据，每组测试数据包含一个整数 $n(100 \leqslant n < 1000)$。
输入 0，表示程序输入结束。

输出描述：如果 n 是水仙花数，就输出 YES，否则输出 NO。

样例输入：

```
153
154
0
```

样例输出：

```
YES
NO
```

注：该题目选自 NYOJ 网站，在线网址 http：//nyoj. top/problem/39。

问题分析：本题主要考查如何准确读取所有数据以及水仙花数的判别，注意对整数各位数字的提取方法。

参考代码（07-02-09. c）：

```
#include<stdio.h>
int main(){
  int n,i;
  int a,b,c;
  while(scanf("%d",&n)&&n!=0){       //读入整数 n,遇 0 停止循环
    a=n/100;                          //提取百位数字
    b=n%100/10;                       //提取十位数字
    c=n%10;                           //提取个位数字
```

```
    if( n ==a * a * a +b * b * b +c * c * c)    //满足条件
      printf("YES\n");
    else
      printf("NO\n");
  }
  return 0;
}
```

实验 7.3 多层循环结构程序实验

1. 相关知识点

（1）循环嵌套程序设计方法。
（2）循环次数控制方法。
（3）OJ 平台程序数据输入控制方法。

2. 实验目的和要求

通过本实验要求学生掌握多层循环嵌套程序设计方法，掌握利用标志变量、循环条件表达式、break 和 continue 语句等方法控制循环的执行和跳出，掌握在线 OJ 平台程序中的数据读入方法。

3. 实验题目

实验题目 07-03-01　奇偶数分离（NYOJ：11）

内存限制：64MB；时间限制：3000ms。

题目描述：有一个整型偶数 n($2\leqslant n\leqslant 10000$)，先把 1～n 中的所有奇数从小到大输出，再把所有偶数从小到大输出。

输入描述：第一行有一个整数 i($2\leqslant i<30$)，表示有 i 组测试数据；之后 i 行每行有一个整型偶数 n。

输出描述：对于每组数据：
第一行输出所有奇数（末尾有空格）；
第二行输出所有偶数（末尾有空格）；
每组数据后面都有一个换行。

样例输入：

2
10
14

样例输出：

1 3 5 7 9
2 4 6 8 10

```
1 3 5 7 9 11 13
2 4 6 8 10 12 14
```

注：该题目选自 NYOJ 网站，在线网址 http：//nyoj. top/problem/11。

问题分析：本题比较简单，注意数据的输出格式。

参考代码（07-03-01. c）：

```
#include<stdio.h>
int main(){
  int i,k,n;
  scanf("%d",&i);                    //读入 i,共有 i 组数据
  while(i--){                        //可实现循环 i 次
    scanf("%d",&n);                  //读入 n
    for(k=1;k<=n;k+=2) printf("%d ",k);
    printf("\n");
    for(k=2;k<=n;k+=2) printf("%d ",k);
    printf("\n\n");
  }
  return 0;
}
```

实验题目 07-03-02　开关灯

总时间限制：1000ms；内存限制：65536KB。

描述：假设有 N 盏灯（N 为不大于 5000 的正整数），从 1 到 N 按顺序依次编号，初始时全部处于开启状态；有 M 个人（M 为不大于 N 的正整数）也从 1 到 M 依次编号。

第一个人（1 号）将灯全部关闭，第二个人（2 号）将编号为 2 的倍数的灯打开，第三个人（3 号）将编号为 3 的倍数的灯做相反处理（即将打开的灯关闭，将关闭的灯打开）。依照编号递增顺序，以后的人都和 3 号一样，将凡是自己编号倍数的灯做相反处理。

请问：当第 M 个人操作之后，哪几盏灯是关闭的，按从小到大的顺序输出其编号，其间用逗号间隔。

输入：输入正整数 N 和 M，以单个空格隔开。

输出：顺次输出关闭的灯的编号，其间用逗号间隔。

样例输入：

10 10

样例输出：

1,4,9

注：该题目选自 OpenJudge 网站，在线网址 http：//noi. openjudge. cn/ch0104/31/。

问题分析：可以假设所有灯的初始状态都是打开的，这样第 1 个人将所有编号为 1 的倍数的灯改变状态（所有灯关闭），第 2 个人将所有编号为 2 的倍数的灯改变状态（打开）……

第 k 个人将所有编号为 k 的倍数的灯改变状态。

假设第 i 号灯一共被改变了 si 次状态,如果 si 是奇数,则第 i 号灯最后的状态就是关闭的。那么,如何求得第 i 号灯一共被改变的次数 si 呢,它一共接受从 1 号人至 m 号个人的操作,当第 k 个人经过第 i 号灯时,如果 i 是 k 的倍数,则状态改变。

由此可以得出结论,1 至 m 的所有数中,i 有几个约数,第 i 号灯就被改变几次。所以问题的关键转换为求 i 有几个约数(在 1 至 m 范围内)。简单的算法描述如下。

```
S1 变量 i 从 1 至 n 开始外层循环
   S1_1 变量 s 赋值为 0(i 的约数个数)
   S1_2 变量 k 从 1 至 m 开始内层循环
      S1_2_1 如果 i 是 k 的倍数,则 s++
   S1_3 如果 s 是奇数,则输出是 i
```

参考代码(07-03-02-A. c)(错误的结果):

```c
#include<stdio.h>
int main(){
  int n,m,k,i;
  int s;
  scanf("%d%d",&n,&m);
  for(i=1;i<=n;i++){          //外层循环
    s=0;
    for(k=1;k<=m;k++)         //内层循环,求 i 的约数个数 s
      if(i%k==0)s++;
    if(s%2==1){               //如果 s 是奇数,则输出 i
      printf("%d",i);
    }
  }
  return 0;
}
```

此程序在网站提交时不会通过,OJ 系统会提示错误的结果。执行程序时输入样例数据"10 10",程序会输出"149",对比输出样例,可知错误的原因是没有输出逗号。

如果在每个输出数据后加上逗号,最后的输出语句会改成 printf("%d,",i),这同样是错误的结果,会在最后一个数据后多输出一个空格。

也可以在 printf("%d",i);语句前加上语句 printf(",");,这样在每个数据前输出一个逗号,样例输出结果会变成",1,4,9",如果我们能控制第一个逗号不输出,结果就正确了。

我们知道,第一个输出的一定是 1,因为第 1 号灯只被改变一次(1 只有一个约数),所以可控制 i==1 时不输出逗号,i>1 时才输出逗号。以下程序代码是正确的。

参考代码(07-03-02-B. c):

```c
#include<stdio.h>
int main(){
  int n,m,k,i;
```

```
    int s;
    scanf("%d%d",&n,&m);
    for(i=1;i<=n;i++){                          //外层循环
      s=0;
      for(k=1;k<=m;k++)                         //内层循环,求 i 的约数个数 s
        if(i%k==0)s++;
      if(s%2==1){                               //如果 s 是奇数,则输出 i
        if(i>1)printf(",");                     //如果 i>1,则输出逗号
        printf("%d",i);
      }
    }
    return 0;
}
```

如果无法确定第 1 个输出的号码,如何控制不输出第 1 个逗号呢?也就是说,不借助变量 i 控制第 1 个逗号的输出。这时需要额外用一个标志变量 f 记录输出的是否为第 1 个数据,可以将其初值赋为 0,每当有符合条件的输出,其值就被赋为 1。

这样,当 f 的值为 0 时(之前没有数据输出,是第 1 个数据),不输出逗号。当 f 的值为 1 时(已经有数据输出过,第 2 个数据以后),输出逗号。程序代码如下。

参考代码(07-03-02-C. c):

```
#include<stdio.h>
int main(){
  int n,m,k,i;
  int s,f=0;                                    //标志变量 f,初值设为 0
  scanf("%d%d",&n,&m);
  for(i=1;i<=n;i++){
    s=0;
    for(k=1;k<=m;k++)
      if(i%k==0)s++;
    if(s%2==1){
      if(f==1)printf(",");                      //如果 f==1,则输出逗号
      printf("%d",i);
      f=1;                                       //有数据输出后 f 置为 1
    }
  }
  return 0;
}
```

如何控制输出结果中的标点,请读者掌握以上技巧,在所有此类问题中都可以应用这种方法解决。

实验题目 07-03-03   数 1 的个数

总时间限制:1000ms;内存限制:65536KB。

描述:给定一个十进制正整数 n,写下从 1 到 n 的所有整数,然后数一下其中出现的数

字"1"的个数。

例如,当 n=2 时,写下 1,2。这样只出现一个"1";当 n=12 时,写下 1,2,3,4,5,6,7,8,9,10,11,12。这样出现了 5 个"1"。

输入:正整数 n。1≤n≤10000。

输出:一个正整数,即"1"的个数。

样例输入:

12

样例输出:

5

注:该题目选自 OpenJudge 网站,在线网址 http://noi.openjudge.cn/ch0105/40/。

问题分析:根据题目描述可知,此题目要求统计从 1 到 n 的所有整数中包含的数字 1 的个数。问题的关键是如何识别出整数 k(从 1 至 n)中的所有数字 1,需要遍历整数 k 的所有数字位,这在之前的案例中通过循环可以解决。算法的简单描述如下。

```
S1 s=0
S2 变量 i 从 1 到 n,进入外层循环
    S2_1 k=i
    S2_2 当 k>0 时,进入内层循环(遍历所有数字位)
        S2_2_1 如果 k%10==1,则 s++(说明个位数是 1)
        S2_2_1 k=k/10
S3 s 即为所求
```

参考代码(07-03-03.c):

```c
#include<stdio.h>
int main(){
  int n,s,i,k;
  scanf("%d",&n);
  s=0;                          //变量 s 存储数字 1 的总个数,清 0
  for(i=1;i<=n;i++){            //遍历 1 至 n 的所有整数
    k=i;                        //统计整数 k 中的 1(为保护变量 i 不变)
    while(k>0){                 //遍历 k 的所有数字位(从右至左遍历)
      if(k%10==1)s++;           //始终访问 k 的个位数字(k%10),若为 1,则 s++
      k=k/10;                   //去掉个位数字
    }
  }
  printf("%d",s);
  return 0;
}
```

实验题目 07-03-04 画矩形

总时间限制:1000ms;内存限制:65536KB。

描述：根据参数,画出矩形。

输入：输入一行,包括 4 个参数：前两个参数为整数,依次代表矩形的高和宽(高不少于 3 行,不多于 10 行,宽不少于 5 列,不多于 10 列);第 3 个参数是一个字符,表示用来画图的矩形符号;第 4 个参数为 1 或 0,0 代表空心,1 代表实心。

输出：输出画出的图形。

样例输入：

```
7 7 @ 0
```

样例输出：

```
@@@@@@@
@     @
@     @
@     @
@     @
@     @
@@@@@@@
```

注：该题目选自 OpenJudge 网站,在线网址 http://noi.openjudge.cn/ch0105/42/。

问题分析：此题目是典型的双层循环程序结构,可以设计外层循环变量 i 从 1 至 h 表示行号,内层循环变量 j 从 1 至 w 表示列号,在内层循环内部输出一个字符组成矩形图案。

问题的关键是在 i 行 j 列的位置如何判断输出给定的字符 ch 还是空格,不难看出,对于边框处,始终应该输出字符,而对于非边框处,则实心输出字符,空心输出空格即可。对于坐标 i 行 j 列,处于边框位置的判别条件应该是 i==1||i==h||j==1||j==w。程序代码如下。

参考代码(07-03-04.c)：

```c
#include<stdio.h>
int main(){
    int h,w,ch,k,i,j;                        //h:高,w:宽,ch:字符,k:是否空心,i,j:循环变量
    scanf("%d%d% * c%c%d",&h,&w,&ch,&k);
    for(i=1;i<=h;i++){                       //遍历 1 至 n 的所有整数
        for(j=1;j<=w;j++){
            if(i==1||i==h||j==1||j==w) printf("%c",ch);     //边框输出字符
            else if(k==1)              printf("%c",ch);     //非边框实心输出字符
            else                       printf(" ");         //非边框空心输出空格
        }
        printf("\n");
    }
    return 0;
}
```

注意,题目描述中数据输入格式里每两个数据之间有一个空格,所以读取第 2 个整数后,要空读忽略一个空格,才能读取到题目要求的字符。这一点要特别注意,很多题目都存

在这个隐藏的陷阱。

实验题目 07-03-05　第 n 小的质数

总时间限制：1000ms；内存限制：65536KB。

描述：输入一个正整数 n，求第 n 小的质数。

输入：一个不超过 10000 的正整数 n。

输出：第 n 小的质数。

样例输入：

10

样例输出：

29

注：该题目选自 OpenJudge 网站，在线网址 http：//noi. openjudge. cn/ch0105/44/。

问题分析：根据题意，可以知道"第 n 小的质数"就是从 2 开始的第 n 个质数。由此我们从 2 开始遍历之后的所有自然数，遇到质数就计数，当遇到第 n 个质数时结束循环。算法的简单描述如下。

(1) k=0。

(2) m=2。

(3) 进入循环。

(4)　　如果 m 是质数，则++k。

(5)　　如果 k==n，则找到第 n 个质数 m，跳出循环。

(6)　　m=m+1，则转到(3)。

(7) 输出 m。

参考代码(07-03-05-A. c)：

```c
#include<stdio.h>
int main(){
  int n,k,m,i,j;
  scanf("%d",&n);
  k=0;
  m=2;
  while(1){                                    //遍历 2 以后的所有整数
    for(i=2;i<=m-1;i++)if(m%i==0) break;    //寻找 m 除 1 以外的第一个约数 i
    if(i==m)++k;                             //若 m 除 1 以外的第一个约数 i 是 m，则表示 m 是质数
    if(k==n) break;                          //找到第 n 个质数 m 后跳出循环
    m=m+1;
  }
  printf("%d",m);
  return 0;
}
```

此代码没有提交成功，网站提示提交状态：Time Limit Exceeded，说明程序运行超时。

经过分析,发现问题出在判断 m 是否为质数的代码 for(i=2;i<=m−1;i++)if(m%i==0) break;上,为了判断 m 是否为质数,遍历了从 2 至 m−1 的所有整数,这是十分不必要的。可以将此时的遍历空间缩短到 2 至 sqrt(m),改进后成功提交的代码如下。

参考代码(07-03-05-B. c):

```
#include<stdio.h>
#include<math.h>
int main(){
  int n,k,m,i,j;
  scanf("%d",&n);
  k=0;
  for(m=2;1;m++){                              //遍历 2 以后的所有整数
    for(i=sqrt(m);i>=2;i--)if(m%i==0) break;  //寻找不大于√m 的最大约数 i
    if(i<2)++k;                    //若 m 的最大约数 i(不大于根号 m)小于 2,则表示 m 是质数
    if(k==n) break;               //找到第 n 个质数 m 后跳出循环
  }
  printf("%d",m);
  return 0;
}
```

也可以通过设置标志变量判断变量 m 是否有约数,这样的逻辑更容易理解,改进的代码如下,注意标志变量 f 每次要清 0。

参考代码(07-03-05-C. c):

```
#include<stdio.h>
#include<math.h>
int main(){
  int n,k,m,i,j,f;
  scanf("%d",&n);
  k=0;
  for(m=2;1;m++){                              //遍历 2 以后的所有整数
    f=0;                                       //标志变量 f 清 0
    for(i=2;i<=sqrt(m);i++)if(m%i==0){f=1; break;}
                                               //找到第 1 个约数将 f 置 1,结束遍历
    if(f==0)++k;                               //若 f==0,则表示 m 是质数
    if(k==n) break;                            //找到第 n 个质数 m 后跳出循环
  }
  printf("%d",m);
  return 0;
}
```

实验题目 07-03-06　金币

总时间限制:1000ms;内存限制:65536KB。

描述:国王将金币作为工资发给忠诚的骑士。第一天,骑士收到一枚金币;之后两天

（第二天和第三天），每天收到两枚金币；之后三天（第四、五、六天），每天收到三枚金币；之后四天（第七、八、九、十天），每天收到四枚金币……这种工资发放模式会一直这样延续下去：当连续 N 天每天收到 N 枚金币后，骑士会在之后的连续 N+1 天里，每天收到 N+1 枚金币（N 为任意正整数）。

请编写一个程序，确定从第一天开始的给定天数内，骑士一共获得多少枚金币。

输入：一个整数（范围为 1～10000），表示天数。

输出：骑士获得的金币数。

样例输入：

6

样例输出：

14

注：该题目选自 OpenJudge 网站，在线网址 http：//noi. openjudge. cn/ch0105/45/。

问题分析：可以首先在外层循环遍历每次金币发放的数量 i，然后在内层循环遍历 i 个金币发放的天数（i 个金币将发放 i 天），之后用变量 day 表示实际发放的是第几天。用下面程序代码模拟金币发放过程。

参考代码（07-03-06-A. c）：

```c
#include<stdio.h>
int main(){
  int n,i,j,day;
  day=0;
  for(i=1;i<=5;i++){          //从 1 开始遍历金币数量 i(假设最多发到 5 个金币)
    for(j=1;j<=i;j++){        //i 个金币发放 i 天
      day++;
      printf("第%d天发放%d个金币\n",day,i);
    }
  }
  return 0;
}
```

程序执行结果：

第 1 天发放 1 个金币
第 2 天发放 2 个金币
第 3 天发放 2 个金币
第 4 天发放 3 个金币
第 5 天发放 3 个金币
第 6 天发放 3 个金币
第 7 天发放 4 个金币
第 8 天发放 4 个金币
第 9 天发放 4 个金币

第 10 天发放 4 个金币

第 11 天发放 5 个金币

第 12 天发放 5 个金币

第 13 天发放 5 个金币

第 14 天发放 5 个金币

第 15 天发放 5 个金币

从以上输出结果可以看出我们已经成功模拟了金币发放过程,下面的工作是统计第 day 天发放的金币总数,以及实际发完第 n 天后,结束循环,最后输出总金币数量。程序代码如下,注意标志变量 f 的功能设计,以及如何结束内外双层循环。

参考代码(07-03-06-B. c):

```c
#include<stdio.h>
int main(){
  int n,i,j,day,s,f;
  scanf("%d",&n);
  s=0;                    //金币总数
  day=0;                  //实际发放金币的第几天
  f=0;                    //标志变量 f==0 表示没到第 n 天,用于结束内外两层循环
  for(i=1;f==0;i++){      //发放金币的数量 i(1,2,3,…)
    for(j=1;j<=i&&f==0;j++){  //i 个金币发放 i 天
      day++;              //第 day 天
      s=s+i;              //金币累加
      if(day==n)f=1;      //第 n 天,标志 f 置 1 可以结束内外两层循环
    }
  }
  printf("%d",s);
  return 0;
}
```

此问题的数学解法:也可以从数学问题的角度分析,表 7-1 根据发放金币数量 i 列出第 i 轮发放金币数量情况。

表 7-1 发放金币数量情况

发放轮数	本轮发放金币数量	本轮发放天数	已发放总天数	已发放总金币数量
1	1	1	1	1
2	2	2	1+2	1^2+2^2
3	3	3	1+2+3	$1^2+2^2+3^2$
4	4	4	1+2+3+4	$1^2+2^2+3^2+4^2$
…	…	…	…	…
i	I	i	1+2+3+…+i	$1^2+2^2+3^2+…+i^2$

从表 7-1 可以看出,第 i 轮发放完毕后,共发放的天数是 1+2+3+…+i 天,即 i(i+1)/2 天,共发放的金币数量是 $1^2+2^2+3^2+…+i^2$ 个,即 i(i+1)(2i+1)/6 个。

对于题目中的输入 n 天,可以先计算出这 n 天中包括多少个已发放完成的完整轮数 i,即求不等式 i(i+1)/2<=n 的最大整数解。先将不等式整理成 $i^2+i-2n<=0$,再在正数解范围内解此不等式,得 i<=(sqrt(8n+1)-1)/2,由此得到 i 的最大整数解为(int)(sqrt(8n+1)-1)/2。

综上,得到以下结论:

截至第 i 轮,发放金币的总天数 day=i*(i+1)/2,预知第 i+1 轮发放的天数是 n-day。

截至第 i 轮,发放金币的总数量 s1=i*(i+1)*(2*i+1)/6,预知第 i+1 轮发放的金币数量 s2=(n-day)*(i+1)。

所以,截至第 n 天,发放金币的总数量为 s1+s2。

参考代码(07-03-06-C. c):

```
#include<stdio.h>
#include<math.h>
int main(){
    int n,i,day,s1,s2;
    scanf("%d",&n);
    i=(sqrt(1+8*n)-1)/2;          //金币完整发放轮数
    day=i*(i+1)/2;                //截至第 i 轮总发放天数
    s1=i*(i+1)*(2*i+1)/6;         //截至第 i 轮总发放金币数
    s2=(n-day)*(i+1);             //最后一轮(i+1 轮)发放的金币总数
    printf("%d",s1+s2);
    return 0;
}
```

实验题目 07-03-07　A+B Problem(V)(NYOJ:844)

内存限制:64MB;时间限制:1000ms。

题目描述:做了 A+B Problem 之后,Yougth 感觉太简单了,于是他想让你求出两个数反转后相加的值。

输入描述:有多组测试数据,每组数据包括两个数 m 和 n,数据保证在 int 范围,当 m 和 n 同时为 0 时,表示输入结束。

输出描述:输出反转后相加的结果。

样例输入:

```
1234 1234
125 117
0 0
```

样例输出:

```
8642
1232
```

注:该题目选自 NYOJ 网站,在线网址 http://nyoj.top/problem/844。

问题分析：此题目主要考查如何将一个整数反转，方法是：不断从其尾部取 1 位，放在一个初始值为 0 的新数的右侧。也就是如下语句可以将整数 a 反转成 aa：

```
aa=0; while(a>0){aa=aa*10+a%10;a=a/10;}
```

参考代码（07-03-07. c）：

```c
#include<stdio.h>
int main(){
  int a,b,aa,bb;
  while(1){
    scanf("%d%d",&a,&b);
    if(a==0&&b==0)break;
    aa=0; while(a>0){aa=aa*10+a%10;a=a/10;}     //反转 a 的值到 aa
    bb=0; while(b>0){bb=bb*10+b%10;b=b/10;}     //反转 b 的值到 bb
    printf("%d\n",aa+bb);
  }
  return 0;
}
```

实验题目 07-03-08   素数求和问题（NYOJ：22）

内存限制：64MB；时间限制：3000ms。

题目描述：有 N 个数（0＜N＜1000），请编写一个程序，找出这 N 个数中的所有素数，并求和。

输入描述：第一行给出整数 M（0＜M＜10），代表多少组测试数据。每组测试数据第一行为 N，代表该组测试数据的数量。接下来的 N 个数为要测试的数据，每个数都小于 1000。

输出描述：每组测试数据结果占一行，输出给出的测试数据的所有素数和。

样例输入：

```
3
5
1 2 3 4 5
8
11 12 13 14 15 16 17 18
10
21 22 23 24 25 26 27 28 29 30
```

样例输出：

```
10
41
52
```

注：该题目选自 NYOJ 网站，在线网址 http：//nyoj. top/problem/22。

问题分析：此题目主要考查如何准确读入每组数据，还考查对素数的判断。

参考代码（07-03-08. c）：

```c
#include<stdio.h>
int main(){
  int m,n,x,i,k,sum;
  scanf("%d",&m);                     //m 组数据
  while(m--){                         //保证循环 n 次,处理 n 组数据
    scanf("%d",&n);                   //每组数据都有 n 个数
    sum=0;                            //存储素数和,清 0
    for(i=1;i<=n;i++){                //依次处理 n 个数据
      scanf("%d",&x);                 //m 组数据
      for(k=2;k<x;k++)if(x%k==0)break; //从 2 开始遇到约数就停止循环
      if(k==x) sum=sum+x;            //x 是素数,此方法也可以排除 1(1 不是素数)
    }
    printf("%d\n",sum);
  }
  return 0;
}
```

实验题目 07-03-09 公约数和公倍数（NYOJ：40）

内存限制：64MB；时间限制：1000ms。

题目描述：小明被一个问题难住了,现在需要您帮忙。问题是：给出两个正整数,求出它们的最大公约数和最小公倍数。

输入描述：第一行输入一个整数 n(0<n<=10000),表示有 n 组测试数据；

随后的 n 行输入两个整数 i,j(0<i,j<=32767)。

输出描述：输出每组测试数据的最大公约数和最小公倍数。

样例输入：

```
3
6 6
12 11
33 22
```

样例输出：

```
6 6
1 132
11 66
```

注：该题目选自 NYOJ 网站,在线网址 http://nyoj.top/problem/40。

问题分析：对于整数 i 和 j,最大公约数的范围是[1,i]区间的整数,最小公倍数的范围是[i,i∗j]范围内的整数,所以我们可以用穷举的方法搜索符合条件的数。注意输出所有公约数中最大的,输出所有公倍数中最小的。以下代码是穷举法代码,本机运行测试数据通过,但是提交网站没有通过,原因是穷举法运行时间超时。

参考代码(07-03-09-A. c):

```c
#include<stdio.h>
int main(){
  long long int n,i,j,a,b,g,h;
  scanf("%lld",&n);                      //n组数据
  while(n--){                            //保证循环 n 次,处理 n 组数据
    scanf("%lld%lld",&i,&j);            //输入每组数据 i,j
    g=h=1;
    for(a=1;a<=i;a++)                    //穷举
      if(i%a==0&&j%a==0)g=a;            //记录所有公约数 g,最后一个就是最大公约数

    for(b=i;b<=i*j;b++)                  //穷举
      if(b%i==0&&b%j==0){               //记录所有公倍数 h,第一个就是最小公倍数
        h=b;
        break;
      }
    printf("%lld %lld\n",g,h);
  }
  return 0;
}
```

对于两个数的最大公约数,配套教材第 4 章(算法)介绍了辗转相除法,可以大大提高求解速度。而两个数的最小公倍数和最大公约数之间存在以下关系:最小公倍数＝两数乘积/最大公约数。据此,得到以下程序代码,提交一次通过。

参考代码(07-03-09-B. c):

```c
#include<stdio.h>
int main(){
  int n,i,j,a,b,g,h,t;
  scanf("%d",&n);                        //n组数据
  while(n--){                            //保证循环 n 次,处理 n 组数据
    scanf("%d%d",&i,&j);               //输入每组数据 i,j
    a=i; b=j;
    while(b>0){                          //辗转相除法
      t=a%b;
      a=b;
      b=t;
    }
    g=a;                                 //得到最大公约数
    h=i*j/g;                             //最小公倍数=两数之积/最大公约数
    printf("%d %d\n",g,h);
  }
  return 0;
}
```

实验题目 07-03-10   6174 问题（NYOJ：57）

内存限制：64MB;时间限制：1000ms。

题目描述：假设有一个各位数字互不相同的 4 位数,把所有数字从大到小排序后得到 a,从小到大排序后得到 b,然后用 a－b 替换原来这个数,并且继续操作。例如,从 1234 出发,依次可以得到 4321－1234＝3087、8730－378＝8352、8532－2358＝6174,又回到了它自己。请编写一个程序判断一个 4 位数经过多少次这样的操作能出现循环,并且求出操作的次数。

例如,输入 1234,执行顺序是 1234→3087→8352→6174→6174,输出是 4。

输入描述：第一行输入 n,代表有 n 组测试数据。接下来 n 行每行都写一个各位数字互不相同的 4 位数。

输出描述：经过多少次上面描述的操作,才能出现循环。

样例输入：

```
1
1234
```

样例输出：

```
4
```

注：该题目选自 NYOJ 网站,在线网址 http：//nyoj.top/problem/57。

问题分析：本题通过外层循环处理各组数据,在外层循环内依次处理读入的整数。在内层循环里执行以下步骤。

（1）读入数据 m,存储计算次数的变量 s 清 0。

（2）通过内层循环统计计算次数 s,每次循环得到一个新数 m,直到 6174 为止(6174 问题的求解过程在配套教材中详细讲述)。

（3）输出 s。

要注意程序中设计的是到 6174 为止的计算次数 s,而题目中要求的是出现 6174 循环的计算次数,所以最后输出的计算次数应该是 s＋1,这一点也可以从测试数据中得到验证。

参考代码（07-03-10.c）：

```c
#include<stdio.h>
int main(){
  int n,m,a,b,c,d,p,q,s,t;
  scanf("%d",&n);
  while(n--){                    //循环 n 次
    scanf("%d",&m);              //m
    s=0;                         //记录操作次数的变量,清 0
    while(m!=6174){
      s++;                       //记录操作次数
      a=m/1000;                  //提取千位数字
      b=m%1000/100;              //提取百位数字
      c=m%100/10;                //提取十位数字
```

```
        d=m%10;                          //提取个位数字

        if(a<b){t=a;a=b;b=t;}            //排序 a,b,c,d
        if(a<c){t=a;a=c;c=t;}
        if(a<d){t=a;a=d;d=t;}

        if(b<c){t=b;b=c;c=t;}
        if(b<d){t=b;b=d;d=t;}

        if(c<d){t=c;c=d;d=t;}

        p=a*1000+b*100+c*10+d;           //重新排列一个最大数
        q=d*1000+c*100+b*10+a;           //重新排列一个最小数
        m=p-q;                           //两数相减得到新的 n
                                         //printf("%d-%d=%d\n",p,q,m);
    }
    printf("%d\n",s+1);
    }
    return 0;
}
```

实验题目 07-03-11   cigarettes（NYOJ：94）

内存限制：64MB;时间限制：3000ms。

题目描述：Tom has many cigarettes. We hypothesized that he has n cigarettes and smokes them one by one keeping all the butts. Out of k＞1 butts he can roll a new cigarette. Now,do you know how many cigarettes can Tom has?

输入描述：First input is a single line,it's m and stands for there are m testdata then there are m lines,each line contains two integer numbers giving the values of n and k.

输出描述：For each line of input，output one integer number on a separate line giving the maximum number of cigarettes that Peter can have.

样例输入：

3
4 3
10 3
100 5

样例输出：

5
14
124

注：该题目选自 NYOJ 网站,在线网址 http：//nyoj. top/problem/94。

问题分析：此问题的大意是 Tom 拥有 n 支香烟并吸完它,已知用 k 个"烟屁股"可以卷一支新香烟,问 Tom 最多能吸到几支烟?

这个问题和喝饮料的问题相同,小明和伙伴在商店买了n瓶饮料,已知k个瓶盖可以换一瓶饮料,问小明和伙伴最多能喝掉几瓶饮料?

参考代码(07-03-11. c):

```c
#include<stdio.h>
int main(){
  int n,m,k,x,s;
  scanf("%d",&m);
  while(m--){                    //循环 m 次
    scanf("%d%d",&n,&k);         //读取一组数据
    s=n;                         //香烟总数
    while(n>=k){                 //剩下的烟屁股数大于或等于 k 就可以卷成新烟
      x=n/k;                     //用当前的烟屁股可以卷成 x 支新烟
      s=s+x;                     //总数累计
      n=x+n%k;                   //新烟吸完变成烟屁股 x 加卷新烟剩下的烟屁股 n%k
    }
    printf("%d\n",s);            //输出结果
  }
  return 0;
}
```

实验题目 07-03-12　明明的随机数

题目描述:明明想在学校中请一些同学一起做一项问卷调查,为了实验的客观性,他先用计算机生成了 N 个 1~1000 的随机整数(N≤100),对于其中重复的数字,只保留一个,把其余相同的数去掉,不同的数对应不同的学生的学号。然后再把这些数从小到大排序,按照排好的顺序找同学做调查。请协助明明完成"去重"与"排序"的工作。

输入格式:输入有 2 行,第 1 行为一个正整数,表示所生成的随机数的个数 N;第 2 行有 N 个用空格隔开的正整数,为所产生的随机数。

输出格式:输出也是 2 行,第 1 行为一个正整数 M,表示不相同的随机数的个数。第 2 行为 M 个用空格隔开的正整数,为从小到大排好序的不相同的随机数。

样例输入:

```
10
20 40 32 67 40 20 89 300 400 15
```

样例输出:

```
8
15 20 32 40 67 89 300 400
```

注:选自 RQNOJ 网站,在线网址 https://www.rqnoj.cn/problem/1。

问题分析:本题的关键是去掉重复元素,我们的思路是先给数组排序,然后从左至右为每个非重复元素重新定位(重复元素被覆盖)。注意分析程序中去掉重复元素的代码。

参考代码(07-03-12. c):

```c
#include<stdio.h>
int main(){
  int a[150];
  int i,j,n,t;
  scanf("%d",&n);                          //读入 n
  for(i=0;i<n;i++)scanf("%d",&a[i]);       //读入数组
  for(i=0;i<n-1;i++)                       //排序
    for(j=i+1;j<n;j++)
      if(a[i]>a[j]){t=a[i];a[i]=a[j];a[j]=t;}

  for(j=0,i=1;i<n;i++){                    //去掉重复元素
    if(a[i]==a[j])continue;                //重复元素忽略
    else a[++j]=a[i];                      //非重复元素,给其重新定位
  }
  n=j+1;                                   //重新记录数据个数
  printf("%d\n",n);                        //输出
  for(i=0;i<n;i++)printf("%d ",a[i]);
  return 0;
}
```

实验题目 07-03-13　数列

题目描述：给定一个正整数 k(3≤k≤15),把所有 k 的方幂及所有有限个互不相等的 k 的方幂之和构成一个递增的序列,例如,当 k=3 时,这个序列是:1,3,4,9,10,12,13,…(该序列实际上就是:$3^0,3^1,3^0+3^1,3^2,3^0+3^2,3^1+3^2,3^0+3^1+3^2,…$)。请求出这个序列的第 N 项的值(用十进制数表示)。例如,对于 k=3,N=100,正确答案应该是 981。

输入格式：输入只有一行,为两个正整数,用一个空格隔开。

k N

k、N 的含义与上述的问题描述一致,且 3≤k≤15,10≤N≤1000。

输出格式：输出为计算结果,是一个正整数(在所有的测试数据中,结果均不超过 $2.1×10^9$)(整数前不要有空格和其他符号)。

样例输入：

3 100

样例输出：

981

注：选自 RQNOJ 网站,在线网址 https://www.rqnoj.cn/problem/4。

问题分析：注意本题数列的规律,可以如下解释这个数列：

(1) 首先 1 进入数列,预置 p=1。

(2) p=p * 3(3 的方幂),p 进入数列。

（3）p 与原数列中的每个元素相加,依次进入数列。

（4）如果数列下标≥n,则转到(5),否则转到(2)。

（5）输出数列的第 n 项。

参考代码(07-03-13.c)：

```
#include<stdio.h>
int main(){
  int a[1200];
  int k,i,j,n,t,p;
  scanf("%d%d",&k,&n);              //读入 k,n
  a[1]=1;                          //预置 a[1]为 1(a[0]不用)
  i=1;                             //原数组最大下标(元素个数)
  p=1;                             //方幂值(初始为 k^0)
  while(1){                        //开始外层循环,以 k 的幂次为单位
    int pi=i;                      //记录原数组大小:[1..i]
    p=p*k;                         //新方幂值 p
    a[++i]=p;                      //新方幂值 p 进数组
    for(j=1;j<=pi;j++){            //遍历前数组所有元素
      a[++i]=p+a[j];               //p 与前数组所有元素相加后进数组
      if(i>=n)break;               //如果达到第 n 项,则结束内层循环
    }
    if(j<=pi)break;                //如果达到 n 项,则结束外层循环
  }
  printf("%d",a[n]);               //输出 a[n]
  return 0;
}
```

实验题目 07-03-14　分数加减法（NYOJ：111）

内存限制：64MB;时间限制：1000ms。

题目描述：编写一个 C 程序,实现两个分数的加减法。

输入描述：输入包含多行数据。每行数据是一个字符串,格式是"a/boc/d"。其中 a,b,c,d 是一个 0～9 的整数。o 是运算符"+"或者"−"。数据以 EOF 结束。保证输入的数据合法。

输出描述：对于输入数据的每一行输出两个分数的运算结果。注意结果应符合书写习惯,没有多余的符号、分子、分母,并且化简至最简分数。

样例输入：

```
1/8+3/8
1/4-1/2
1/3-1/3
```

样例输出：

```
1/2
```

-1/4

0

注：该题目选自 NYOJ 网站，在线网址 http：//nyoj.top/problem/111。

问题分析：本题要求正确读入各组数据，计算算式的结果并不困难，关键在于化简分数（分子、分母分别除以最大公约数）。本题还有一个陷阱，就是输出格式题目没有严格说清，只是说"应符合书写习惯，没有多余的符号、分子、分母，并且化简至最简分数"，这句话应理解为，结果分母为 0 只输出 0、结果分子为 1 只输出分子（整数），否则按格式输出分数形式。

参考代码（07-03-14.c）：

```c
#include<stdio.h>
int main(){
  int a,b,c,d,p,q,k;
  char op;
  while(1){
    int x=scanf("%d/%d%c%d/%d",&a,&b,&op,&c,&d);//读入数据
    if(x==EOF)break;                  //EOF 的值是-1
    if(op=='-')c=0-c;                 //如果是减法，c 变号，使减法变加法
    p=a*d+b*c;                        //相加后的分子
    q=b*d;                            //相加后的分母
    int m=abs(p);                     //分子、分母的绝对值分别赋给 m、n
    int n=abs(q);
    while(n>0){ int t=m%n;m=n;n=t; }  //辗转相除法得到 m、n 的最大公约数
    k=m;                              //最大公约数赋给 k
    p=p/k;                            //化简为最简分数
    q=q/k;
    if(p==0) printf("0\n");           //输出 0
    else if(q==1)printf("%d\n",p);    //输出整数
    else   printf("%d/%d\n",p,q);     //输出分数
  }
  return 0;
}
```

实验题目 07-03-15　完美立方

总时间限制：1000ms；内存限制：65536KB。

描述：形如 $a^3 = b^3 + c^3 + d^3$ 的等式被称为完美立方等式。例如，$12^3 = 6^3 + 8^3 + 10^3$。请编写一个程序，对任意给出的正整数 N（N≤100），寻找所有的四元组（a，b，c，d），使得 $a^3 = b^3 + c^3 + d^3$，其中 a，b，c，d 大于 1，小于或等于 N，且 b≤c≤d。

输入：一个正整数 N（N≤100）。

输出：每行输出一个完美立方。输出格式为：

Cube =a, Triple = (b,c,d)

其中 a，b，c，d 所在位置分别用实际求出的四元组值代入。

请按照 a 的值从小到大依次输出。如果两个完美立方等式中 a 的值相同,则 b 值小的优先输出、仍相同则 c 值小的优先输出、再相同则 d 值小的先输出。

样例输入:

```
24
```

样例输出:

```
Cube =6, Triple =(3,4,5)
Cube =12, Triple =(6,8,10)
Cube =18, Triple =(2,12,16)
Cube =18, Triple =(9,12,15)
Cube =19, Triple =(3,10,18)
Cube =20, Triple =(7,14,17)
Cube =24, Triple =(12,16,20)
```

注:选自 OpenJudge 网站,在线网址 http://sdau.openjudge.cn/c/026/。

问题分析:本题是典型的穷举方法的应用,可以穷举出不大于 n 的所有 a,对于每个 a,可以穷举出所有可能的 b,进而穷举 c 和 d。因此,需要多重循环完成,对某一特定的 abcd 组合,如果满足完美立方的条件,就输出。

参考代码(07-03-15.c)

```c
#include<stdio.h>
int main(){
  int n,a,b,c,d;
  scanf("%d",&n);
  for(a=4;a<=n;a++){
    for(b=2;b<a;b++)
      for(c=b+1;c<a;c++)
        for(d=c+1;d<a;d++)
          if(a*a*a==b*b*b+c*c*c+d*d*d)
            printf("Cube =%d, Triple =(%d,%d,%d)\n",a,b,c,d);
  }
  return 0;
}
```

第8章 数 组

8.1 知识点及学习要求

08-01 认识数组

知 识 单 元	知识点/程序清单	认识	理解	领会	运用	创新	预习	复习
08-01-01 简单数据类型	简单数据类型变量只能保存一个值	√	√	√				
	简单数据类型变量对应内存中的一小块区域		√	√				
	处理大量数据,就要定义多个变量		√	√				
	程序清单 08-01-01.c		√	√	√	√		
	练习 08-01-01		√	√	√	√		
08-01-02 构造数据类型	什么是构造数据类型	√	√					
08-01-03 认识数组	什么是数组		√					
	数组元素有相同名称,通过下标区别		√	√				
	数组元素按下标顺序存于内存连续空间		√	√				
	数组下标从 0 开始		√	√				
	程序清单 08-01-02.c		√	√	√	√		
	练习 08-01-02		√	√	√	√		

08-02 一维数组

知 识 单 元	知识点/程序清单	认识	理解	领会	运用	创新	预习	复习
08-02-01 一维数组的定义	一维数组定义的一般形式及语法规则 类型说明符 数组名[整型常量表达式];		√	√				
	程序清单 08-02-01.c		√	√	√	√		
08-02-02 数组元素在内存中连续存放	数组元素占据内存连续空间		√	√	√			
	数组名就是数组首地址		√	√	√			
	程序清单 08-02-02.c		√	√	√	√		
08-02-03 一维数组元素的引用	数组元素引用方法 a[5]		√	√	√			
	数组元素和变量地位相同,可以参加运算		√	√	√			
	程序清单 08-02-03.c		√	√	√	√		

续表

知 识 单 元	知识点/程序清单	认识	理解	领会	运用	创新	预习	复习
08-02-04 数组的遍历	什么是数组的遍历		√	√	√			
	遍历数组元素的基本方法		√	√	√			
	程序清单 08-02-04.c			√	√	√		
	程序清单 08-02-05.c		√	√	√	√		
08-02-05 合法的数组定义	定义数组时,要求数组长度是一个常量表达式		√	√	√			
	掌握各种合法定义数组的形式		√	√	√			
08-02-06 C99 标准对数组的补充	掌握 C99 标准定义数组的合法形式		√	√	√			
08-02-07 非法的数组定义	掌握非法定义数组的情形		√	√	√			
08-02-08 一维数组的初始化	初始化全部元素的方法	√	√	√				
	初始化部分元素的方法	√	√	√				
	无初始化操作的数组元素值为随机值,有初始化操作但未被初始化的元素值系统清0		√	√	√			
	程序清单 08-02-06.c			√	√	√	√	
	程序清单 08-02-07.c			√	√	√	√	
	程序清单 08-02-08.c			√	√	√		
	程序清单 08-02-09.c			√	√	√	√	
	程序清单 08-02-10.c			√	√	√	√	
	* 程序清单 08-02-11.c			√	√	√	√	

08-03　一维数组应用

知 识 单 元	知识点/程序清单	认识	理解	领会	运用	创新	预习	复习
08-03-01 问题 08-03-01 斐波那契数列	认识斐波那契数列	√	√					
	设计算法,画流程图		√	√	√	√		
	程序清单 08-03-01.c		√	√	√	√		
	练习 08-03-01 输出三角形数		√	√	√			
08-03-02 问题 08-03-02 逆序输出	设计算法,画流程图		√	√	√			
	程序清单 08-03-02.c		√	√	√	√		
	练习 08-03-02		√	√	√			
08-03-03 问题 08-03-03 元素求和	设计算法,画流程图		√	√	√			
	程序清单 08-03-03.c		√	√	√	√		

续表

知 识 单 元	知识点/程序清单	认识	理解	领会	运用	创新	预习	复习
08-03-04 问题 08-03-04 统计	设计算法,画流程图		√	√	√			
	程序清单 08-03-04.c		√	√	√	√		
08-03-05 问题 08-03-05 数据统计	设计算法,画流程图		√	√	√			
	程序清单 08-03-05.c		√	√	√	√		
	* 练习 08-03-03		√	√	√	√		
	* 练习 08-03-04		√	√	√	√		
	* 练习 08-03-05		√	√	√	√		
08-03-06 问题 08-03-06 排序	* 掌握冒泡法数组元素的排序原理		√	√				
	设计算法,画流程图		√	√	√			
	理解掌握简单选择排序法的原理和应用 程序清单 08-03-06.c		√	√	√	√		
	理解掌握冒泡排序法的原理和应用 程序清单 08-03-07.c		√	√	√	√		
	* 练习 08-03-06		√	√	√	√		

08-04 二维数组

知 识 单 元	知识点/程序清单	认识	理解	领会	运用	创新	预习	复习
08-04-01 多维数组	什么是多维数组		√	√				
	多维数组也称为多下标变量		√	√	√			
08-04-02 二维数组的定义	二维数组定义的一般形式		√	√	√			
	二维数组元素有行、列两个下标,都是从 0 计数		√	√	√			
08-04-03 二维数组元素的引用	二维数组元素引用的一般形式		√	√	√			
	二维数组元素也可以像普通变量一样参加运算		√	√	√			
08-04-04 二维数组元素的遍历	利用双层循环遍历二维数组		√	√	√			
	程序清单 08-04-01.c		√	√	√	√		
08-04-05 二维数组的存储	二维数组按行存储在内存中的连续空间中		√	√	√			
	程序清单 08-04-02.c		√	√	√	√		
08-04-06 二维数组元素的初始化	二维数组元素按行初始化方法		√	√	√			
	二维数组元素不按行初始化方法		√	√	√			
	初始化时可以省略第 1 维大小的定义		√	√	√			
	未初始化元素值与一维数组的规定相同		√	√	√			

知 识 单 元	知识点/程序清单	认识	理解	领会	运用	创新	预习	复习
08-04-06 二维数组元素的初始化	程序清单 08-04-03. c		√	√	√	√		
	程序清单 08-04-04. c		√	√	√	√		
	程序清单 08-04-05. c		√	√	√	√		
	程序清单 08-04-06. c		√	√	√	√		
	* 程序清单 08-04-07. c		√	√	√	√		

08-05　二维数组应用

知 识 单 元	知识点/程序清单	认识	理解	领会	运用	创新	预习	复习
08-05-01 问题 08-05-01 求最大元素位置	设计算法,画流程图		√	√	√			
	程序清单 08-05-01. c		√	√	√	√		
	练习 08-05-01		√	√	√	√		
	练习 08-05-02		√	√	√	√		
08-05-02 问题 08-05-02 矩阵转置	设计算法,画流程图		√	√	√			
	程序清单 08-05-02. c		√	√	√	√		
08-05-03 问题 08-05-03 按行求和	设计算法,画流程图		√	√	√			
	程序清单 08-05-03. c		√	√	√	√		
	练习 08-05-03		√	√	√	√		
08-05-04 问题 08-05-04 输出蛇阵	设计算法,画流程图		√	√	√			
	程序清单 08-05-04. c		√	√	√	√		
	* 练习 08-05-04		√	√	√	√		
	* 练习 08-05-05(请先自学幻方知识)	√	√	√	√			

08-06　一维字符数组

知 识 单 元	知识点/程序清单	认识	理解	领会	运用	创新	预习	复习
08-06-01 字符串和字符数组	字符串在内存,理解 \0		√	√	√			
	程序清单 08-06-01. c 一维字符数组的定义、元素的引用		√	√	√	√		
	程序清单 08-06-02. c		√	√	√	√		
	程序清单 08-06-03. c		√	√	√	√		
	程序清单 08-06-04. c		√	√	√	√		
	程序清单 08-06-05. c		√	√	√	√		

续表

知 识 单 元	知识点/程序清单	认识	理解	领会	运用	创新	预习	复习
08-06-01 字符串和字符数组	程序清单 08-06-06.c		√	√	√	√		
	程序清单 08-06-07.c		√	√	√	√		
	练习 08-06-01		√	√	√	√		
	程序清单 08-06-08.c		√	√	√	√		
	程序清单 08-06-09.c		√	√	√	√		

08-07　一维字符数组的输入输出

知 识 单 元	知识点/程序清单	认识	理解	领会	运用	创新	预习	复习
08-07-01 字符数组(串)的输入	逐个字符输入		√	√	√			
	利用%s格式将整个字符串一次输入		√	√	√			
	利用字符串输入函数 gets()		√	√	√			
	以上3种方法的区别		√	√	√			
08-07-02 字符数组(串)的输出	逐个字符输出		√	√	√			
	利用%s格式将整个字符串一次输出		√	√	√			
	利用字符串输出函数 puts()		√	√	√			
	以上3种方法的区别		√	√	√			
	程序清单 08-07-01.c		√	√	√	√		
	程序清单 08-07-02.c		√	√	√	√		
	程序清单 08-07-03.c		√	√	√	√		
	程序清单 08-07-04.c		√	√	√	√		
08-07-03 字符串遍历	字符串遍历的一般方法		√	√	√			
	程序清单 08-07-05.c		√	√	√	√		

08-08　一维字符数组应用

知 识 单 元	知识点/程序清单	认识	理解	领会	运用	创新	预习	复习
08-08-01 问题 08-08-01 统计字符个数	设计算法,画流程图		√	√	√			
	程序清单 08-08-01.c		√	√	√	√		
	练习 08-08-01		√	√	√	√		
08-08-02 问题 08-08-02 统计字符个数	设计算法,画流程图		√	√	√			
	程序清单 08-08-02.c		√	√	√	√		
	练习 08-08-02		√	√	√	√		

续表

知识单元	知识点/程序清单	认识	理解	领会	运用	创新	预习	复习
08-08-03 问题 08-08-03 统计单词个数	设计算法,画流程图		√	√	√			
	程序清单 08-08-03. c		√	√	√	√		
	练习 08-08-03		√	√	√	√		

08-09　字符串处理函数

知识单元	知识点/程序清单	认识	理解	领会	运用	创新	预习	复习
08-09-01 字符串处理函数	认识字符串处理函数、掌握各函数的功能		√	√	√			
	掌握 string. h 中定义的字符串函数 ♯include＜string. h＞		√	√	√			
	程序清单 08-09-01. c		√	√	√	√		
	程序清单 08-09-02. c		√	√	√	√		
	程序清单 08-09-03. c		√	√	√	√		
	＊程序清单 08-09-04. c		√	√	√	√		
	＊程序清单 08-09-05. c		√	√	√	√		

08-10　二维字符数组及应用

知识单元	知识点/程序清单	认识	理解	领会	运用	创新	预习	复习
08-10-01 二维字符数组的定义	二维字符数组的定义		√	√	√			
	二维数组的每一行是一维字符数		√	√				
08-10-02 二维字符数组的应用	程序清单 08-10-01. c		√	√	√	√		
	程序清单 08-10-02. c		√	√	√	√		

8.2　数组程序设计实验

实验 8.1　一维数组应用程序实验

1. 相关知识点

(1) 一维数组的定义、引用、遍历方法。

(2) 一维数组在内存中的存储。

(3) 一维数组的排序。

2. 实验目的和要求

通过本实验要求学生掌握一维数组的定义、初始化和引用的正确方法,掌握数组遍历的方法,掌握一维数组的排序方法。

3. 实验题目

实验题目 08-01-01　与指定数字相同的数的个数

总时间限制:1000ms;内存限制:65536KB。

描述:输出一个整数序列中与指定数字相同的数的个数。

输入:输入包含 3 行:

第 1 行为 N,表示整数序列的长度(N≤100);

第 2 行为 N 个整数,整数之间用一个空格分开;

第 3 行包含一个整数,为指定的整数 m。

输出:输出为 N 个数中与 m 相同的数的个数。

样例输入:

```
3
2 3 2
2
```

样例输出:

```
2
```

注:该题目选自 OpenJudge 网站,在线网址 http://noi.openjudge.cn/ch0106/01/。

问题分析:本题是一个比较典型的一维数组应用问题,根据题意,需要定义一个整型数组 a[100],数组长度大于或等于 100 就可以满足要求。程序依次完成如下操作即可。

(1) 读入数据 n。

(2) 遍历读入数组的所有元素 a[i]。

(3) 读入数据 m。

(4) 变量 s 清 0。

(5) 遍历数组中的所有元素 a[i],如果 a[i] 与 m 相等,则 s++。

(6) 输出 s。

参考代码(08-01-01.c):

```c
#include<stdio.h>
int main(){
    int a[100],n,m,i,s;
    scanf("%d",&n);
    for(i=0;i<n;i++)scanf("%d",&a[i]);
    scanf("%d",&m);
    s=0;
```

```
for(i=0;i<n;i++)if(a[i]==m)s++;
printf("%d",s);
return 0;
}
```

实验题目 08-01-02   陶陶摘苹果

总时间限制：1000ms；内存限制：65536KB。

描述：陶陶家的院子里有一棵苹果树,每到秋天树上就会结出 10 个苹果。苹果成熟的时候,陶陶就会跑去摘苹果。陶陶有一个 30cm 高的板凳,当她不能直接用手摘到苹果时,就会踩到板凳上再试一试。

现在已知 10 个苹果到地面的高度,以及陶陶把手伸直时能够达到的最大高度,请帮陶陶计算她能够摘到苹果的数目。假设她碰到苹果,苹果就会掉下来。

输入：包括两行数据。第一行包含 10 个 100～200(包括 100 和 200)的整数(以 cm 为单位),分别表示 10 个苹果到地面的高度,两个相邻的整数之间用一个空格隔开。第二行只包括一个 100～120(包含 100 和 120)的整数(以 cm 为单位),表示陶陶把手伸直时能够达到的最大高度。

输出：包括一行,这一行只包含一个整数,表示陶陶能够摘到的苹果的数目。

样例输入：

100 200 150 140 129 134 167 198 200 111
110

样例输出：

5

注：该题目选自 OpenJudge 网站,在线网址 http://noi.openjudge.cn/ch0106/02/。

问题分析：本题比较简单,分析略。

参考代码(08-01-01.c)：

```
#include<stdio.h>
int main(){
  int a[10],h;
  int i,s;
  for(i=0;i<10;i++)scanf("%d",&a[i]);
  scanf("%d",&h);
  s=0;
  for(i=0;i<10;i++)
    if(h+30>=a[i])s++;
  printf("%d",s);
  return 0;
}
```

实验题目 08-01-03   计算书费

总时间限制：1000ms；内存限制：65536KB。

描述：下面是一个图书的单价表：《计算概论》28.9 元/本，《数据结构与算法》32.7 元/本，《数字逻辑》45.6 元/本，《C++ 程序设计教程》78 元/本，《人工智能》35 元/本，《计算机体系结构》86.2 元/本，《编译原理》27.8 元/本，《操作系统》43 元/本，《计算机网络》56 元/本，《Java 程序设计》65 元/本。给定每种图书购买的数量，编程计算应付的总费用。

输入：输入一行，包含 10 个整数（大于或等于 0，小于或等于 100），分别表示购买的《计算概论》《数据结构与算法》《数字逻辑》《C++ 程序设计教程》《人工智能》《计算机体系结构》《编译原理》《操作系统》《计算机网络》《Java 程序设计》的数量（以本为单位）。每两个整数用一个空格分开。

输出：输出一行，包含一个浮点数 f，表示应付的总费用。精确到小数点后一位。

样例输入：

```
1 5 8 10 5 1 1 2 3 4
```

样例输出：

```
2140.2
```

注：该题目选自 OpenJudge 网站，在线网址 http://noi.openjudge.cn/ch0106/03/。

问题分析：本题可以定义两个数组，一个存放价格（直接赋初值），一个存放数量（读取得到）。然后通过一次遍历计算对应元素乘积的和。

参考代码（08-01-03.c）：

```c
#include<stdio.h>
int main(){
  double price[10]={
        28.9, 32.7, 45.6,   78,   35,
        86.2, 27.8,   43,   56,   65  };
  int a[10],i;
  double sum=0.0;
  for(i=0;i<10;i++){
    scanf("%d",&a[i]);
    sum+=a[i] * price[i];
  }
  printf("%.1lf",sum);
  return 0;
}
```

实验题目 08-01-04　年龄与疾病

总时间限制：1000ms；内存限制：65536KB。

描述：某医院想统计某项疾病是否与年龄有关，需要对以前的诊断记录按照 0～18、19～35、36～60、61 以上（含 61）4 个年龄段统计的患病人数占总患病人数的比例进行整理。

输入：共 2 行，第一行为过往病人的数目 n（0＜n≤100），第二行为每个病人患病时的年龄。

输出：按照 0～18、19～35、36～60、61 以上（含 61）4 个年龄段输出该年龄段患病人数占总患病人数的比例,以百分比的形式输出,精确到小数点后两位。每个年龄段占一行,共4行。

样例输入:

```
10
1 11 21 31 41 51 61 71 81 91
```

样例输出:

```
20.00%
20.00%
20.00%
40.00%
```

注:该题目选自 OpenJudge 网站,在线网址 http://noi.openjudge.cn/ch0106/05/。

问题分析: 本题通过遍历数组统计 4 个年龄段的患病人数,再依次输出比例即可。注意,在计算比例的表达式中要将整型值转换成实型值参与运算,否则得不到正确结果。

参考代码(08-01-04.c):

```c
#include<stdio.h>
int main(){
  int a[100],n,i,s1,s2,s3,s4;
  scanf("%d",&n);
  s1=s2=s3=s4=0;
  for(i=0;i<n;i++){
    scanf("%d",&a[i]);
    if(a[i]>=0 &&a[i]<=18 ) s1++;
    if(a[i]>=19&&a[i]<=35) s2++;
    if(a[i]>=36&&a[i]<=60) s3++;
    if(a[i]>=61            ) s4++;
  }
  printf("%.2lf%%\n",(double)s1/n*100);
  printf("%.2lf%%\n",(double)s2/n*100);
  printf("%.2lf%%\n",(double)s3/n*100);
  printf("%.2lf%%\n",(double)s4/n*100);
  return 0;
}
```

实验题目 08-01-05 校门外的树

总时间限制:1000ms;内存限制:65536KB。

描述: 某校大门外长度为 L 的马路上有一排树,每两棵相邻树之间的间隔都是 1m。可以把马路看成一个数轴,马路的一端在数轴 0 的位置,另一端在 L 的位置;数轴上的每个整数点,即 0,1,2,…,L,都种有一棵树。

由于马路上有一些区域要用来建地铁。这些区域用它们在数轴上的起始点和终止点表示。已知任一区域的起始点和终止点的坐标都是整数,区域之间可能有重合的部分。现在要把这些区域中的树(包括区域端点处的两棵树)移走。计算将这些树都移走后,马路上还有多少棵树?

输入:第一行有两个整数 L(1≤L≤10000)和 M(1≤M≤100),L 代表马路的长度,M 代表区域的数目,L 和 M 之间用一个空格隔开。接下来的 M 行每行包含两个不同的整数,用一个空格隔开,表示一个区域的起始点和终止点的坐标。

对于 20％的数据,区域之间没有重合的部分;

对于其他数据,区域之间有重合的情况。

输出:包括一行,这一行只包含一个整数,表示马路上剩余树的数目。

样例输入:

```
500 3
150 300
100 200
470 471
```

样例输出:

```
298
```

注:该题目选自 OpenJudge 网站,在线网址 http：//noi.openjudge.cn/ch0106/06/。

问题分析:本题中要注意的是长度为 L 的马路上一共有 L＋1 个整数点,因为 L 的最大值为 10000,所以定义数组时至少应该有 10001 个元素。

定义数组 t[10001]表示马路上的整数点,请注意读入马路长度 L 后,数组有效元素为 t[0]～t[L]。首先对所有元素赋初值 1,表示每个整数坐标处都有一棵数。然后通过 M 次循环依次读入区域坐标(a,b),每次循环中把 t[a]～t[b]的所有元素都清 0,表示把此区间内的树都移走。最后遍历整个数组,统计值为 1 的元素个数,即统计留下来的树木数量。

参考代码(08-01-05.c)

```c
#include<stdio.h>
int main(){
  int t[10000+1],L,M,a,b,i,j,s;
  scanf("%d%d",&L,&M);
  for(i=0;i<=L;i++)t[i]=1;          //注意数组有效元素范围
  for(i=0;i<M;i++){
    scanf("%d%d",&a,&b);
    for(j=a;j<=b;j++)t[j]=0;
  }
  s=0;
  for(i=0;i<=L;i++){                //注意数组有效元素范围
    if(t[i]==1)s++;
  }
  printf("%d",s);
  return 0;
}
```

实验题目 08-01-06   有趣的跳跃

总时间限制：1000ms；内存限制：65536KB。

描述：一个长度为 n(n>0) 的序列中存在"有趣的跳跃"当且仅当相邻元素的差的绝对值经过排序后正好是 1~(n−1)。例如，1 4 2 3 存在"有趣的跳跃"，因为差的绝对值分别为 3,2,1。当然，任何只包含单个元素的序列一定存在"有趣的跳跃"。编写一个程序，判定给定序列是否存在"有趣的跳跃"。

输入：一行，第一个数是 n(0<n<3000)，为序列长度，接下来有 n 个整数，依次为序列中的各元素，各元素的绝对值均不超过 1000000000。

输出：一行，若该序列中存在"有趣的跳跃"，则输出"Jolly"，否则输出"Not jolly"。

样例输入：

4 1 4 2 3

样例输出：

Jolly

注：该题目选自 OpenJudge 网站，在线网址 http://noi.openjudge.cn/ch0106/07/。

问题分析：本题需要定义两个数组：数组 a 用来存放读入的 n 个整数；数组 b 用来存放数组 a 中相邻元素的跳跃值（差的绝对值），数组 b 有 n−1 个元素。

可以用 b[1] 存放 a[1] 与 a[0] 的跳跃值，用 b[2] 存放 a[2] 与 a[1] 的跳跃值，直到用 b[n−1] 存放 a[n−1] 与 a[n−2] 的跳跃值。注意，此时元素 b[0] 我们弃之不用。

下一步是将数组 b 中从 b[1] 到 b[n−1] 的所有元素从小到大排序，如果之间的所有元素的值都与其对应下标相等，即恰好是从 1 到 n−1，则该序列就存在"有趣的跳跃"。

参考代码（08-01-06.c）：

```c
#include<stdio.h>
int main(){
  int a[3000],b[3000],n,i,j,t;
  scanf("%d",&n);
  for(i=0;i<n;i++)scanf("%d",&a[i]);        //遍历读入的数组元素
  for(i=1;i<n;i++)b[i]=abs(a[i]-a[i-1]);    //计算每个跳跃

  for(i=1;i<n-1;i++)                         //排序,注意排序区间为 b[1]..b[n-1]
    for(j=i+1;j<n;j++)
      if(b[i]>b[j]){t=b[i];b[i]=b[j];b[j]=t;}
  int f=1;                                   //标志变量
  for(i=1;i<n&&f==1;i++)                      //遍历数组元素 b[1]~b[n-1]
    if(b[i]!=i)f=0;                           //不符合条件,f 置 0,结束循环

  if(f==1)printf("Jolly");
  else    printf("Not jolly");
  return 0;
}
```

实验题目 08-01-07　石头剪刀布

总时间限制：1000ms；内存限制：65536KB。

描述：石头剪刀布是常见的猜拳游戏。石头胜剪刀，剪刀胜布，布胜石头。如果两个人出拳一样，则不分胜负。

一天，小 A 和小 B 正好在玩石头剪刀布。已知他们的出拳都是有周期性规律的，例如："石头-布-石头-剪刀-石头-布-石头-剪刀……"，就是以"石头-布-石头-剪刀"为周期不断循环的。请问，小 A 和小 B 比了 N 轮之后，谁赢的轮数多？

输入：输入包含 3 行。

第一行包含 3 个整数：N、NA、NB，分别表示比了 N 轮，小 A 出拳的周期长度，小 B 出拳的周期长度。$0 < N, NA, NB < 100$。

第二行包含 NA 个整数，表示小 A 出拳的规律。

第三行包含 NB 个整数，表示小 B 出拳的规律。

其中，0 表示"石头"，2 表示"剪刀"，5 表示"布"。相邻两个整数之间用单个空格隔开。

输出：输出一行，如果小 A 赢的轮数多，则输出 A；如果小 B 赢的轮数多，则输出 B；如果两人打平，则输出 draw。

样例输入：

```
10 3 4
0 2 5
0 5 0 2
```

样例输出：

```
A
```

注：该题目选自 OpenJudge 网站，在线网址 http://noi.openjudge.cn/ch0106/08/。

问题分析：需要定义两个数组 a 和 b，存储小 A 和小 B 的出拳规律。数组 a 的有效元素为 a[0]～a[NA−1]，数组 b 的有效元素为 b[0]～b[NB−1]。

根据题目描述可知，两人都是按规律周期性出拳，所以，当第 i 轮（i 取值为 0 至 N−1）出拳时，小 A 出的是 a[i%NA]，小 B 出的是 b[i%NB]。

穷举遍历所有轮出拳，比较两人的出拳，记录每人胜出的局数，然后输出比赛结果即可。

参考代码（08-01-07-A. c）：

```c
#include<stdio.h>
int main(){
    int a[100],b[100],n,na,nb,i,va,vb;
    scanf("%d%d%d",&n,&na,&nb);          //读入 n,na,nb
    for(i=0;i<na;i++)scanf("%d",&a[i]);   //读入小 A 出拳的规律
    for(i=0;i<nb;i++)scanf("%d",&b[i]);   //读入小 B 出拳的规律
    va=vb=0;                              //记录小 A、小 B 两人胜出的局数
    for(i=0;i<n;i++){                     //穷举遍历所有轮
        int pa=a[i%na];                  //记录小 A 出拳
```

```
      int pb=b[i%nb];                         //记录小B出拳
      if(pa==pb)
        ;                                     //平局没有操作
      else if(pa==0&&pb==2||pa==2&&pb==5||pa==5&&pb==0)
        va++;                                 //A胜
      else
        vb++;                                 //B胜
      //printf("第%d局:A出拳:%d,B出拳:%d,A总得分:%d,B总得分%d\n",i+1,pa,pb,va,vb);
                                              //输出每局数据 ①
    }
    if(va>vb)       printf("A");              //输出结论
    else if(va<vb) printf("B");
    else            printf("draw");
    return 0;
}
```

以上代码中标注①的行,功能为输出每一局的当前数据,可以帮助调试修改程序。如果去掉行首的注释标记//,对于题目中的样例输入,程序的输出结果是:

第1局:A出拳:0,B出拳:0,A总得分:0,B总得分 0
第2局:A出拳:2,B出拳:5,A总得分:1,B总得分 0
第3局:A出拳:5,B出拳:0,A总得分:2,B总得分 0
第4局:A出拳:0,B出拳:2,A总得分:3,B总得分 0
第5局:A出拳:2,B出拳:0,A总得分:3,B总得分 1
第6局:A出拳:5,B出拳:5,A总得分:3,B总得分 1
第7局:A出拳:0,B出拳:0,A总得分:3,B总得分 1
第8局:A出拳:2,B出拳:2,A总得分:3,B总得分 1
第9局:A出拳:5,B出拳:0,A总得分:4,B总得分 1
第10局:A出拳:0,B出拳:5,A总得分:4,B总得分 2
A

特别地,对于每一局胜负的判断,也可以采用以下技巧解决。根据题目描述,可以将小A出拳值 pa 和小 B 出拳值 pb 放在一起构成一个两位整数 $x(x=pa*10+pb)$,然后通过判断 x 的值知道本局是谁胜出。

分析 x 的所有可能值可以知道,当 $x\%11==0$ 时(即当 $x==0||x==22||x==55$ 时),表示平局;当 $x==2||x==25||x==50$ 时,表示 A 胜;当 $x==20||x==52||x==5$ 时,表示 B 胜。

参考代码(08-01-07-B. c):

```
#include<stdio.h>
int main(){
  int a[100],b[100],n,na,nb,i,va,vb;
  scanf("%d%d%d",&n,&na,&nb);              //读入 n,na,nb
  for(i=0;i<na;i++)scanf("%d",&a[i]);      //读入小 A 出拳的规律
```

```
    for(i=0;i<nb;i++)scanf("%d",&b[i]);        //读入小 B 出拳的规律
    va=vb=0;                                    //记录小 A、小 B 两人胜出的局数
    for(i=0;i<n;i++){                           //穷举遍历所有轮
       int pa=a[i%na];                          //记录小 A 出拳
       int pb=b[i%nb];                          //记录小 B 出拳
       int x=pa*10+pb;
       if(x%11==0);                             //平局没有操作
       else if(x==2||x==25||x==50)              //A 胜
          va++;
       else                                     //B 胜
          vb++;
       //printf("第%d局:A出拳:%d,B出拳:%d,A总得分:%d,B总得分%d\n",i+1,pa,pb,va,vb);
                                                //输出每局数据
    }
    if(va>vb)       printf("A");                //输出结论
    else if(va<vb)  printf("B");
    else            printf("draw");
    return 0;
}
```

实验 8.2 多维数组应用程序实验

1. 相关知识点

(1) 二维数组的定义、引用、遍历方法。
(2) 二维数组在内存中的存储。

2. 实验目的和要求

通过本实验要求学生掌握二维数组的定义、初始化和引用的正确方法,掌握二维数组遍历的方法,掌握利用二维数组解决问题的方法。

3. 实验题目

实验题目 08-02-01 矩阵交换行

总时间限制:1000ms;内存限制:65536KB。

描述:给定一个 5×5 的矩阵(数学上,一个 r×c 的矩阵是一个由 r 行 c 列元素排列成的矩形阵列),将第 n 行和第 m 行交换,输出交换后的结果。

输入:输入共 6 行,前 5 行为矩阵的每一行元素,元素与元素之间以一个空格分开。
第 6 行包含两个整数 m、n,以一个空格分开。(1≤m,n≤5)

输出:输出交换之后的矩阵,矩阵的每一行元素占一行,元素之间以一个空格分开。

样例输入:

1 2 2 1 2

```
5 6 7 8 3
9 3 0 5 3
7 2 1 4 6
3 0 8 2 4
1 5
```

样例输出:

```
3 0 8 2 4
5 6 7 8 3
9 3 0 5 3
7 2 1 4 6
1 2 2 1 2
```

注:该题目选自 OpenJudge 网站,在线网址 http://noi.openjudge.cn/ch0108/01/。

问题分析: 本题为典型的二维数组的典型应用,注意题目中给出的行号(m,n)和数组中的行号(m-1,n-1)的对应关系。代码如下。

参考代码(08-02-01.c):

```c
#include<stdio.h>
int main(){
  int a[5][5],i,j,m,n;
  for(i=0;i<5;i++)                    //遍历二维数组依次输入
    for(j=0;j<5;j++)
      scanf("%d",&a[i][j]);
  scanf("%d%d",&m,&n);               //读入 m,n
  for(j=0;j<5;j++){                   //交换第 m 行和第 n 行,注意数组中的行号应为 m-1 和 n-1
    int t=a[m-1][j];
    a[m-1][j]=a[n-1][j];
    a[n-1][j]=t;
  }
  for(i=0;i<5;i++){                   //遍历输出,注意输出换行
    for(j=0;j<5;j++)
      printf("%d ",a[i][j]);
    printf("\n");
  }
  return 0;
}
```

实验题目 08-02-02　求转置矩阵问题(NYOJ:29)

内存限制: 64MB;时间限制:3000ms。

题目描述: 求一个 3 行 3 列的转置矩阵。

输入描述: 第一行一个整数 n<20,表示有 n 组测试数据,下面是 n 组数据;每组测试数据都是 9 个整型数(每个数都不大于 10000),分别为矩阵的每项。

输出描述: 每组测试数据的转置矩阵;请在每组输出之后加一个换行。

样例输入：

```
2
1 2 3 4 5 6 7 8 9
2 3 4 5 6 7 8 9 1
```

样例输出：

```
1 4 7
2 5 8
3 6 9

2 5 8
3 6 9
4 7 1
```

注：该题目选自 NYOJ 网站，在线网址 http：//nyoj.top/problem/29。

问题分析：矩阵的转置问题很简单，本书配套教材中也有案例程序。题目中给出的是固定的 3×3 矩阵，而下面的程序代码实现的是 M 行 N 列矩阵的转置。

参考代码（08-02-02.c）：

```c
#include<stdio.h>
#define M 3
#define N 3
int main(){
  int a[M][N],b[N][M];
  int i,j,m,n;
  scanf("%d",&n);
  while(n--){              //处理 n 组数据
    for(i=0;i<M;i++)       //输入矩阵 a 中的数据
      for(j=0;j<N;j++) scanf("%d",&a[i][j]);

    for(i=0;i<M;i++)       //转置到矩阵 b
      for(j=0;j<N;j++) b[j][i]=a[i][j];

    for(i=0;i<N;i++){      //输出矩阵 b,注意格式控制
      for(j=0;j<M;j++) printf("%d ",b[i][j]);
      printf("\n");
    }
    printf("\n");
  }
  return 0;
}
```

实验题目 08-02-03　计算矩阵边缘元素之和

总时间限制：1000ms；内存限制：65536KB。

描述：输入一个整数矩阵,计算位于矩阵边缘的元素之和。所谓矩阵边缘的元素,就是第一行和最后一行的元素以及第一列和最后一列的元素。

输入：第一行分别为矩阵的行数 m 和列数 n(m<100,n<100),两者之间以一个空格分开。

接下来输入的 m 行数据中,每行包含 n 个整数,整数之间以一个空格分开。

输出：输出对应矩阵的边缘元素和。

样例输入：

```
3 3
3 4 1
3 7 1
2 0 1
```

样例输出：

```
15
```

注：该题目选自 OpenJudge 网站,在线网址 http://noi.openjudge.cn/ch0108/03/。

问题分析：本题也是一个典型的二维数组中的应用问题,通过一次遍历读入数组中的所有数据,再通过一次遍历统计边缘元素的和,注意边缘元素判别条件。

参考代码(08-02-03.c)：

```c
#include<stdio.h>
#define N 100
int main(){
  int m,n,i,j,sum;
  int a[N][N];
  scanf("%d%d",&m,&n);
  for(i=0;i<m;i++)               //遍历读入数据
    for(j=0;j<n;j++)
      scanf("%d",&a[i][j]);;
  sum=0;                         //数字和 s 清 0
  for(i=0;i<m;i++)               //遍历考查所有元素
    for(j=0;j<n;j++)
      if(i==0||i==m-1||j==0||j==n-1)
        sum+=a[i][j];

  printf("%d",sum);
  return 0;
}
```

实验题目 08-02-04 错误探测

总时间限制：1000ms;内存限制：65536KB。

描述：给定 n×n 由 0 和 1 组成的矩阵,如果矩阵的每一行和每一列的 1 的数量都是偶数,则认为符合条件。

检测矩阵是否符合条件,或者在仅改变一个矩阵元素的情况下能否符合条件。

"改变矩阵元素"的操作定义为"0变成1"或者"1变成0"。

输入:输入n+1行,第1行为矩阵的大小n(0＜n＜100),以下n行为矩阵的每一行的元素,元素之间以一个空格分开。

输出:如果矩阵符合条件,则输出OK;

如果矩阵仅改变一个矩阵元素就能符合条件,则输出需要改变的元素所在的行号和列号,以一个空格分开。

如果不符合以上两条,则输出Corrupt。

样例输入:

样例输入1
4
1 0 1 0
0 0 0 0
1 1 1 1
0 1 0 1
样例输入2
4
1 0 1 0
0 0 1 0
1 1 1 1
0 1 0 1
样例输入3
4
1 0 1 0
0 1 1 0
1 1 1 1
0 1 0 1

样例输出:

样例输出1
OK
样例输出2
2 3
样例输出3
Corrupt

注:该题目选自OpenJudge网站,在线网址http://noi.openjudge.cn/ch0108/04/。

问题分析:根据本题描述,可以搜索矩阵(二维数组)中包含奇数个1的所有行,统计行数is和最后一行的行号in;然后再搜索二维数组中包含奇数个1的所有列,统计列数js和最后一列的列号jn。最后,程序中利用多分支选择结构的输出逻辑是:

如果is==0&&js==0,则该矩阵符合条件,输出OK。

否则如果is==1&&js==1,则矩阵只改变一个元素(数组中的行号in或列号jn)就符合条件,输出行号和列号(注意:这里有一个陷阱,数组元素的行号和列号都从 0 开始,而矩阵元素的行号和列号都从 1 开始,此时应该输出 in+1 和 jn+1)。

否则不符合条件,输出 Corrupt。

参考代码(08-02-04.c):

```
#include<stdio.h>
#define N 100
int main(){
  int a[N][N];
  int n,i,j,k,sum;
  int is,js,in,jn;

  scanf("%d",&n);
  for(i=0;i<n;i++)                              //一次遍历读入数据
    for(j=0;j<n;j++)
      scanf("%d",&a[i][j]);;

  is=js=0;                                      //清 0
  in=jn=-1;
  for(k=0;k<n;k++){
    sum=0;                                      //及时清 0
    for(i=0;i<n;i++)if(a[k][i]==1)sum++;        //统计第 k 行 1 的个数
    if(sum%2==1){is++; in=k;}       //若第 k 行 1 的个数为奇数,则行总数++,记录行号 in

    sum=0;                                      //及时清 0
    for(i=0;i<n;i++)if(a[i][k]==1)sum++;        //统计第 k 列 1 的个数
    if(sum%2==1){js++; jn=k;}       //若第 k 列 1 的个数为奇数,则列总数++,记录列号 jn
  }

  if(is==0&&js==0)      printf("OK");
  else if(is==1&&js==1) printf("%d %d",in+1,jn+1); //注意输出陷阱
  else                  printf("Corrupt");

  return 0;
}
```

实验题目 08-02-05 细菌的繁殖与扩散

总时间限制:1000ms;内存限制:65536KB。

描述:在边长为 9 的正方形培养皿中,正中心位置有 m 个细菌。假设细菌的寿命仅一天,但每天可繁殖 10 个后代,而且这 10 个后代中有两个分布在原来的单元格中,其余 8 个均匀分布在其四周相邻的 8 个单元格中。求经过 n(1≤n≤4)天后,细菌在培养皿中的分布情况。

输入:输入为两个整数,第一个整数 m 表示中心位置细菌的个数(2≤m≤30),第二个整数 n 表示经过的天数(1≤n≤4)。

输出：输出 9 行 9 列整数的矩阵，每行的整数之间用空格分隔。整个矩阵代表 n 天后细菌在培养皿上的分布情况。

样例输入：

2 1

样例输出：

```
0 0 0 0 0 0 0 0 0
0 0 0 0 0 0 0 0 0
0 0 0 0 0 0 0 0 0
0 0 0 2 2 2 0 0 0
0 0 0 2 4 2 0 0 0
0 0 0 2 2 2 0 0 0
0 0 0 0 0 0 0 0 0
0 0 0 0 0 0 0 0 0
0 0 0 0 0 0 0 0 0
```

注：该题目选自 OpenJudge 网站，在线网址 http://noi.openjudge.cn/ch0108/01/。

问题分析：根据题目描述，在本题中可以定义 int a[9][9]，并初始化所有元素为 0。读入 m 值后应该赋给中心元素 a[4][4]。由于繁殖一天就向外扩散一圈，而天数 n 最多为 4，所以最外圈不参与繁殖。

因为对于某一特定元素的向四周扩散，导致相邻元素之间互相影响，所以为了不破坏数组 a 的值，需要额外定义一个同样大小的数组 b，用于存储当天繁殖后细菌的累加数量。

参考代码（08-02-05.c）：

```c
#include<stdio.h>
int main(){
  int a[9][9]={0},b[9][9];
  int m,n,i,j,k;

  scanf("%d%d",&m,&n);
  a[4][4]=m;                    //为中心元素赋初值
  for(k=1;k<=n;k++){            //遍历每一天
    for(i=0;i<9;i++)           //每天繁殖前,数组b清0
      for(j=0;j<9;j++)
        b[i][j]=0;
    for(i=1;i<8;i++)           //遍历数组可繁殖元素(除边框元素)
      for(j=1;j<8;j++){
        b[i][j]+=a[i][j]*2;    //a[i][j]繁殖后扩散的细菌累加保存在数组b中
        b[i-1][j-1]+=a[i][j];
        b[i-1][j]  +=a[i][j];
        b[i-1][j+1]+=a[i][j];
        b[i][j-1]  +=a[i][j];
        b[i][j+1]  +=a[i][j];
```

```
        b[i+1][j-1]+=a[i][j];
        b[i+1][j]  +=a[i][j];
        b[i+1][j+1]+=a[i][j];
      }
    //所有元素繁殖完成
    for(i=0;i<9;i++)                    //数组 b 恢复到数组 a 中,明天继续繁殖
      for(j=0;j<9;j++)
        a[i][j]=b[i][j];
  }

  for(i=0;i<9;i++){                     //遍历数组 a,输出
    for(j=0;j<9;j++){
      printf("%d",a[i][j]);
      if(j<8)printf(" ");
    }
    if(i<8)printf("\n");
  }
  return 0;
}
```

实验题目 08-02-06　肿瘤面积

总时间限制：1000ms;内存限制：65536KB。

描述：在一个正方形的灰度图片上,肿瘤是一块矩形的区域,肿瘤的边缘所在的像素点在图片中用 0 表示。其他肿瘤内和肿瘤外的点都用 255 表示。编写一个程序,计算肿瘤内部像素点的个数(不包括肿瘤边缘上的点)。已知肿瘤的边缘平行于图像的边缘。

输入：只有一个测试样例。第一行有一个整数 n,表示正方形图像的边长。其后 n 行每行有 n 个整数,取值为 0 或 255。整数之间用一个空格隔开。已知 n 不大于 1000。

输出：输出一行,该行包含一个整数,为要求的肿瘤内的像素点的个数。

样例输入：

```
5
255 255 255 255 255
255 0 0 0 255
255 0 255 0 255
255 0 0 0 255
255 255 255 255 255
```

样例输出：

```
1
```

注：该题目选自 OpenJudge 网站,在线网址 http://noi.openjudge.cn/ch0108/18/。

问题分析：从本题描述中可知,n×n 的数组中有一个矩形框上的元素全是 0,其余所有元素都是 255。如果找到肿瘤区域左上角的坐标(x1,y1)和右下角的坐标(x2,y2),则肿瘤内的像素点数为(x2−x1−1)(y2−y1−1)。注意识别肿瘤内无元素的情况。

参考代码（08-02-06-A. c）：

```c
#include<stdio.h>
int main(){
  unsigned char a[1000][1000];          //注意数据类型
  int n,i,j,x1,y1,x2,y2;
  scanf("%d",&n);                        //读入 n
  for(i=0;i<n;i++)                       //读入所有数组元素
    for(j=0;j<n;j++)
      scanf("%d",&a[i][j]);
  //搜索肿瘤左上角坐标
  x1=y1=-1;                              //左上角坐标初始化
  for(i=0;i<n&&x1<0;i++)
    for(j=0;j<n&&x1<0;j++)
      if(a[i][j]==0){                    //找到左上角的 0,记录坐标 (结束双层循环)
        x1=i;
        y1=j;
      }

  //搜索肿瘤右下角坐标
  x2=y2=-1;                              //右下角坐标初始化
  for(i=n-1;i>=0&&x2<0;i--)
    for(j=n-1;j>=0&&x2<0;j--)
      if(a[i][j]==0){                    //找到右下角的 0,记录坐标 (结束双层循环)
        x2=i;
        y2=j;
      }
  if(x1<0&&x2<0)  printf("0");           //肿瘤不存在
  else if(x2-x1<=1||y2-y1<=1) printf("0"); //肿瘤内无元素
  else            printf("%d",(x2-x1-1) * (y2-y1-1)); //输出结果
  return 0;
}
```

特别地,如果代码中数组的类型定义成 int,则运行时会出现内存不足、程序意外终止的情况。因为 100 万个整型元素要占据很大的内容空间(400 万字节,约 3.81Mb),而改成 unsigned char 型后,只占 100 万字节(约 0.95Mb),而且此类型也能满足题目运算要求。

以上程序中,分别搜索左上角坐标和右下角坐标,程序代码重复,容易出错。这两项工作也可以一次完成,即在对数组的一次完整遍历过程中,第 1 个 0 是左上角坐标,最后一个 0 是右下角坐标。

参考代码（08-02-06-B. c）：

```c
#include<stdio.h>
int main(){
  unsigned char a[1000][1000];
  int n,i,j,x1,y1,x2,y2;
```

```
    scanf("%d",&n);                                //读入 n
    for(i=0;i<n;i++)                               //读入所有数组元素
      for(j=0;j<n;j++)
        scanf("%d",&a[i][j]);

    //搜索肿瘤左上角坐标和右下角坐标
    x1=y1=-1;                                      //左上角坐标初始化
    x2=y2=-1;                                      //右下角坐标初始化
    for(i=0;i<n;i++)                               //遍历所有元素,一次遍历找到两个坐标
      for(j=0;j<n;j++){
        if(a[i][j]==0){                            //找到 0
          if(x1<0){x1=i;y1=j;}                     //如果 x1<0,说明是第 1 个 0,是左上角坐标
          x2=i;y2=j;                               //最后一个 0 是右下角坐标

        }
      }

    if(x1<0&&x2<0)  printf("0");                   //肿瘤不存在
    else if(x2-x1<=1||y2-y1<=1) printf("0");       //肿瘤内无元素
    else            printf("%d",(x2-x1-1) * (y2-y1-1)); //输出结果
    return 0;

}
```

实验题目 08-02-07　　神奇的幻方

总时间限制：1000ms；内存限制：65535KB。

描述：幻方是一个很神奇的 N×N 矩阵,它的每行、每列与对角线加起来的数字和都是相同的。

可以通过以下方法构建一个幻方。（阶数为奇数）

（1）第一个数字写在第一行的中间。

（2）下一个数字都写在上一个数字的右上方。

a. 如果该数字在第一行,则下一个数字写在最后一行,列数为该数字的右一列。

b. 如果该数字在最后一列,则下一个数字写在第一列,行数为该数字的上一行。

c. 如果该数字在右上角,或者该数字的右上方已有数字,则下一个数字写在该数字的下方。

输入：一个数字 N(N≤20)

输出：按以上方法构造的(2N−1)×(2N−1)的幻方。

样例输入：

3

样例输出：

17 24 1 8 15
23 5 7 14 16
4 6 13 20 22

```
10 12 19 21 3
11 18 25 2 9
```

注：该题目选自 OpenJudge 网站，在线网址 http：//noi. openjudge. cn/ch0108/22/。

问题分析：本题为奇数阶幻方构造，幻方阶数为 n(n＝2N−1)。根据题目描述的构造过程，首先应该给第 1 个元素赋值 1(a[0][N−1]＝1;)，然后如果当前元素的下标为(i,j)，当前元素值为 k−1，则根据当前元素所处的位置，确定下一个元素的位置(ni,nj)，并为此位置赋值 k++。如此，k 从 2 循环到 n×n，就可以为所有元素赋好值，幻方就构造好了。

问题的关键是如何对当前元素下标进行分类，以确保能区分每种情况，而与题目描述的逻辑完全一致。经过分析，我们把题目中下一个数字应该放置的下标位置区分为以下 5 种情况。

（1）当前数字在右上角，下一个数字在其下方。

（2）否则，当前数字在第一行，下一个在最后一行下一列。

（3）否则，当前数字在最后一列，下一个数字在上一行第一列。

（4）否则，当前数字右上方有数字，下一个数字在其正下方。

（5）否则，其他情况，下一个数字在当前数字右上方。

注意条件判断顺序，为什么是这个顺序，这个顺序可以改变吗？

还要注意题目中和这里的叙述中，第一行和第一列对应的数组下标是 0，最后一行最后一列对应的数组下标是 n−1。

参考代码(08-02-07-A. c)：

```c
#include<stdio.h>
int main(){
  int a[40][40]={0};                        //数组的所有元素清 0
  int N,n,i,j,k,ni,nj;
  scanf("%d",&N);                           //读入 N
  n=2*N-1;                                  //幻方阶数
  i=0;j=N-1;                                //第 1 行中间元素下标
  a[i][j]=1;                                //第 1 行中间元素赋值为 1
  k=2;                                      //下一个数字值，从 2 开始，到 n*n 结束
  while(k<=n*n){                            //寻找下一个数字位置并赋值
    if(i==0&&j==n-1){ni=i+1;nj=j;}          //①当前在右上角，下一个在下方
    else if(i==0)    {ni=n-1;nj=j+1;}       //②当前在第 1 行，下一个在末行下列
    else if(j==n-1)  {ni=i-1;nj=0;}         //③当前在末列，下一个在上行 1 列
    else if(a[i-1][j+1]>0){ni=i+1;nj=j;}    //④当前右上有数字，下一个在下方
    else             {ni=i-1;nj=j+1;}       //⑤下一个在右上方
    a[ni][nj]=k++;                          //给新位置赋新值
    i=ni,j=nj;                              //新位置赋值给 i,j 开始下次循环
  }
  for(i=0;i<n;i++){                         //输出幻方
    for(j=0;j<n;j++){
      printf("%d ",a[i][j]);
    }
```

```
      printf("\n");
   }
   return 0;
}
```

以上程序中的多分支选择结构中,逻辑判断的条件和顺序虽然有点复杂,但只要仔细分析问题并对程序进行调试,还是可以理解和接受的。有没有更简单的逻辑判断方法呢?我们给出如下分析:

(1) 当前位置是(i,j),可以先预设下一个数字的新位置(ni,nj)就是当前位置(旧位置)的右上角(ni=i−1,nj=j+1)。

(2) 如果新位置的行号为−1,则重新调整为n−1,如果新位置的列号为n,则重新调整为0。这样,就覆盖了题目中的(a,b,c)3种情况(当前是右上角位置也适合)。此操作可以通过下面代码实现:

```
if(ni<0) ni=n-1;      //若新位置行号超界,则重新确定为最后一行
if(nj>n-1) nj=0;      //若新位置列号超界,则重新确定为第一列
```

(3) 如果新位置已有数字,则重新调整新位置为当前位置的正下方(ni=i+1,nj=j)。

这样就把新旧位置的逻辑关系变得非常简单了,即首先预设新位置,若新位置有数字,则调整新位置为旧位置正下方。读者可以自行编写代码调试。

特别地,以上分析的前两个步骤用于确定预设的新位置坐标,这种调整可以非常巧妙地合并成一个步骤解决,无须条件判断一次得到预设的新位置。

(1) 当前位置是(i,j),可以先预设下一个数字的新位置(ni,nj)就是当前位置(旧位置)的右上角。运用下面的表达式得到:

```
ni=(i-1+n)%n;      //准确计算出预设新位置下标
nj=(j+1+n)%n;      //若超过边界,则自动回到相应位置
```

(2) 如果新位置已有数字,则重新调整新位置为当前位置的正下方(ni=i+1,nj=j)。
修改后的程序代码如下。

参考代码(08-02-07-B.c):

```
#include<stdio.h>
int main(){
   int a[40][40]={0};                  //数组中的所有元素清0
   int N,n,i,j,k,ni,nj;
   scanf("%d",&N);                     //读入N
   n=2*N-1;                            //幻方阶数
   i=0;j=N-1;                          //第1行中间元素的下标
   a[i][j]=1;                          //对第1行中间元素赋值为1
   k=2;                               //下一个元素值,从2开始,到n×n结束
   while(k<=n*n){                      //寻找下一个元素位置并赋值
      ni=(i-1+n)%n;                    //准确计算出预设新位置的下标
      nj=(j+1+n)%n;                    //若超过边界,则自动回到相应位置
      if(a[ni][nj]>0){ni=i+1;nj=j;}    //如果右上角有数字,则新位置在正下方
```

```
    a[ni][nj]=k++;                    //对新位置赋新值
    i=ni,j=nj;                        //新位置变为当前位置,开始下一次循环
  }
  for(i=0;i<n;i++){                   //输出幻方
    for(j=0;j<n;j++){
      printf("%d ",a[i][j]);
    }
    printf("\n");
  }
  return 0;
}
```

实验题目 08-02-08　同行列对角线的格子

总时间限制：1000ms；内存限制：65536KB。

描述：输入 3 个自然数 N、i、j(1≤i≤N,1≤j≤N),输出在一个 N×N 格的棋盘中(行列均从 1 开始编号),与格子(i,j)同行、同列、同一对角线的所有格子的位置。

如 n＝4,i＝2,j＝3 表示了棋盘中的第二行第三列的格子,如下图所示。

第一列	第二列	第三列	第四列	
				第一行
		(2,3)		第二行
				第三行
				第四行

当 n＝4,i＝2,j＝3 时,输出的结果是:

(2,1) (2,2) (2,3) (2,4)　　　　同一行上格子的位置

(1,3) (2,3) (3,3) (4,3)　　　　同一列上格子的位置

(1,2) (2,3) (3,4)　　　　　　　左上到右下对角线上的格子的位置

(4,1) (3,2) (2,3) (1,4)　　　　左下到右上对角线上的格子的位置

输入：1 行,3 个自然数 N、i、j,相邻两个数之间用单个空格隔开,1≤N≤10。

输出：4 行:

第 1 行：从左到右输出同一行格子位置；

第 2 行：从上到下输出同一列格子位置；

第 3 行：从左上到右下输出同一对角线格子位置；

第 4 行：从左下到右上输出同一对角线格子位置。

其中每个格子位置用如下格式输出：(x,y),x 为行号,y 为列号,采用英文标点,中间无空格。

相邻两个格子位置之间用单个空格隔开。

样例输入：

4 2 3

样例输出：

```
(2,1) (2,2) (2,3) (2,4)
(1,3) (2,3) (3,3) (4,3)
(1,2) (2,3) (3,4)
(4,1) (3,2) (2,3) (1,4)
```

来源： NOIP1996 复赛 普及组 第二题。

注：该题目选自 OpenJudge 网站,在线网址 http：//noi.openjudge.cn/ch0108/02/。

问题分析： 本题看似是一个有关二维数组的问题,但实际上和数组元素的值无关,因为我们只关心单元格的下标。题目要求我们完成以下 4 个任务。

(1) 输出与(i,j)同行的格子位置。实际上就是输出第 i 行的所有格子位置,此问题非常简单,通过一个单层循环遍历第 i 行所有格子即可。

(2) 输出与(i,j)同列的格子位置。实际上就是输出第 j 列的所有格子位置,此问题同样简单,通过一个单层循环遍历第 j 列所有格子即可。

(3) 输出从左上到右下与(i,j)在同一对角线的格子位置。我们不难发现,从左上到右下方向对角线上所有格子的共同特性是行号与列号的差相等。例如,主对角线上格子行号与列号的差为 0。所以我们知道,所有的格子中,如果行号与列号的差等于(i−j),则它与格子(i,j)在一条对角线上。由此,遍历所有格子,通过暴力穷举可以找出符合条件的格子。

(4) 输出从左下到右上与(i,j)在同一对角线的格子位置。我们也发现,从左下到右上方向对角线上所有格子的共同特性是行号与列号的和相等。所以我们也可以知道,所有的格子中,如果行号与列号的和等于(i+j),则它与格子(i,j)在一条对角线上。由此,遍历所有格子,通过暴力穷举可以找出符合条件的格子。

本题代码虽然没有用到二维数组,但是解决此问题用到的二维格子位置的关系和二维数组元素的位置关系是一致的。所以,解决这个问题对学习二维数组有很大帮助。

参考代码(08-02-08-A.c)：

```c
#include<stdio.h>
int main(){
    int n,i,j,k;
    int r,c;
    scanf("%d%d%d",&n,&i,&j);

    //输出同一行 第 i 行
    for(c=1;c<=n;c++)printf("(%d,%d) ",i,c);
    printf("\n");

    //输出同一列 第 j 列
    for(r=1;r<=n;r++)printf("(%d,%d) ",r,j);
    printf("\n");
```

```
//从左上到右下输出同一对角线格子位置;
//此对角线上元素的下标之差相等,为 i-j
for(r=1;r<=n;r++)                    //穷举遍历所有元素   暴力求解
    for(c=1;c<=n;c++)
        if(r-c==i-j)                //找到同一对角线上的元素
            printf("(%d,%d) ",r,c);
printf("\n");

//从左下到右上输出同一对角线格子位置
//此对角线上元素的下标之和相同,为 i+j
for(r=n;r>=1;r--)                    //遍历所有元素   暴力求解 注意行的顺序
    for(c=1;c<=n;c++)
        if(r+c==i+j)                //找到同一对角线上的元素
            printf("(%d,%d) ",r,c);


return 0;
}
```

以上参考代码可以成功提交,但是对比程序输出与样例输出,会发现此程序在每一行末尾都多了一个空格。原因是在每输出一个格子位置之后都会输出一个空格,而题目样例输出显示每行输出最后一个数据之后没有空格。之所以能提交成功,是因为此 OJ 系统评判规则较宽松,允许存在少量多余空格。但是,在某些严格的 OJ 评判系统中是不允许此类情况出现的,程序的输出必须与样例完全一致,不允许有任何多余的空格和回车。

在上例程序代码中,每行在输出多个数据项时,都增加控制空格输出的功能,即在第 2 项之后的所有数据项之前输出一个空格,第一项数据前不输出空格。程序代码如下(注意:程序中去掉了多余的空格)。

参考代码(08-02-08-B.c):

```
#include<stdio.h>                    //没有多余空格
int main(){
  int n,i,j,k;
  int r,c;
  scanf("%d%d%d",&n,&i,&j);
  //输出同一行 第 i 行
  for(c=1;c<=n;c++){
    if(c>1)printf(" ");             //第 2 项之后的数据前输出空格
    printf("(%d,%d)",i,c);
  }
  printf("\n");

  //输出同一列 第 j 列
  for(r=1;r<=n;r++){
    if(r>1)printf(" ");             //第 2 项之后的数据前输出空格
    printf("(%d,%d)",r,j);
```

```
    }
    printf("\n");

    int s;
    //从左上到右下输出同一对角线格子位置;
    //此对角线上元素的下标之差相等,为i-j
    s=0;                              //记录符合条件的数据项个数
    for(r=1;r<=n;r++)                 //穷举遍历所有元素,暴力求解
      for(c=1;c<=n;c++){
        if(r-c==i-j){                 //找到同一对角线上的元素
        ++s;                          //第 s 项输出
        if(s>1)printf(" ");           //第 2 项之后的数据前输出空格
        printf("(%d,%d)",r,c);
        }
      }
    printf("\n");

    //从左下到右上输出同一对角线格子位置
    //此对角线上元素的下标之和相同,为i+j
    s=0;                              //记录符合条件的数据项个数
    for(r=n;r>=1;r--)                 //遍历所有元素,暴力求解,注意行的顺序
      for(c=1;c<=n;c++){
        if(r+c==i+j){                 //找到同一对角线上的元素
        ++s;
        if(s>1)printf(" ");           //第 2 项之后的数据前输出空格
        printf("(%d,%d)",r,c);
        }
      }
    return 0;
}
```

以上两个程序在输出对角线格子时,采用的是遍历所有格子(暴力穷举),找到符合条件的格子的做法。这样做浪费了执行时间,效率很低。也可以精确地找到对角线格子的确定位置,分析方法和过程如下。

(1)输出从左上到右下与(i,j)在同一对角线的格子位置。下面以 n=5 时的 n 阶方阵为例讨论,格子位置坐标、左上至右下所有对角线示意图如下图所示。

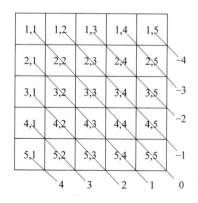

可以看出,从左至右同一对角线上格子的行号与列号之差(设为 d)相等,每个差值对应一条对角线,对应一个起始格子(设为 x,y),对应一个线上格子数(设为 dn),具体数据和规律如下。

d	4	3	2	1	0	−1	−2	−3	−4	规　律
(x,y)	(5,1)	(4,1)	(3,1)	(2,1)	(1,1)	(1,2)	(1,3)	(1,4)	(1,5)	d≥0 时,为(d+1,1) d<0 时,为(1,1−d)
dn	1	2	3	4	5	4	3	2	1	n−|d|

根据格子总行数 n 和对角线上格子的行列差 d(d=i−j),通过上表分析,可以找到此对角线上的起始格子坐标(x,y)和线上格子数 dn(dn=n−|d|)。

左上至右下对角线上的所有元素从左至右排列,行号依次递增 1,列号依次递增 1。

根据这些规律,可以得到以下代码:

```
//从左上到右下输出同一对角线格子位置
d=i-j;                           //此对角线上元素的下标之差 d 相等,d=i-j
if(d>=0){x=d+1;y=1;}             // 计算对角线上起始位置的坐标
else     {x=1;y=1-d;}
dn=n-abs(d);                     //计算对角线上格子的数量

for(k=1;k<=dn;k++){              //依次输出对角线上的所有元素
  if(k>1)printf(" ");           //从第 2 项开始先输出一个空格
  printf("(%d,%d)",x,y);
  x++; y++;                      //下一个格子位置
}
printf("\n");
```

以上代码完全实现了题目要求的功能,而且是精确遍历输出对角线上的每个元素,没有访问其他元素,提高了程序效率。

(2) 输出从左下到右上与(i,j)在同一对角线的格子位置。下面仍然以 n=5 时的 n 阶方阵为例讨论,格子位置坐标、左下至右上所有对角线示意如下图所示。

可以看出,从左至右同一对角线上格子的行号与列号之和(设为 d)相等,每个和值对应一条对角线,对应一个起始格子(设为 x,y),对应一个线上格子数(设为 dn),具体数据和规律如下表所示。

d	2	3	4	5	6	7	8	9	10	规　　律
(x,y)	(1,1)	(2,1)	(3,1)	(4,1)	(5,1)	(5,2)	(5,3)	(5,4)	(5,5)	d≤n+1 时,为(d−1,1) d>n+1 时,为(n,d−n)
dn	1	2	3	4	5	4	3	2	1	n−|n+1-d|
n+1−d	4	3	2	1	0	−1	−2	−3	−4	

　　同样,根据格子总行数 n 和对角线上格子行列和 d(d=i+j),通过上表分析,可以找到此对角线上的起始格子坐标(x,y)和线上格子数 dn(dn=n−|n+1−d|)。

　　注意:d 值为递增序列,dn 值为首尾对称序列。为了找到 dn 和 d 之间的数学关系,构造了 n+1−d 这一行,将 d 值的递增序列变成首尾对称的 n+1−d 序列,根据其值的变化规律,很容易找到等式 dn=n−|n+1−d|。

　　我们也知道,左下至右上对角线上的所有元素从左至右排列,行号依次递减 1,列号依次递增 1。

　　根据这些规律,可以得到相应的代码。

　　参考代码(08-02-08-C.c):

```c
#include<stdio.h>
int main(){
  int n,i,j;
  int r,c;
  scanf("%d%d%d",&n,&i,&j);

  //输出同一行 第 i 行
  for(c=1;c<=n;c++){
    if(c>1)printf(" ");          //第 2 项之后的数据前输出空格
    printf("(%d,%d)",i,c);
  }
  printf("\n");

  //输出同一列 第 j 列
  for(r=1;r<=n;r++){
    if(r>1)printf(" ");          //第 2 项之后的数据前输出空格
    printf("(%d,%d)",r,j);
  }
  printf("\n");

  int d,x,y,dn,k;

  //从左上到右下输出同一对角线格子位置
  d=i-j;                         //此对角线上元素下标之差 d 相等,d=i-j
  if(d>=0){x=d+1;y=1;}           // 计算对角线上起始位置的坐标
```

```
    else      {x=1,y=1-d;}
    dn=n-abs(d);                        //计算对角线上格子的数量

    for(k=1;k<=dn;k++){                 //依次输出对角线上的所有元素
      if(k>1)printf(" ");               //从第 2 项开始先输出一个空格
      printf("(%d,%d)",x,y);
      x++; y++;                         //下一个格子位置
    }
    printf("\n");

    //从左下到右上输出同一对角线格子位置
    d=i+j;                              //此对角线上的元素下标之和 d 相同,d=i+j
    if(d<=n+1){x=d-1; y=1;   }          // 计算对角线上起始位置的坐标
    else       {x=n;   y=d-n;}
    dn=n-abs(n+1-d);                    //计算对角线上格子的数量

    for(k=1;k<=dn;k++){                 //依次输出对角线上的所有元素
      if(k>1)printf(" ");              //从第 2 项开始先输出一个空格
      printf("(%d,%d)",x,y);
      x--; y++;                         //下一个格子位置
    }
    printf("\n");

    return 0;
}
```

关于此问题,还可以进行如下分析,从而得到不同的解法。

对于输出从左上到右下与(i,j)在同一对角线的格子位置,如果能找到此对角线上的起始格子位置坐标(x1,y1)和终止位置坐标(x2,y2),则根据此对角线上元素自左至右排列"行号递增 1,列号递增 1"的特点,可以得到以下代码,实现输出线上的所有格子。

```
int x1,y1,x2,y2;
//从左上到右下输出同一对角线格子位置;
x1=x2=i;                               //初始化位置,从(i,j)开始
y1=y2=j;
while(1){                              //向左上走,搜索线上起始(边界)位置
  if(x1==1||y1==1) break;
  x1--; y1--;
}
while(1){                              //向右下走,搜索线上终止(边界)位置
  if(x2==n||y2==n) break;
  x2++; y2++;
}
//找到起始位置(x1,y1),终止位置(x2,y2)
int d,x,y,dn,k;
for(r=x1,c=y1; r<=x2; r++,c++){        //从起始到终止输出格子位置
```

```
    if(c>y1)printf(" ");                //第 2 项之后的数据前输出空格
    printf("(%d,%d)",r,c);
  }
  printf("\n");
```

同理,采用同样的方法可以分析和设计输出另一条对角线上的格子位置,完整的程序代码如下。

参考代码(08-02-08-D.c):

```
#include<stdio.h>
int main(){
  int n,i,j;
  int r,c;
  scanf("%d%d%d",&n,&i,&j);

  //输出同一行 第 i 行
  for(c=1;c<=n;c++){
    if(c>1)printf(" ");                 //第 2 项之后的数据前输出空格
    printf("(%d,%d)",i,c);
  }
  printf("\n");

  //输出同一列 第 j 列
  for(r=1;r<=n;r++){
    if(r>1)printf(" ");                 //第 2 项之后的数据前输出空格
    printf("(%d,%d)",r,j);
  }
  printf("\n");

  int x1,y1,x2,y2;
  //从左上到右下输出同一对角线格子位置;
  x1=x2=i;                              //初始化位置,从(i,j)开始
  y1=y2=j;
  while(1){                            //向左上走,搜索线上起始(边界)位置
    if(x1==1||y1==1) break;
    x1--; y1--;
  }
  while(1){                            //向右下走,搜索线上终止(边界)位置
    if(x2==n||y2==n) break;
    x2++; y2++;
  }
  //找到起始位置(x1,y1),终止位置(x2,y2)
  int d,x,y,dn,k;
  for(r=x1,c=y1; r<=x2; r++,c++){      //从起始到终止输出格子位置
    if(c>y1)printf(" ");               //第 2 项之后的数据前输出空格
```

```
        printf("(%d,%d)",r,c);
    }
    printf("\n");

    //从左下到右上输出同一对角线格子位置
    x1=x2=i;                          //初始化位置,从(i,j)开始
    y1=y2=j;
    while(1){                         //向左下走,搜索线上起始(边界)位置
        if(x1==n||y1==1) break;
        x1++; y1--;
    }
    while(1){                         //向右上走,搜索线上终止(边界)位置
        if(x2==1||y2==n) break;
        x2--; y2++;
    }
    //找到起始位置(x1,y1),终止位置(x2,y2)
    for(r=x1,c=y1; c<=y2; r--,c++){    //从起始到终止输出格子位置
        if(c>y1)printf(" ");           //第2项之后的数据前输出空格
        printf("(%d,%d)",r,c);
    }

    return 0;
}
```

实际上,无须搜索,也可以直接计算出对角线上起止位置的坐标值,具体分析过程如下。

(1) 从左上至右下方向与(i,j)同对角线格子的起止位置坐标:

当 $i \geqslant j$ 时,格子(i,j)在左下三角位置,对角线起始位置坐标为(i-(j-1),1),终止位置坐标为 (n,j+(n-i))。

当 $i < j$ 时,格子(i,j)在右上三角位置,对角线起始位置坐标为(1,j-(i-1)),终止位置坐标为 (i+(n-j),n)。

(2) 从左下至右上方向与(i,j)同对角线格子的左上角坐标:

当 $i+j \leqslant n+1$ 时,格子(i,j)在左上三角位置,对角线起始位置坐标为(i+(j-1),1),终止位置坐标为(1,j+(i-1));。

当 $i+j > n+1$ 时,格子(i,j)在右下三角位置,对角线起始位置坐标为(n,j-(n-i)),终止位置坐标为 (i-(n-j),n)。

由此可以得到以下代码(部分代码略)。

参考代码(08-02-08-E.c):

```
#include<stdio.h>
int main(){
    int n,i,j;
    int r,c;
    scanf("%d%d%d",&n,&i,&j);
```

```
    //输出同一行 第 i 行   此代码块同上,略

    //输出同一列 第 j 列   此代码块同上,略

    int x1,y1,x2,y2;
    //从左上到右下输出同一对角线格子位置
    if(i>=j){x1=i-(j-1); y1=1;        x2=n;        y2=j+(n-i);}       //确定起止位置
    else    {x1=1;       y1=j-(i-1); x2=i+(n-j); y2=n;          }
    //找到起始位置(x1,y1),终止位置(x2,y2)
    for(r=x1,c=y1; r<=x2; r++,c++){                          //从起始到终止输出格子位置
      if(c>y1)printf(" ");                                   //第 2 项之后的数据前输出空格
      printf("(%d,%d)",r,c);
    }
    printf("\n");

    //从左下到右上输出同一对角线格子位置
    if(i+j<=n+1){x1=i+(j-1); y1=1;        x2=1;        y2=j+(i-1);}   //确定起止位置
    else        {x1=n;       y1=j-(n-i); x2=i-(n-j); y2=n;        }
    //找到起始位置(x1,y1),终止位置(x2,y2)
    for(r=x1,c=y1; c<=y2; r--,c++){                          //从起始到终止输出格子位置
      if(c>y1)printf(" ");                                   //第 2 项之后的数据前输出空格
      printf("(%d,%d)",r,c);
    }
    return 0;
}
```

对于本实验题目,笔者用多种不同的思路和方法进行解决,意在培养读者养成举一反三式的发散思维习惯,培养读者通过一题多解多角度认识问题的实质和内在规律。在这一过程中,进一步培养读者严谨缜密的逻辑思维能力,从而开拓读者的分析能力、研究能力和创新能力。

实验 8.3　字符串程序实验

1. 相关知识点

(1) 字符数组的定义、引用、遍历方法。
(2) 字符数组在内存中的存储。
(3) 字符串与字符数组的联系和区别。

2. 实验目的和要求

通过本实验要求学生掌握字符数组的定义、初始化和引用的正确方法,掌握字符数组遍历的方法,掌握利用字符数组和字符串解决问题的方法。

3. 实验题目

实验题目 08-03-01　找第一个只出现一次的字符

总时间限制：1000ms；内存限制：65536KB。

描述：给定一个只包含小写字母的字符串，请找出第一个仅出现一次的字符。如果没有，则输出 No。

输入：一个字符串，长度小于 100000。

输出：输出第一个仅出现一次的字符，若没有，则输出 No。

样例输入：

abcabd

样例输出：

c

注：该题目选自 OpenJudge 网站，在线网址 http://noi.openjudge.cn/ch0107/02/。

问题分析：本题中定义字符数组（设为 c[]）的长度时，应该定义成题目要求的最大长度加 1，因为要存储字符结束符"\0"。

通过遍历字符串中的每个字符 c[i]，如果在其后没有与之重复的元素，则 c[i] 就是题目所求。为了避免重复搜索，可以把与当前字符 c[i] 重复的元素从数组中划掉（赋值为 -1），以便在后续的某次循环中可以忽略它们。

参考代码（08-03-01.c）：

```c
#include<stdio.h>
#include<string.h>
int main(){
    char c[100000+1];
    int i,j,lenc,s;
    gets(c);
    lenc=strlen(c);
    for(i=0;i<lenc;i++){
        if(c[i]==-1)continue;          //c[i]为其前面某个元素的重复,略过
        s=0;                           //存储与c[i]重复的元素个数,清0
        for(j=i+1;j<lenc;j++)          //搜索c[i]后面与c[i]相等的元素
            if(c[j]==c[i]){            //若找到与c[i]重复的元素
                s++;                   //统计个数
                c[j]=-1;              //重复元素置为-1,便于以后循环时略过
            }
        if(s==0){                      //若没找到与c[i]相同的元素,则c[i]为题目所求
            printf("%c",c[i]);         //输出结果,跳出循环
            break;
        }
```

```
        }
        if(i>=lenc)                     //i 值达到 lenc,说明没找到唯一值元素
            printf("no");
        return 0;
    }
```

实验题目 08-03-02　石头剪子布

总时间限制：1000ms；内存限制：65536KB。

描述：石头剪子布是一种猜拳游戏,起源于中国,然后传到日本、朝鲜等地,随着亚欧贸易的不断发展,它传到了欧洲,到了近现代逐渐风靡世界。简单明了的规则使得石头剪子布没有任何规则漏洞可钻,单次玩法比拼运气,多回合玩法比拼心理博弈,使得石头剪子布这个古老的游戏同时用于"意外"与"技术"两种特性,深受世界人民喜爱。

游戏规则：石头打剪刀,布包石头,剪刀剪布。

请编写一个程序判断石头剪子布游戏的结果。

输入：输入包括 N+1 行：

第一行是一个整数 N,表示一共进行了 N 次游戏。1≤N≤100。

接下来 N 行的每一行都包括两个字符串,表示游戏参与者 Player1、Player2 的选择(石头、剪子或者布)：

S1 S2

字符串之间以空格隔开,S1、S2 的取值只可能为{"Rock", "Scissors", "Paper"}(大小写敏感)中之一。

输出：输出包括 N 行,每一行都对应一个胜利者(Player1 或者 Player2),或者若游戏出现平局,则输出 Tie。

样例输入：

```
3
Rock Scissors
Paper Paper
Rock Paper
```

样例输出：

```
Player1
Tie
Player2
```

提示：Rock 是石头,Scissors 是剪刀,Paper 是布。

注：该题目选自 OpenJudge 网站,在线网址 http//noi. openjudge. cn/ch0107/04/。

问题分析：本题目对输入的多组字符串进行两两比较,根据比赛规则得到猜拳游戏结果并输出。因为 3 个字符串的开头字母各不相同,所以可以通过比较字符串的起始字符,判断游戏者的出拳。

参考代码（08-03-02. c）：

```
#include<stdio.h>
int main(){
    int n;
    char p1[20],p2[20];
    int i;
    scanf("%d",&n);
    for(i=0;i<n;i++){
        scanf("%s%s",p1,p2);
        if(p1[0]=='R'&&p2[0]=='S'||p1[0]=='S'&&p2[0]=='P'||
                            p1[0]=='P'&&p2[0]=='R')          //Player1 胜
                printf("Player1\n");
        else if(p1[0]=='S'&&p2[0]=='R'||p1[0]=='P'&&p2[0]=='S'||
                            p1[0]=='R'&&p2[0]=='P')          //Player2 胜
                printf("Player2\n");
        else if( p1[0]==p2[0] )                               //平局
                printf("Tie\n");
    }
    return 0;
}
```

也可以通过比较整个字符串确定玩家的出拳，请读者尝试编写代码上网提交。

实验题目 08-03-03　加密的病历单

总时间限制：1000ms；内存限制：65536KB。

描述：小英是药学专业大三的学生，暑假期间获得了去医院药房实习的机会。

在药房实习期间，小英扎实的专业基础获得了医生的一致好评，得知小英在"计算概论"中取得过好成绩后，主任又额外交给她一项任务——解密抗战时期被加密过的一些伤员的名单。

经过研究，小英发现了如下加密规律（括号中是一个"原文→密文"的例子）。

（1）原文中所有的字符都在字母表中被循环左移了 3 个位置（dec→abz）。

（2）逆序存储（abcd→dcba）。

（3）大小写反转（abXY→ABxy）。

输入：一个加密的字符串。（长度小于 50 且只包含大小写字母）。

输出：输出解密后的字符串。

样例输入：GSOOWFASOq

样例输出：Trvdizrrvj

注：该题目选自 OpenJudge 网站，在线网址 http：//noi. openjudge. cn/ch0107/12/。

问题分析：本题要求对输入的字符串进行解密处理，根据题目描述依次完成以下 3 个步骤即可。

（1）遍历字符串，对每个字符大小写反转一次。

（2）将字符串内容左右逆置。

(3) 遍历字符串,将每个字母右移 3 位,注意 XYZ 右移后对应 ABC。

参考代码(08-03-03. c):

```c
#include<stdio.h>
#include<string.h>
#define N 105
int main(){
    char s[N];                                    //存储密文

    int i,j,t,len,k;
    gets(s);                                      //读入密文
    len=strlen(s);
    //(1)大小写转换
    for(i=0;i<len;i++){
        if(s[i]>='A'&&s[i]<='Z')    s[i]+=32;     //大写变小写
        else if(s[i]>='a'&&s[i]<='z')s[i]-=32;    //小写变大写
    }
    //(2)逆序存储
    for(i=0,j=len-1;i<j;i++,j--){                  //交换首尾对称位
        t=s[i];s[i]=s[j];s[j]=t;
    }
    //(3)右移 3 位
    for(i=0;i<len;i++){
        if(s[i]>='A'&&s[i]<='Z'){
            s[i]+=3;
            if(s[i]>'Z')s[i]=s[i]-26;             //使 XYZ 对应到 ABC
        }
        if(s[i]>='a'&&s[i]<='z'){
            s[i]+=3;
            if(s[i]>'z')s[i]=s[i]-26;             //使 xyz 对应到 abc
        }
    }
    puts(s);
    return 0;
}
```

实验题目 08-03-04 潜伏者

总时间限制:1000ms;内存限制:65536KB。

描述: R 国和 S 国正陷入战火中,双方都互派间谍,潜入对方内部,伺机行动。

历经艰险后,潜伏于 S 国的 R 国间谍小 C 终于摸清了 S 国军用密码的编码规则:

(1) S 国军方内部欲发送的原信息经过加密后在网络上发送,原信息的内容与加密后所得的内容均由大写字母 A~Z 构成(无空格等其他字母)。

(2) S 国对每个字母规定了对应的"密字"。加密的过程就是将原信息中的所有字母替换为其对应的"密字"。

(3) 每个字母只对应一个唯一的"密字",不同的字母对应不同的"密字"。"密字"可以和原字母相同。

例如,若规定 A 的密字为 A,B 的密字为 C(其他字母及密字略),则原信息 ABA 被加密为 ACA。

现在,小 C 通过内线掌握了 S 国网络上发送的一条加密信息及其对应的原信息。小 C 希望能通过这条信息,破译 S 国的军用密码。小 C 的破译过程是这样的:扫描原信息,对于原信息中的字母 x(代表任一大写字母),找到其在加密信息中的对应大写字母 y,并认为在密码里 y 是 x 的密字。如此进行下去,直到停止于如下的某个状态:

(1) 所有信息扫描完毕,A~Z 所有 26 个字母在原信息中均出现过,并获得了相应的"密字"。

(2) 所有信息扫描完毕,但发现存在某个(或某些)字母在原信息中没有出现的情况。

(3) 扫描中发现掌握的信息里有明显的自相矛盾或错误(违反 S 国密码的编码规则)。例如,某条信息"XYZ"被翻译为"ABA"就违反了"不同字母对应不同密字"的规则。

在小 C 忙得头昏脑胀之际,R 国司令部又发来电报,要求他翻译另外一条从 S 国刚刚截取到的加密信息。请帮助小 C 通过内线掌握的信息,尝试破译密码。然后利用破译的密码翻译电报中的加密信息。

输入:共 3 行,每行为一个长度在 1~100 的字符串。

第 1 行为小 C 掌握的一条加密信息。

第 2 行为第 1 行的加密信息对应的原信息。

第 3 行为 R 国司令部要求小 C 翻译的加密信息。

输入数据保证所有字符串仅由大写字母 A~Z 构成,且第 1 行长度与第 2 行相等。

输出:共 1 行。

若破译密码停止时出现 2、3 两种情况,请输出 Failed(首字母大写,其他字母小写);否则请输出利用密码翻译电报中加密信息后得到的原信息。

样例输入:

样例 #1:

AA

AB

EOWIE

样例 #2:

QWERTYUIOPLKJHGFDSAZXCVBN

ABCDEFGHIJKLMNOPQRSTUVWXY

DSLIEWO

样例 #3:

MSRTZCJKPFLQYVAWBINXUEDGHOOILSMIJFRCOPPQCEUNYDUMPP

YIZSDWAHLNOVFUCERKJXQMGTBPPKOIYKANZWPLLVWMQJFGQYLL

FLSO

样例输出:

样例 #1:

```
Failed
样例#2:
Failed
样例#3:
NOIP
```

提示：输入输出样例 1 说明：原信息中的字母 A 和 B 对应相同的密字，输出 Failed。

输入输出样例 2 说明：字母 Z 在原信息中没有出现，输出 Failed。

来源：NOIP2009 复赛 提高组 第一题

注：该题目选自 OpenJudge 网站，在线网址 http://noi.openjudge.cn/ch0107/11/。

问题分析：根据题目描述，主要完成如下 3 个操作。

(1) 遍历已掌握的一组密文和原文，构造密码表（所有 26 个大写字母对应的原文）。在这一过程中如果发现一个密文字母对应不同的原文字母，则输出失败信息，结束程序。

(2) 遍历所有 26 个大写字母，如果某个字母没有出现在密码表的原文中，则输出失败信息，结束程序。

(3) 输出需要解密密文的原文。

参考代码（08-03-04.c）：

```c
#include<stdio.h>
#include<string.h>
#define N 105
int main(){
    char lm[N],ly[N];              //输入数据提供的已知的密文和原文
    char m[N];                     //输入数据提供的需要翻译的密文
    char zm[26]={0};               //用于存储 26 个大写字母对应的原文
    int i,len,k;
    gets(lm);                      //读入数据
    gets(ly);
    gets(m);
    //根据提供的密文和原文,得到密码表 zm(26 个大写字母对应的原文)
    len=strlen(lm);
    for(i=0;i<len;i++){            //遍历给定的密文和原文
        //密文字符 lm[i],原文字符 ly[i]
        if(zm[ lm[i]-'A' ]==0)     //如果相应的密字 lm[i]在数组 zm 中还没被记录
            zm[ lm[i]-'A' ]=ly[i]; //记录密字的原文
        else if(zm[ lm[i]-'A' ]!=ly[i]){ //如果已记录,且和已记录的原文不符
            printf("Failed");      //输出失败信息,并结束整个程序
            return 0;
        }
    }
    //26 个大写字母对应的原文字符都应该在数组 zm 中,否则失败
    for(char ch='A';ch<='Z';ch++){ //遍历 26 个大写字母

        for(k=0;k<26;k++)if(zm[k]==ch)break;   //在原文数组中搜索
```

```
        if(k>=26){                          //没找到
            printf("Failed");               //输出失败信息,并结束整个程序
            return 0;
        }
    }
    //解密密文
    for(i=0;m[i]!='\0';i++)                 //遍历需要解密的密文
        printf("%c",zm[ m[i]-'A' ]);        //输出对应的原文字符

    return 0;
}
```

实验题目 08-03-05　回文子串

总时间限制：1000ms；内存限制：65536KB。

描述：给定一个字符串,输出所有长度至少为 2 的回文子串。

回文子串即从左往右输出和从右往左输出结果一样的字符串,如 abba,cccdeedccc 都是回文字符串。

输入：一个字符串,由字母或数字组成,长度小于 500。

输出：输出所有的回文子串,每个子串占一行。

子串长度小的优先输出,若长度相等,则出现位置靠左的优先输出。

样例输入：

123321125775165561

样例输出：

33
11
77
55
2332
2112
5775
6556
123321
165561

注：该题目选自 OpenJudge 网站,在线网址 http：//noi.openjudge.cn/ch0107/34/。

问题分析：根据题目中描述的内容,解决本题的思路是依次输出母串不同长度的子串。假设母串的长度为 ls,则子串长度 k 的值最小为 2,最大为 ls。

对于给定的子串长度 k,探索所有可能的子串,若为回文,就输出。

参考代码（08-03-05.c）：

```
#include<stdio.h>
#include<string.h>
```

```
#define N 501                                    //至少 501
int main(){
    char s[N];
    gets(s);
    int i,j,k,ii,jj;
    int ls=strlen(s);                           //字符串长度
    int f=0;                                     //标志变量,f=0 表示没找到
    for(k=2;k<=ls;k++){                          //按子串长度 k 搜索(k 从 2 到 ls)
        for(i=0;i<=ls-k;i++){                    //子串可能的所有开始位置
            //考查当前子串,子串开始位置 ii=i,长度为 k,结束位置 jj=i+k-1
            ii=i;
            jj=i+k-1;
            for( ;ii<jj;ii++,jj--)               //判断子串是否为回文
                if(s[ii]!=s[jj])break;
            if(ii>=jj){                          //子串是回文
                                                 //if(f>=1)cout<<endl;
                ++f;                             //找到了第 f 个
                for(j=i;j<=i+k-1;j++)printf("%c",s[j]);    //输出子串
                printf("\n");                    //输出回车
            }
        }
    }
    return 0;
}
```

实验题目 08-03-06　Binary String Matching(NYOJ：5)

内存限制：64MB;时间限制：3000ms。

题目描述：Given two strings A and B，whose alphabet consist only '0' and '1'. Your task is only to tell how many times does A appear as a substring of B? For example, the text string B is '1001110110' while the pattern string A is '11', you should output 3, because the pattern A appeared at the posit

输入描述：The first line consist only one integer N，indicates N cases follows. In each case, there are two lines, the first line gives the string A，length (A) <= 10, and the second line gives the string B，length (B) <= 1000. And it is guaranteed that B is always longer than A.

输出描述：For each case，output a single line consist a single integer，tells how many times do B appears as a substring of A.

样例输入：

```
3
11
1001110110
101
110010010010001
```

```
1010
110100010101011
```

样例输出：

```
3
0
3
```

注：该题目选自 NYOJ 网站，在线网址 http：//nyoj. top/problem/5。

问题分析：本题是典型的字符串匹配问题，要求在母串 b 中顺序查找子串 a 被包含了多少次。只要穷举出母串中所有的起始位置，然后从这个位置开始与子串中的字符一一比较，如果子串中的全部字符都与母串中相应位置的字符相等，则子串被包含一次，否则本次不包含。

可以知道，母串 b 中包含串 a 可能的起始位置最左是 0，最右是 strlen(b)－strlen(a)。

参考代码(08-03-06. c)：

```
#include<stdio.h>
#include<string.h>
int main(){
  char a[105],b[1005];
  int n,i,j,k,t,la,lb,s;
  scanf("%d",&n);
  for(t=1;t<=n;t++){                              //循环 n 次处理 n 组数据
    scanf("%s%s",a,b);
    la=strlen(a);
    lb=strlen(b);
    s=0;                                          //记录 a 被 b 包含的次数，清 0
    for(k=0;k<=lb-la;k++){                        //穷举 b 包含 a 的所有可能起始位置
      j=k;                                        //记录 b 串中的起始位置 j
      for(i=0;i<la;i++,j++)                       //一一对比 a[i]与 b[j]
        if(a[i]!=b[j]) break;
      if(i>=la) s++;                              //包含一次
    }
    printf("%d\n",s);
  }
  return 0;
}
```

实验题目 08-03-07　括号配对问题(NYOJ：2)

内存限制：64MB；时间限制：3000ms。

题目描述：有一行括号序列，请检查这行括号是否配对。

输入描述：第一行输入一个数 N(0<N≤100)，表示有 N 组测试数据。后面的 N 行输入多组输入数据，每组输入数据都是一个字符串 S(S 的长度小于 10000，且 S 不是空串)，测试数据组数少于 5 组。数据保证 S 中只含有"[" "]" "("和")"4 种字符。

输出描述：每组输入数据的输出占一行,如果该字符串中所含的括号是配对的,则输出Yes;如果不配对,则输出 No。

样例输入：

```
3
[(])
()]
([[]()])
```

样例输出：

```
No
No
Yes
```

注：该题目选自 NYOJ 网站,在线网址 http：//nyoj. top/problem/2。

问题分析：从本题的描述中可以知道,自左至右,右括号只与其左侧第一个没有被匹配过的左括号匹配,最内层的匹配发生在相邻的位置,所以思路如下：

(1) 通过搜索字符串中相邻的一对匹配括号,将其从串中删除。

(2) 不断重复上一个操作,直到找不到相邻的匹配括号为止。

(3) 如果剩下的串是空串,则说明所有括号已配对,否则不是。

注意搜索相邻位置匹配括号的方法和删除匹配括号的方法。

参考代码（08-03-07. c）：

```c
#include<stdio.h>
#include<string.h>
void fun(char * s){              //功能为在串中删除所有匹配的括号
  int i,k;
  while(strlen(s)>=2){          //每次循环从头开始搜索匹配的第一对括号并删除,如果
                                //找不到,则说明此串不完全匹配
    k=-1;                       //记录匹配位置,初值为-1
    for(i=0;s[i]!='\0';i++){    //搜索匹配的第一对括号
      if( (s[i]=='['&&s[i+1]==']') || (s[i]=='('&&s[i+1]==')') ){
                                //找到一对相邻的匹配括号
        k=i;                    //记录匹配位置
        break;                  //找到第一个就结束此次查找
      }
    }
    if(k!=-1){                  //如果找到了,就将这对匹配的括号从串中删除
      do{                       //匹配位置之后所有字符向前移动 2 个位置(包括"\0")
        s[k]=s[k+2];
      }while(s[k++]!='\0');
      //puts(s);                //输出删除匹配括号后的字符串,调试程序用
    }
    else                        //如果没找到匹配的括号,则结束函数
```

```
            return;
        }
    }
    int main(){
        char a[10005];
        int n,i,j,k,t,len,s;
        scanf("%d",&n);
        for(t=1;t<=n;t++){              //循环 n 次处理 n 组数据
            scanf("%s",a);
            fun(a);                     //删除字符串内所有匹配的括号
            if(strcmp(a,"")==0)printf("Yes\n");
            else            printf("No\n");
        }
        return 0;
    }
```

第9章　函　　数

9.1　知识点及学习要求

09-01　认识函数

知 识 单 元	知识点/程序清单	认识	理解	领会	运用	创新	预习	复习
09-01-01 认识函数	C 程序的基本单位是函数	√	√					
	用户可以自定义函数　　01-03-07.c	√						
09-01-02 C 语言库函数	C 语言提供了功能丰富的库函数	√						
	认识几个库文件及其中的主要函数	√						
	程序清单 09-01-01.c		√	√	√	√		
	练习 09-01-01		√	√	√	√		
	程序清单 09-01-02.c		√	√	√	√		
	练习 09-01-02		√	√	√	√		
	程序清单 09-01-03.c		√	√	√	√		
09-01-03 自定义函数举例	程序清单 09-01-04.c　　简单认识	√	√					
	程序清单 09-01-05.c　　简单认识	√	√					
	练习 09-01-03　　　　　简单模仿		√	√	√			
	程序清单 09-01-06.c　　简单认识	√	√					
	练习 09-01-04　　　　　简单模仿		√	√	√			
09-01-04 函数分类	无参函数和有参函数		√	√				
	有返回值函数和无返回值的函数		√	√				

09-02　函数的定义和声明

知 识 单 元	知识点/程序清单	认识	理解	领会	运用	创新	预习	复习
09-02-01 函数的定义	自定义无参函数的一般形式		√	√				
	自定义有参函数的一般形式		√	√				
	掌握函数类型、函数名、形参列表		√	√				
	程序清单 09-02-01.c		√	√	√	√		

知 识 单 元	知识点/程序清单	认识	理解	领会	运用	创新	预习	复习
09-02-02 return 语句	return 语句的功能和用法		√	√				
	练习 09-02-01		√	√	√	√		
	程序清单 09-02-02.c 函数内的多个 return 语句		√	√	√	√		
	程序清单 09-02-03.c		√	√	√	√		
09-02-03 空函数	什么是空函数	√	√					
	空函数的作用		√	√				
	程序清单 09-02-04.c		√	√	√	√		
	程序清单 09-02-05.c		√	√	√	√		
	程序清单 09-02-06.c 函数应先定义后使用,int 型函数除外		√	√	√	√		
09-02-04 函数声明	函数声明的方法	√	√	√				
	程序清单 09-02-07.c		√	√	√	√		
	程序清单 09-02-08.c		√	√	√	√		
	程序清单 09-02-09.c		√	√	√	√		
	程序清单 09-02-10.c		√	√	√	√		

09-03 函数的调用

知 识 单 元	知识点/程序清单	认识	理解	领会	运用	创新	预习	复习
09-03-01 函数的调用	认识函数的调用	√	√					
	举例说明以前程序中哪些地方发生了函数调用		√	√				
09-03-02 函数调用的一般形式	函数调用的一般形式		√	√				
	函数调用过程(实在参数、形式参数)		√	√	√			
	参数传递		√	√	√			
	程序清单 09-03-01.c		√	√	√	√		
09-03-03 函数调用的方式	函数调用语句　　printf("OK");	√	√	√				
	函数表达式　　　m=max(a,b);	√	√	√				
	函数参数　　　　max(max(a,b),c)	√	√	√				
09-03-04 return 语句与函数的返回值	return 语句的两种用法及功能说明	√	√	√				
	问题 09-03-01		√	√				
	程序清单 09-03-02.c		√	√	√	√		
	问题 09-03-02		√	√				

续表

知 识 单 元	知识点/程序清单	认识	理解	领会	运用	创新	预习	复习
09-03-04 return 语句与函数的返回值	程序清单 09-03-03.c		√	√	√	√		
	练习 09-03-01		√	√	√	√		
09-03-05 实在参数求值顺序	程序清单 09-03-04.c 实在参数按自右向左的顺序求值	√	√	√	√			
	* 程序清单 09-03-05.c 尽量避免在函数参数表达式中对变量进行赋值操作	√	√	√	√			
	* 程序清单 09-03-06.c	√	√	√	√			
09-03-06 scanf 函数的返回值	程序清单 09-03-07.c	√	√	√				
	函数 scanf()的返回值为成功读入数据的个数	√	√	√				
	程序清单 09-03-08.c	√	√	√	√			
	程序清单 09-03-09.c	√	√	√	√			
	练习 09-03-02		√	√				
09-03-07 printf 函数的返回值	函数 printf()的返回值为输出数据(字符流)的字节数(字符个数)	√	√	√				
	程序清单 09-03-10.c	√	√	√	√			
	练习 09-03-03		√	√				
09-03-08 函数类型与返回值类型不一致	返回值以函数类型为准自动转换,转换后的值为最终的函数值	√	√	√				
	程序清单 09-03-11.c	√	√	√	√			

09-04　函数参数的传递

知 识 单 元	知识点/程序清单	认识	理解	领会	运用	创新	预习	复习
09-04-01 函数参数的两种传递方式	传递方式有两种:值传递和地址传递	√						
09-04-02 值传递方式	理解参数值单向传递	√	√	√				
	程序清单 09-04-01.c		√	√	√	√		
09-04-03 数组元素作为函数参数	数组元素作为函数参数实质是值传递		√	√	√			
	程序清单 09-04-02.c		√	√	√	√		
09-04-04 地址传递方式	地址传递方式的含义:实在参数是地址,形式参数是指针	√	√	√				
	* 程序清单 09-04-03.c	√	√	√	√			
	地址传递方式下实参和形参捆绑在一起		√	√	√			

知 识 单 元	知识点/程序清单	认识	理解	领会	运用	创新	预习	复习
09-04-05 数组名作为函数的参数	数组名作为函数的参数实质是地址传递	√	√	√				
	实参为数组名,形参为同类型数组 形参数组与实参数组共用同一段内存,是一个数组的两个引用	√	√	√				
	程序清单 09-04-04.c		√	√	√	√		
	程序清单 09-04-05.c		√	√	√	√		
	程序清单 09-04-06.c		√	√	√	√		
09-04-06 二维数组名作为函数参数	二维数组名作为函数参数实质是地址传递	√	√	√				
	实参为数组名,形参为同类型数组 形参数组与实参数组共用同一段内存,是一个数组的两个引用	√	√	√				
	程序清单 09-04-07.c		√	√	√	√		
	系统对形参数组的一维大小不进行检查	√	√	√				

09-05 函数的嵌套调用

知 识 单 元	知识点/程序清单	认识	理解	领会	运用	创新	预习	复习
09-05-01 函数的嵌套定义不被允许	函数的嵌套定义不被允许	√	√					
	函数定义都是互相平行、独立的	√	√					
09-05-02 函数间的嵌套调用	认识函数的嵌套调用	√	√					
	程序清单 09-05-01.c		√	√	√	√		
	程序清单 09-05-02.c		√	√	√	√		

09-06 函数递归

知 识 单 元	知识点/程序清单	认识	理解	领会	运用	创新	预习	复习
09-06-01 函数的递归	什么是递归、直接递归、间接递归	√	√	√				
	程序清单 09-06-01.c 非递归求阶乘 程序清单 09-06-02.c 递归求阶乘 程序清单 09-06-03.c 递归求阶乘 掌握递归函数调用过程的分析		√	√	√	√		
	斐波那契数 程序清单 09-06-04.c 非递归 程序清单 09-06-05.c 递归		√	√	√	√		

知 识 单 元	知识点/程序清单	认识	理解	领会	运用	创新	预习	复习
09-06-01 函数的递归	数制转换 程序清单 09-06-06.c 非递归 程序清单 09-06-07.c 递归,逆序 程序清单 09-06-08.c 递归,正序		√	√	√	√		
	练习 09-06-01 练习 09-06-02		√	√	√	√		
	辗转相除法 程序清单 09-06-09.c 练习 09-06-03		√	√	√	√		
09-06-02 经典的汉诺塔问题	了解古老的汉诺塔故事	√						
	设计汉诺塔问题的算法		√	√	√			
	程序清单 09-06-10.c		√	√	√	√		

09-07 变量的作用域

知 识 单 元	知识点/程序清单	认识	理解	领会	运用	创新	预习	复习
09-07-01 局部变量	什么是局部变量	√						
	局部变量的作用域	√	√					
	程序清单 09-07-01.c		√	√	√	√		
	程序清单 09-07-02.c		√	√	√	√		
	程序清单 09-07-03.c		√	√	√	√		
09-07-02 全局变量	什么是全局变量	√						
	全局变量的作用域	√	√					
09-07-03 全局变量的定义	全局变量定义在函数外	√	√					
	先定义后使用	√	√					
09-07-04 全局变量的说明	全局变量说明的一般形式		√	√				
	认识 extern 关键字		√	√				
	程序清单 09-07-04.c		√	√	√	√		
	程序清单 09-07-05.c 使用全局变量		√	√	√	√		
	程序清单 09-07-06.c 使用函数		√	√	√	√		
	* 程序清单 09-07-07.c 使用函数		√	√	√	√		
	程序清单 09-07-08.c 全局变量说明		√	√	√	√		
	程序清单 09-07-09.c 全局变量说明		√	√	√	√		
	程序清单 09-07-10.c 全局变量与局部变量重名 不同层次的变量重名,就近识别		√	√	√	√		

09-08　变量的存储类型及生存期

知 识 单 元	知识点/程序清单	认识	理解	领会	运用	创新	预习	复习
09-08-01 存储类型	什么是存储类型	✓	✓					
	存储类型分为静态存储和动态存储两种	✓						
	什么是静态存储类型	✓	✓					
	全局变量属于静态存储方式	✓	✓					
	什么是动态存储	✓	✓					
	一般的局部变量属于动态存储方式	✓	✓					
09-08-02 变量生存期	什么是变量的生存期	✓	✓					
	生存期和作用域共同描述变量特性	✓	✓					
09-08-03 存储类型说明符	认识存储类型说明符及含义 　　auto　　　　自动变量 　　register　　寄存器变量 　　extern　　　外部变量 　　static　　　静态变量	✓	✓					
	自动变量和寄存器变量属于动态存储方式,外部变量和静态变量属于静态存储方式	✓	✓					
09-08-04 自动变量	认识自动变量	✓						
	掌握自动变量的特点		✓	✓				
	程序清单 09-08-01.c		✓	✓	✓	✓		
09-08-05 静态变量	认识静态变量	✓						
	静态局部变量、静态全局变量	✓						
	静态局部变量的定义		✓	✓				
	静态局部变量的特点 (生存期为整个程序、定义时自动清 0)		✓	✓	✓			
	程序清单 09-08-02.c　局部变量		✓	✓	✓	✓		
	程序清单 09-08-03.c　静态局部变量		✓	✓	✓	✓		
	静态全局变量的定义		✓	✓				
	静态全局变量的特点		✓	✓	✓			
09-08-06 外部变量	外部变量的说明和含义		✓	✓				
	外部变量的特点		✓	✓	✓			
09-08-07 寄存器变量	认识寄存器变量	✓	✓					
	程序清单 09-08-04.c		✓	✓	✓	✓		
	寄存器变量的几点说明	✓	✓					

续表

知 识 单 元	知识点/程序清单	认识	理解	领会	运用	创新	预习	复习
09-08-08 内部函数和外部函数	理解多文件程序	✓	✓					
	内部函数和外部函数	✓						
	定义内部函数的一般形式		✓	✓				
	内部函数只在当前文件有效		✓	✓				
	外部函数定义的一般形式		✓	✓				
	外部函数在整个源程序(多文件)中有效		✓	✓				
09-08-09 * 在 Dev-C++ 中创建项目	创建项目的方法	✓	✓					
	向项目添加程序文件的方法	✓	✓					
	项目文件 我的项目.dev 程序清单 09-08-05.c 程序清单 main.c		✓	✓	✓	✓		
	理解内部函数和外部函数的区别		✓	✓	✓			
09-08-10 C 语言项目中的文件	认识项目文件	✓						
	认识编译后生成的目标文件、可执行文件	✓	✓					

09-09 函数程序举例

知 识 单 元	知识点/程序清单	认识	理解	领会	运用	创新	预习	复习
09-09-01 问题 09-09-01 素数分解式	理解整数的素数分解式		✓	✓				
	设计算法,画流程图		✓	✓	✓			
	程序清单 09-09-01.c		✓	✓	✓	✓		
09-09-02 问题 09-09-02 亲和数	理解亲和数		✓	✓				
	设计算法,画流程图		✓	✓	✓			
	程序清单 09-09-02.c		✓	✓	✓	✓		
09-09-03 问题 09-09-03 数制转换	设计算法,画流程图		✓	✓				
	程序清单 09-09-03.c		✓	✓	✓	✓		
	重点分析两个函数的功能		✓	✓	✓			
09-09-04 问题 09-09-04 数组综合	项目文件 09-09-04.dev 程序清单 09-09-04.c 程序清单 09-09-04-A.c		✓	✓	✓	✓		
	分析程序的功能		✓	✓	✓			
	掌握简单文字菜单的使用方法		✓	✓	✓			

9.2 函数程序设计实验

实验 9.1 函数程序设计实验一

1. 相关知识点

（1）函数的定义、说明和调用。
（2）函数的参数设计、参数传递方式。
（3）函数类型和返回值。
（4）应用函数解决问题的方法。

2. 实验目的和要求

通过本实验要求学生掌握函数的定义、说明和调用方法，掌握函数参数设计技巧，掌握函数参数传递方式，熟练应用函数解决实际问题。

本节中的每个题目都要求学生设计函数解决问题，通常设计一个函数，也可以设计多个函数解决。

3. 实验题目

实验题目 09-01-01 简单算术表达式求值

总时间限制：1000ms；内存限制：65536KB。

描述：两位正整数的简单算术运算（只考虑整数运算）。算术运算为

＋，加法运算；

－，减法运算；

＊，乘法运算；

/，整除运算；

％，取余运算。

算术表达式的格式为（运算符前后可能有空格）：

运算数 运算符 运算数

请输出相应的结果。

输入：一行算术表达式。

输出：整型算术运算的结果（结果值不一定为两位数，可能多于两位或少于两位）。

样例输入：

32+64

样例输出：

96

注：该题目选自 OpenJudge 网站，在线网址 http://noi.openjudge.cn/ch0112/01/。

问题分析：本题中可设计 fun 函数计算表达式的值。函数 fun 设计了 3 个参数，分别表示两个操作数和一个操作符，函数内根据不同操作符返回不同的函数值。

参考代码（09-01-0. c）：

```
#include<stdio.h>
int fun(int a,char op,int b){
    switch(op){
        case '+': return a+b; break;
        case '-': return a-b; break;
        case '*': return a*b; break;
        case '/': return a/b; break;
        case '%': return a%b; break;
    }
}
int main(){
    int a,b,c,op;
    scanf("%d",&a);                          //读第一个操作数
    for(op=' ';op==' '; )op=getchar();       //读取操作符,忽略前置空格
    scanf("%d",&b);                          //读第二个操作数
    c=fun(a,op,b);                           //调用函数返回运算结果
    printf("%d",c);
    return 0;
}
```

实验题目 09-01-02　短信计费

总时间限制：1000ms；内存限制：65536KB。

描述：用手机发短信，一条短信资费为 0.1 元，但限定一条短信的内容在 70 个字内（包括 70 个字）。如果一次发送的短信超过 70 个字，则会按照每 70 个字一条短信的限制把它分割成多条短信发送。假设已经知道当月发送短信的字数，请统计当月短信的总资费。

输入：第一行是整数 n，表示当月发送短信的总次数，接着 n 行每行一个整数，表示每次短信的字数。

输出：输出一行，当月短信总资费，单位为元，精确到小数点后 1 位。

样例输入：

```
10
39
49
42
61
44
147
42
72
35
46
```

样例输出：

1.3

注：该题目选自 OpenJudge 网站，在线网址 http：//noi. openjudge. cn/ch0112/02/。

问题分析：本题中可将计算一条短信的功能设计为一个函数：

```
double cal(int t){
    return ( n/70+(n%70>0) ) * 0.1;
}
```

函数的返回值为 double，表示本条短信的费用；函数的参数为一个整型变量 t，表示此条短信字数；表达式 n/70＋(n％70＞0)表示此条短信的计费单位。

参考代码（09-01-02. c）：

```
#include<stdio.h>
double cal(int t){
    return ( t/70+(t%70>0) ) * 0.1;
}
int main(){
    int n,t,i;
    double s=0.0;                            //总费用
    scanf("%d",&n);                          //读第一个操作数
    for(i=0;i<n;i++){                        //依次读入 n 个整数(短信字数)
        scanf("%d",&t);
        s+=cal(t);                           //累计本条短信费用
    }
    printf("%.1lf",s);
    return 0;
}
```

实验题目 09-01-03　甲流病人初筛

总时间限制：1000ms；内存限制：65536KB。

描述：甲流盛行时期，为了更好地进行分流治疗，医院在挂号时要求对病人的体温和咳嗽情况进行检查，将体温超过 37.5°(含等于 37.5°)并且咳嗽的病人初步判定为甲流病人(初筛)。统计某天前来挂号就诊的病人中有多少人被初筛为甲流病人。

输入：第一行是某天前来挂号就诊的病人数 n。(n＜200)

其后有 n 行，每行是病人的信息，包括 3 个信息：姓名(字符串，不含空格，最多 8 个字符)、体温(float)、是否咳嗽(整数，1 表示咳嗽，0 表示不咳嗽)。每行 3 个信息之间以一个空格分开。

输出：按输入顺序依次输出所有被筛选为甲流的病人的姓名，每个名字占一行，之后再输出一行，表示被筛选为甲流的病人数量。

样例输入：

5
Zhang 38.3 0

```
Li 37.5 1
Wang 37.1 1
Zhao 39.0 1
Liu 38.2 1
```

样例输出：

```
Li
Zhao
Liu
3
```

注：该题目选自 OpenJudge 网站，在线网址 http：//noi. openjudge. cn/ch0112/03/。

问题分析：本题可以将判别是否符合初筛甲流病人的功能设计为函数 fun。

```
int fun(float temp,int iscough){
    return temp>=37.5 && iscough==1;
}
```

参数 temp 表示体温，iscough 表示是否咳嗽，表达式 temp$>=$37.5 $\&\&$ iscough$==$1 表示是否满足初筛条件。

参考代码（09-01-03. c）：

```
#include<stdio.h>
int fun(float temp,int iscough){
    return temp>=37.5 && iscough==1;
}
int main(){
    int n,i;
    char name[20];                      //存放姓名
    float temp;                         //体温
    int y;                              //是否咳嗽
    int s=0;                            //符合条件的总人数
    scanf("%d",&n);                     //读第一个操作数
    for(i=0;i<n;i++){                   //依次读入 n 个整数(短信字数)
        scanf("%s%f%d",name,&temp,&y);  //读入当前患者的信息
        if( fun(temp,y) ){
            printf("%s\n",name);
            s++;                        //符合条件累计总数
        }
    }
    printf("%d",s);
    return 0;
}
```

实验题目 09-01-04　Vigenère 密码

总时间限制：1000ms；内存限制：65536KB。

描述：16 世纪,法国外交家 Blaise de Vigenère 设计了一种多表密码加密算法——Vigenère 密码。Vigenère 密码的加密解密算法简单易用,且破译难度比较高,曾在美国南北战争中为南军所广泛使用。

在密码学中,我们称需要加密的信息为明文,用 M 表示;称加密后的信息为密文,用 C 表示;而密钥是一种参数,是将明文转换为密文或将密文转换为明文的算法中输入的数据,记为 k。在 Vigenère 密码中,密钥 k 是一个字母串,$k=k_1k_2\cdots k_n$。当明文 $M=m_1m_2\cdots m_n$ 时,得到的密文 $C=c_1c_2\cdots c_n$,其中 $c_i=m_i Ⓡ k_i$,运算Ⓡ的规则如下表所示。

```
Ⓡ A B C D E F G H I J K L M N O P Q R S T U V W X Y Z
A A B C D E F G H I J K L M N O P Q R S T U V W X Y Z
B B C D E F G H I J K L M N O P Q R S T U V W X Y Z A
C C D E F G H I J K L M N O P Q R S T U V W X Y Z A B
D D E F G H I J K L M N O P Q R S T U V W X Y Z A B C
E E F G H I J K L M N O P Q R S T U V W X Y Z A B C D
F F G H I J K L M N O P Q R S T U V W X Y Z A B C D E
G G H I J K L M N O P Q R S T U V W X Y Z A B C D E F
H H I J K L M N O P Q R S T U V W X Y Z A B C D E F G
I I J K L M N O P Q R S T U V W X Y Z A B C D E F G H
J J K L M N O P Q R S T U V W X Y Z A B C D E F G H I
K K L M N O P Q R S T U V W X Y Z A B C D E F G H I J
L L M N O P Q R S T U V W X Y Z A B C D E F G H I J K
M M N O P Q R S T U V W X Y Z A B C D E F G H I J K L
N N O P Q R S T U V W X Y Z A B C D E F G H I J K L M
O O P Q R S T U V W X Y Z A B C D E F G H I J K L M N
P P Q R S T U V W X Y Z A B C D E F G H I J K L M N O
Q Q R S T U V W X Y Z A B C D E F G H I J K L M N O P
R R S T U V W X Y Z A B C D E F G H I J K L M N O P Q
S S T U V W X Y Z A B C D E F G H I J K L M N O P Q R
T T U V W X Y Z A B C D E F G H I J K L M N O P Q R S
U U V W X Y Z A B C D E F G H I J K L M N O P Q R S T
V V W X Y Z A B C D E F G H I J K L M N O P Q R S T U
W W X Y Z A B C D E F G H I J K L M N O P Q R S T U V
X X Y Z A B C D E F G H I J K L M N O P Q R S T U V W
Y Y Z A B C D E F G H I J K L M N O P Q R S T U V W X
Z Z A B C D E F G H I J K L M N O P Q R S T U V W X Y
```

Vigenère 加密在操作时需要注意:

(1) Ⓡ运算忽略参与运算的字母的大小写,并保持字母在明文 M 中的大小写形式。

(2) 当明文 M 的长度大于密钥 k 的长度时,将密钥 k 重复使用。

例如,明文 M＝Helloworld,密钥 k＝abc 时,密文 C＝Hfnlpyosnd。

明文	H	e	l	l	o	w	o	r	l	d
密钥	A	b	c	a	b	c	a	b	c	a
密文	H	f	n	l	p	y	o	s	n	d

输入：输入共 2 行。

第一行为一个字符串,表示密钥 k,长度不超过 100,其中仅包含大小写字母。第二行为一个字符串,表示经加密后的密文,长度不超过 1000,其中仅包含大小写字母。

对于 100% 的数据,输入的密钥的长度不超过 100,输入的密文的长度不超过 1000,且都仅包含英文字母。

输出：输出共 1 行，一个字符串，表示输入密钥和密文对应的明文。

样例输入：

CompleteVictory

Yvqgpxaimmklongnzfwpvxmniytm

样例输出：

Wherethereisawillthereisaway

来源：NOIP2012 复赛 提高组 第一题

注：该题目选自 OpenJudge 网站，在线网址 http://noi.openjudge.cn/ch0112/08/。

问题分析：从本题的描述可以知道，明文右移得到密文，右移的位数根据密钥的值确定。密钥为 A，位移 0 位（不位移），密钥为 B，位移 1 位，以此类推。

同理，密文左移可以得到明文。这里定义一个 decrypt 解密函数，它的功能是根据密文和密钥解密一位密文为明文。

参考代码（09-01-04.c）：

```c
#include<stdio.h>
int m[101],d[1001];
int M,N;
//decrypt 函数:根据密文 c 和密钥 k 得到原文 m
char decrypt(char c,char k){
    int dt,m;
    if( islower(k) ) k-=32;            //若密钥为小写,则转成大写(密钥不区分大小写)
    dt=k-'A';                          //位移大小
    m=c-dt;                            //解密:密文左移 dt 位得到明文
    if( isupper(c)&&(m<'A') ) m+=26;   //如果明文是大写字母且左移后小于 A
    if( islower(c)&&(m<'a') ) m+=26;   //如果明文是小写字母且左移后小于 a
    return m;
}
int main(){
    char k[101],c[1001],m;
    int n,i,ik,lenk,lenc;
    gets(k);                           //读入密钥
    gets(c);                           //读入密文
    lenk=strlen(k);                    //密钥的长度
    lenc=strlen(c);                    //密文和明文的长度
    for(i=0;i<lenc;i++){               //遍历密文,按位解密
        ik=i%lenk;                     //密文下标转换成密钥下标,保证密钥重复使用
        m=decrypt(c[i],k[ik]);         //根据密文和密钥得到明文字符
        printf("%c",m);
    }
    return 0;
}
```

实验题目 09-01-05 素数对

总时间限制：1000ms；内存限制：65536KB。

描述：两个相差为 2 的素数称为素数对，如 5 和 7，17 和 19 等，本题目要求找出所有两个数均不大于 n 的素数对。

输入：一个正整数 n。1≤n≤10000。

输出：所有小于等于 n 的素数对。每对素数对输出一行，中间用单个空格隔开。若没有找到任何素数对，则输出 empty。

样例输入：

100

样例输出：

3 5
5 7
11 13
17 19
29 31
41 43
59 61
71 73

注：该题目选自 OpenJudge 网站，在线网址 http：//noi.openjudge.cn/ch0112/10/。

问题分析：本题仅设计一个自定义函数 intisprime(int x)。其功能为返回参数 x 是否为素数。在主函数中穷举所有可能的奇数对，如果两个数都是素数，则输出。

如果没有找到素数对，则输出 empty，为此需要统计找到的素数对数。

参考代码（09-01-05.c）：

```c
#include<stdio.h>
#include<math.h>
int isprime(int x){              //判断参数 x 是否为素数
  int i;
  for(i=2;i<=sqrt(x);i++)
    if(x%i==0)   return 0;       //有约数,不是素数,返回 0
  return 1;
}
int main(){
  int n,i,s;
  scanf("%d",&n);                //读取 n
  s=0;                           //存储满足条件的素数对数量
  for(i=3;i<=n-2;i+=2)           //穷举所有奇数数对(i,i+2)
    if(isprime(i)&&isprime(i+2)){
      s++;                       //找到一对
      if(s>1)printf("\n");       //第 2 项以后每项前输出回车
      printf("%d %d",i,i+2);
```

```
    }
    if(s==0)printf("empty");                    //若没找到,则输出 empty
    return 0;
}
```

实验题目 09-01-06　Lowest Bit(ZOJ:2417)

Time Limit:2 Seconds;Memory Limit:65536 KB。

Given an positive integer A ($1 <= A <= 100$), output the lowest bit of A.

For example, given A = 26, we can write A in binary form as 11010, so the lowest bit of A is 10, so the output should be 2.

Another example goes like this:given A = 88, we can write A in binary form as 1011000, so the lowest bit of A is 1000, so the output should be 8.

Input:

Each line of input contains only an integer A ($1 <= A <= 100$). A line containing "0" indicates the end of input, and this line is not a part of the input data.

Output

For each A in the input, output a line containing only its lowest bit.

Sample Input:

```
26
88
0
```

Sample Output:

```
2
8
```

注:网址 http://acm.zju.edu.cn/onlinejudge/showProblem.do? problemCode = 2417,选自 ZOJ 网站,题号:2417。

问题分析:根据本题的英文描述,知道题目要求输出每个整数 A 的"Lowest Bit",计算方法是将 A 转换成二进制后,只保留最后一个数字 1 及其后面的 0,输出即可。

注意输入数据以 0 结束,ZOJ 的 C 程序提交不接受以"//"开始的单行注释。

参考代码(09-01-06.c):

```c
#include<stdio.h>
int lowest_bit(int a){
    int s=1;
    while(a>0){
        if(a%2==1) break;           /* 末位遇到 1 停止 */
        s=s*2;                      /* 结果累加变 2 倍 */
        a=a/2;                      /* 下次循环判断二进制下一位 */
    }
    return s;
```

```
}
int main(){
  int a;
  while(scanf("%d",&a)&&a>0){              /*读入 a,遇 0 结束循环*/
    printf("%d\n",lowest_bit(a));
  }
  return 0;
}
```

实验题目 09-01-07 素数距离问题（NYOJ：24）

内存限制：64MB；时间限制：3000ms。

题目描述：给出一些数，要求写出一个程序，输出这些整数相邻最近的素数，并输出其相距长度。如果左右有等距离长度素数，则输出左侧的值及相应距离。

如果输入的整数本身就是素数，则输出该素数本身，距离输出 0。

输入描述：第一行给出测试数据组数 N（0<N≤10000），接下来的 N 行每行都有一个整数 M（0<M<1000000）。

输出描述：每行输出两个整数 A B，

其中 A 表示离相应测试数据最近的素数，B 表示其间的距离。

样例输入：

```
3
6
8
10
```

样例输出：

```
5 1
7 1
11 1
```

注：该题目选自 NYOJ 网站，在线网址 http：//nyoj. top/problem/24。

问题分析：本题需要设计一个素数判别的函数 int prime(int n)，这个函数要覆盖 0、1 以及所有整数，因为测试数据的可能范围是 0<M<1000000，M 的取值可能为 1，而 1 的左侧是 0，右侧是 2。

为了判断同距离的两个数是否为素数，程序中设计了 d＝prime(m-k)＊10＋prime(m+k) 语句，它的可能值为 0、1、10、11，分别代表这两个数的素数情况，请读者自行分析这一技巧。

参考代码（09-01-07. c）：

```
#include<stdio.h>
#include<math.h>
int prime(int n){                    //判断 n 是否为素数
  int i;
  if(n<2) return 0;                  //关键代码,有了它可以判断一切整数
```

```
    for(i=2;i<=sqrt(n);i++)
      if(n%i==0)return 0;
    return 1;
}
int main(){
  int n,m,k,d;
  scanf("%d",&n);
  while(n--){                          //循环处理每组数据
    scanf("%d",&m);
    for(k=0;;k++){                     //从距离 0 开始向两侧同时探测
      d=prime(m-k)*10+prime(m+k);      //得到左右两个同距离值的素数判断情况 00 10 01 11
      if(d==0)continue;                //两个都不是素数
      else if(d==10||d==11){d=m-k;break;}      //左侧小的肯定是素数
      else if(d==1)           {d=m+k;break;}      //左侧小的不是素数,右侧大的是素数
    }
    printf("%d %d\n",d,k);                       //输出素数和距离
  }
  return 0;
}
```

实验题目 09-01-08　括号匹配问题

总时间限制：1000ms；内存限制：65536KB。

描述：某个字符串（长度不超过 100）中有左括号、右括号和大小写字母；规定（与常见的算术式子一样）任何一个左括号都从内到外与在它右边且距离最近的右括号匹配。编写一个程序，找到无法匹配的左括号和右括号，输出原来字符串，并在下一行标出不能匹配的括号。不能匹配的左括号用"＄"标注，不能匹配的右括号用"？"标注。

输入：输入包括多组数据，每组数据占一行，包含一个字符串，只包含左右括号和大小写字母，字符串长度不超过 100。

输出：对每组输出数据，输出两行，第一行包含原始输入字符，第二行由"＄""？"和空格组成，"＄"和"？"表示与之对应的左括号和右括号不能匹配。

样例输入：

```
((ABCD(x)
)(rttyy())sss)(
```

样例输出：

```
((ABCD(x)
$$
)(rttyy())sss)(
?            ?$
```

注：本题网址 http://noi.openjudge.cn/ch0202/2705/，选自 OpenJudge 网站，题号：2705。

问题分析：本题设计了一个处理字符串的函数 p(char s[])，首先通过若干次循环逐步消去匹配的括号，剩下的括号就都是不能匹配的了。然后在标志字符串相应位置赋上标志

字符,最后输出原来的字符串和标志字符串。

参考代码(09-01-08.c):

```c
#include<stdio.h>
#include<string.h>
#define M 121
void p(char s[]){
  char t[M],r[M];
  int i,zkh;
  strcpy(t,s);                          //将 s 串复制给 t
  for(i=0;i<strlen(s);i++)r[i]=' ';     //串 r 全串置空格
  r[i]='\0';                            //串 r 置结束符

  while(1){                             //找到一对匹配的括号,并消除
    zkh=-1;                             //记录左括号位置
    for(i=0;s[i]!='\0';i++){
      if(s[i]=='('){ zkh=i; continue; } //找到左括号,记录位置,继续搜索
      if(s[i]==')'&&zkh>=0){            //找到一对相邻的左右括号
        s[zkh]='[';   s[i]=']';         //消去匹配的左右括号
        break;
      }
    }
    if(s[i]=='\0')break;                //说明没找到任何相邻的左右括号,匹配完毕
  }
  for(i=0;s[i]!='\0';i++){              //串 s 中剩下的都是未能匹配的括号
    if(s[i]=='(')      r[i]='$';        //若为左括号,则在串 r 的相应位置置$
    else if(s[i]==')')r[i]='?';         //若为右括号,则在串 r 的相应位置置?
  }

  puts(t);                              //输出原始字符串
  puts(r);                              //输出未匹配标志及位置

}
int main(){
  char s[M];
  while(1){
    int z=scanf("%s",s);                //读字符串
    if(z<=0)break;                       //遇到文件尾,结束程序
    p(s);
  }
  return 0;
}
```

实验题目 09-01-09 与 7 无关的数

总时间限制:1000ms;**内存限制:**65536KB。

描述:一个正整数,如果它能被 7 整除,或者它的十进制表示法中某一位上的数字为 7,

则称其为与 7 相关的数。求所有小于或等于 n(n<100)的与 7 无关的正整数的平方和。

输入：输入为一行,正整数 n(n<100)。

输出：输出一行,包含一个整数,即小于或等于 n 的所有与 7 无关的正整数的平方和。

样例输入：

21

样例输出：

2336

注：该题目选自 OpenJudge 网站,在线网址 http://sdau.openjudge.cn/c/011/。

问题分析：本题需要一个函数,判别参数 n 是否与 7 有关。

参考代码（09-01-09.c）：

```c
#include<stdio.h>
int f(int n){
  if(n%7==0) return 1;              //被 7 整除,与 7 有关
  while(n>0){                        //穷举整数 n 的每一位数字(从右至左)
    if(n%10==7) return 1;            //某位是 7,与 7 有关
    n=n/10;
  }
  return 0;                          //与 7 无关
}
int main(){
  int n,i,sum;
  scanf("%d",&n);
  sum=0;
  for(i=1;i<=n;i++){                 //穷举 1~n 的所有正整数
    if(f(i)==0)                      //如果 i 与 7 无关
      sum=sum+i*i;                   //累加 i*i
  }
  printf("%d",sum);
  return 0;
}
```

实验题目 09-01-10　学分绩点

总时间限制：1000ms;内存限制：65536KB。

描述：北京大学对本科生的成绩施行平均学分绩点(GPA)制,即将学生的实际考分根据不同学科的不同学分按一定的公式进行计算。

公式如下：

实际成绩	绩点
90～100	4.0
85～89	3.7
82～84	3.3

78~81	3.0
75~77	2.7
72~74	2.3
68~71	2.0
64~67	1.5
60~63	1.0
60 以下	0

1. 一门课程的学分绩点＝该课绩点×该课学分

2. 总评绩点＝所有学科绩点之和/所有课程学分之和

请编写程序，求出某人 A 的总评绩点（GPA）。

输入：第一行 总的课程数 n(n<10)；

第二行 相应课程的学分（两个学分间用空格隔开）；

第三行 对应课程的实际得分；

此处输入的所有数字均为整数。

输出：输出一行，总评绩点，精确到小数点后两位小数，即 printf("%.2f",GPA);。

样例输入：

5
4 3 4 2 3
91 88 72 69 56

样例输出：

2.52

注：该题目选自 OpenJudge 网站，在线网址 http：//sdau. openjudge. cn/c/078/。

问题分析：本题求某成绩对应的绩点逻辑有点复杂，需要多分支选择结构，可以设计为一个函数。代码如下。

参考代码（09-01-10. c）：

```c
#include<stdio.h>
double point(int g){
  if(g>=90&&g<=100) return 4.0;
  else if(g>=85&&g<=89) return 3.7;
  else if(g>=82&&g<=84) return 3.3;
  else if(g>=78&&g<=81) return 3.0;
  else if(g>=75&&g<=77) return 2.7;
  else if(g>=72&&g<=74) return 2.3;
  else if(g>=68&&g<=71) return 2.0;
  else if(g>=64&&g<=67) return 1.5;
  else if(g>=60&&g<=63) return 1.0;
  else                  return 0.0;
}
int main(){
```

```
int n,i,a[1150][2]={0};
scanf("%d",&n);

int credit=0;                              //总学分
double gpa=0.0;                            //总绩点

for(i=0;i<n;i++)
  scanf("%d",&a[i][0]);                    //输入所有学分

for(i=0;i<n;i++)
  scanf("%d",&a[i][1]);                    //输入所有成绩

for(i=0;i<n;i++){                          //统计总学分、总绩点
  credit+=a[i][0];                         //累计学分
  gpa+=point(a[i][1]) * a[i][0];           //累计绩点
}
gpa=gpa/credit;                            //平均绩点
printf("%.2lf",gpa);
return 0;
}
```

实验题目 09-01-11　加减乘除

总时间限制：1000ms；内存限制：65536KB。

描述：根据输入的运算符对输入的整数进行简单的整数运算。运算符只会是加（＋）、减（－）、乘（＊）、除（／）、求余（％）、阶乘（！）6 个运算符之一。输出运算的结果，如果出现除数为零，则输出 error；如果求余运算的第二个运算数为 0，也输出 error。

输入：输入占一行。先输入第一个整数，空格，然后输入运算符，再空格，输入第二个整数，回车结束本次输入。如果运算符为阶乘（！）符号，则不输入第二个整数，直接回车结束本次输入。

输出：输出占一行。输出为对输入的两个（或一个）数根据输入的运算符计算的结果，或者为 error。

样例输入：

```
12 + 34
54 - 25
3 * 6
45 / 0
5 !
34 % 0
```

样例输出：

```
46
29
18
error
```

120
error

提示：运算不会超出整型数据的范围。0!＝1；测试数据有多组。

注：该题目选自 OpenJudge 网站，在线网址 http：//sdau.openjudge.cn/c/044/。

问题分析：本题设计函数处理所有计算，注意识别出错情况。在主函数中注意输入数据结束的识别，以及阶乘的识别，能正确读入一组数据。

参考代码（09-01-11.c）：

```c
#include<stdio.h>
int main(){
  int n,a,b,c,d;
  char op[10];
  while(scanf("%d",&a)==1){       //读取第一个操作数,若成功,则说明还有一组数据
    scanf("%s",op);               //读取操作符字符串
    if(op[0]!='!'){               //如果不是!,再输入第二个操作数
      scanf("%d",&b);
    }
    fun(a,b,op[0]);               //调用函数输出结果
  }
  return 0;
}
void fun(int a,int b,char op){     //处理一组数据
  int i,c;
  if((op=='/'||op=='%')&&b==0){   //如果出错,则输出 error
    printf("error\n");
    return;
  }
  switch(op){                     //多分支计算结果到 c
    case '+': c=a+b; break;
    case '-': c=a-b; break;
    case '*': c=a*b; break;
    case '/': c=a/b; break;
    case '%': c=a%b; break;
    case '!':
            c=1;
            for(i=1;i<=a;i++)c=c*i;
            break;
  }
  printf("%d\n",c);               //输出计算结果
  return;
}
```

实验题目 09-01-12　约瑟夫问题

总时间限制：1000ms；**内存限制**：65536KB。

描述：约瑟夫问题：有 n 只猴子，按顺时针方向围成一圈选猴王（编号从 1 到 n），从第 1

号开始报数,一直数到 m,数到 m 的猴子退出圈外,剩下的猴子再接着从 1 开始报数。这样,直到圈内只剩下一只猴子时,这个猴子就是猴王,编程求输入 n、m 后,输出最后猴王的编号。

输入:每行是用空格分开的两个整数,第一个是 n,第二个是 m(0<m,n≤300)。最后一行是:

0 0

输出:对于每行输入数据(最后一行除外),输出数据也是一行,即最后猴王的编号

样例输入:

6 2
12 4
8 3
0 0

样例输出:

5
1
7

注:选自 OpenJudge 网站,在线网址 bailian. openjudge. cn/practice/2746/。

问题分析:本题通过设计一个 Joseph 函数处理一组数据,一共出圈 n−1 次。也就是说,只要 n>1,就执行一次出圈(进入一次循环),每次循环出圈一个元素(将该元素从数组中删除)。最后只剩下一个元素,a[0] 就是答案。

参考代码(09-01-12. c):

```c
#include<stdio.h>
int a[400];
int n,m;
void Joseph(){                      //处理一组数据
  int i;
  int s;                            //记录每次开始报数的位置
  s=0;                              //最开始第一个猴子 a[0] 开始报数
  while(n>1){                       //剩下大于 1 个元素就执行一次出圈
    s=(s+m-1)%n;                    //计算将要出圈的猴子的下标位置
    int i;
    for(i=s;i<=n-2;i++){            //a[s] 出圈
      a[i]=a[i+1];                  //出圈者后面的所有元素都向前移
    }
    n--;                           //数组元素总数减 1
  }
}
int main(){
  int i;
  while(1){                         //循环处理各级数据(不知多少次)
```

```
    scanf("%d%d",&n,&m);                //读入一组数据
    if(m==0&&n==0)break;                //0 0 结束循环
    for(i=0;i<n;i++)a[i]=i+1;           //初始分数组为 1,2,3,…,n
    Joseph();                           //调用函数处理此组数据
    printf("%d\n",a[0]);                //最后剩下的一个元素一定是 a[0]
  }
  return 0;
}
```

实验题目 09-01-13　约瑟夫问题 No. 2

总时间限制：1000ms；内存限制：65536KB。

描述：n 个小孩围坐成一圈,并按顺时针编号为 1,2,…,n,从编号为 p 的小孩顺时针依次报数,由 1 报到 m,当报到 m 时,该小孩从圈中出去,然后下一个再从 1 报数,当报到 m 时再出去。如此反复,直至所有小孩都从圈中出去。请按出去的先后顺序输出小孩的编号。

输入：每行是用空格分开的 3 个整数,第 1 个是 n,第 2 个是 p,第 3 个是 m(0<m,n<300)。最后一行是：

0 0 0

输出：按出圈的顺序输出编号,编号之间用逗号分隔。

样例输入：

8 3 4
0 0 0

样例输出：

6,2,7,4,3,5,1,8

注：选自 OpenJudge 网站,在线网址 http：//bailian. openjudge. cn/practice/3254/。

问题分析：本题和上题类似,只是初始报数的起始位置不同,本题还要求按出圈顺序输出所有孩子的编号。

参考代码(09-01-13. c)：

```c
#include<stdio.h>
int a[400];
int n,p,m;
void Joseph(){                          //处理一组数据
  int i;
  int s;                                //记录每次开始报数的位置
  s=p-1;                                //最开始第 p 个小孩报数
  while(n>1){                           //剩下大于 1 个元素就执行一次出圈
    s=(s+m-1)%n;                        //计算将要出圈的猴子的下标位置
    int i;
    printf("%d,",a[s]);
```

```
    for(i=s;i<=n-2;i++){          //a[s]出圈
      a[i]=a[i+1];                //出圈者后面的所有元素都向前移
    }
    n--;                          //数组元素总数减1
  }
  printf("%d\n",a[0]);            //最后剩下的一个元素一定是a[0]
}
int main(){
  int i;
  while(1){                       //循环处理各级数据(不知多少次)
    scanf("%d%d%d",&n,&p,&m);     //读入一组数据
    if(m==0&&n==0&&p==0)break;    //0 0 0结束循环
    for(i=0;i<n;i++)a[i]=i+1;     //初始分数组为1,2,3,…,n
    Joseph();                     //调用函数处理此组数据
  }
  return 0;
}
```

实验题目 09-01-14　二进制分类

总时间限制：1000ms；内存限制：65536KB。

描述：若将一个正整数化为二进制数，在此二进制数中，将数字 1 的个数多于数字 0 的个数的这类二进制数称为 A 类数，否则就称其为 B 类数。

例如：

$(13)_{10} = (1101)_2$，其中 1 的个数为 3，0 的个数为 1，称此数为 A 类数；

$(10)_{10} = (1010)_2$，其中 1 的个数为 2，0 的个数也为 2，称此数为 B 类数；

$(24)_{10} = (11000)_2$，其中 1 的个数为 2，0 的个数为 3，称此数为 B 类数；

程序要求：求出 1～1000 中（包括 1 与 1000），A、B 两类数的个数。

输入：无。

输出：一行，包含两个整数，分别是 A 类数和 B 类数的个数，中间用单个空格隔开。

注：该题目选自 OpenJudge 网站，在线网址 http://noi.openjudge.cn/ch0113/36/。

问题分析：本题设计了一个判断整数 n 是否为 A 类数的函数 fa，函数内通过遍历穷举整数 n 的所有二进制位统计其中 1 的个数和 0 的个数。

参考代码（09-01-14.c）：

```
#include<stdio.h>
int fa(int n){                    //判断n是否为A类数
  int s0,s1;
  s0=s1=0;                        //统计1、0的位数,清0
  while(n>0){                     //穷举所有二进制位
    if(n%2==1)s1++;               //统计1的个数
    else      s0++;               //统计0的个数
    n=n/2;
  }
```

```
    return s1>s0;                        //返回结果
}
int main(){
    int n,a,b;
    a=b=0;                               //清 0
    for(n=1;n<=1000;n++){                //穷举所有整数
        if(fa(n))a++;                    //统计 A 类数的数量、B 类数的数量
        else    b++;
    }
    printf("%d %d",a,b);                 //输出结果
    return 0;
}
```

实验 9.2　函数程序设计实验二

1. 相关知识点

（1）复杂函数的设计。

（2）应用复杂函数解决问题,模块化程序设计方法。

2. 实验目的和要求

通过本实验要求学生掌握函数的定义、说明和调用方法,掌握函数参数设计技巧,掌握函数参数传递方式,熟练应用函数解决实际问题。

本节中的每个题目都要求学生设计函数解决,尽可能发挥函数的作用,以达到模块化、结构化程序设计目标。

本节所有题目通常都要求至少设计两个函数。

3. 实验题目

实验题目 09-02-01　最匹配的矩阵

总时间限制:1000ms;内存限制:65536KB。

描述:给定一个 m×n 的矩阵 **A** 和 r×s 的矩阵 **B**,其中 0<r≤m,0<s≤n,**A**、**B** 中的所有元素值都是小于 100 的正整数。求 **A** 中一个大小为 r*s 的子矩阵 **C**,使得 **B** 和 **C** 的对应元素差值的绝对值之和最小,这时称 **C** 为最匹配的矩阵。如果有多个子矩阵同时满足条件,则选择子矩阵左上角元素行号小者,若行号相同,则选择列号小者。

输入:第一行是 m 和 n,以一个空格分开。

之后 m 行每行有 n 个整数,表示 **A** 矩阵中的各行,数与数之间以一个空格分开。

第 m+2 行为 r 和 s,以一个空格分开。

之后 r 行每行都有 s 个整数,表示 **B** 矩阵中的各行,数与数之间以一个空格分开。

（1≤m≤100,1≤n≤100）

输出:输出矩阵 **C**,一共 r 行,每行 s 个整数,整数之间以一个空格分开。

样例输入：

```
3 3
3 4 5
5 3 4
8 2 4
2 2
7 3
4 9
```

样例输出：

```
4 5
3 4
```

注：选自 OpenJudge 网站，在线网址 http：//noi. openjudge. cn/ch0112/04/。

问题分析： 在本题中设计了如下几个函数。

（1）void read(int p[N][N],int row,int col)；

函数 read 的功能为读入矩阵 **p** 的数组元素值，矩阵大小为 row 行 col 列。

（2）void get_c(int a[N][N],int x,int y,int c[N][N],int row,int col)；

函数 get_c 的功能为在矩阵 **a** 中截取以 a[i][j] 为左上顶点的子矩阵，赋给矩阵 **c**。截取子矩阵的大小和矩阵 **c** 的大小都是 row 行 col 列。

（3）int distance(int p[][N],int q[][N],int row,int col)；

函数 distance 的功能为计算两个矩阵 **p** 和 **q** 的绝对距离，即对应位置元素差的绝对值之和，函数类型为 int，两个矩阵的大小都为 row 行 col 列。

（4）void print(int p[N][N],int row,int col)；

函数 print 的功能是按行输出数组 p 的所有元素，数组大小为 row 行 col 列。

参考代码（09-02-01. c）：

```c
#include<stdio.h>
#define N 100
//函数 read 的功能为读入矩阵 p 的数组元素值,矩阵大小为 row 行 col 列
void read(int p[N][N],int row,int col){
  int i,j;
  for(i=0;i<row;i++)
    for(j=0;j<col;j++)
      scanf("%d",&p[i][j]);
}
//函数 get_c 的功能为在矩阵 a 中截取以 a[i][j] 为左上顶点的子矩阵,赋给矩阵 c,
//截取子矩阵的大小和矩阵 c 的大小都是 row 行 col 列
void get_c(int a[N][N],int x,int y,int c[N][N],int row,int col){
  int i,j;
  for(i=0;i<row;i++)
    for(j=0;j<col;j++)
      c[i][j]=a[x+i][y+j];
```

```
                }
//函数 distance 的功能为计算两个矩阵 p 和 q 的绝对距离 (对应元素差的绝对值之和)
//两个矩阵的大小都为 row 行 col 列
int distance(int p[][N],int q[][N],int row,int col){
  int i,j,dist=0;
  for(i=0;i<row;i++)
    for(j=0;j<col;j++)
      dist+=abs(p[i][j]-q[i][j]);
  return dist;
}
//函数 print 的功能是按行输出数组 p 的所有元素,数组的大小为 row 行 col 列
void print(int p[N][N],int row,int col){
  int i,j;
  for(i=0;i<row;i++){
    if(i>0)printf("\n");
    for(j=0;j<col;j++){
      if(j>0)printf(" ");
      printf("%d",p[i][j]);
    }
  }
}
int main(){
  int a[N][N],b[N][N],c[N][N],d[N][N];
  int m,n,r,s,i,j,k;

  scanf("%d%d",&m,&n);            //读入 m,n
  read(a,m,n);                    //读入数组 a

  scanf("%d%d",&r,&s);            //读入 r,s
  read(b,r,s);                    //读入数组 b

  for(i=0;i<=m-r;i++)             //在矩阵 a 中穷举与 b 相同大小的子矩阵 (左上角坐标 (i,j))
    for(j=0;j<=n-s;j++){
      get_c(a,i,j,c,r,s);         //截取子矩阵,赋给数组 c
      d[i][j]=distance(c,b,r,s);  //将子矩阵 c 和 b 的距离存储在 d[i][j]中
    }
  int min,row,col;
  min=d[0][0];                    //预设最小距离值
  row=col=0;                      //预设最小距离所在坐标
  for(i=0;i<=m-r;i++)             //在数组 d 中搜索第一个最小距离值,记录其所在坐标
    for(j=0;j<=n-s;j++)
      if(d[i][j]<min){            //找到更小的距离值
        min=d[i][j];              //更新最小距离值及其坐标
        row=i;
        col=j;
```

```
        }
    //找到最小距离值 min 及所在的坐标 row 行 col 列
    get_c(a,row,col,c,r,s);          //将所求子阵赋给 c
    print(c,r,s);                    //输出数组
    return 0;
}
```

实验题目 09-02-02　机器翻译

总时间限制：1000ms；内存限制：65536KB。

描述：小晨的计算机上安装了一个机器翻译软件，他经常用这个软件翻译英语文章。

这个翻译软件的原理很简单，它从头到尾，依次将每个英文单词用对应的中文替换。对于每个英文单词，软件先在内存中查找这个单词的中文含义，如果内存中有，软件就用它进行翻译；如果内存中没有，软件就在外存中的词典内查找，查出单词的中文含义然后翻译，并将这个单词和译义放入内存，以备后续查找和翻译。

假设内存中有 M 个单元，每个单元能存放一个单词和译义。每当软件将一个新单词存入内存前，如果当前内存中已存入的单词数不超过 M－1，软件就会将新单词存入一个未使用的内存单元；若内存中已存入 M 个单词，软件就会清空最早进入内存的那个单词，腾出单元存放新单词。

假设一篇英语文章的长度为 N 个单词。给定这篇待译文章，翻译软件需要去外存查找多少次词典？假设翻译开始前内存中没有任何单词。

输入：输入文件共 2 行。每行中两个数之间用一个空格隔开。

第一行为两个正整数 M 和 N，代表内存容量和文章的长度。

第二行为 N 个非负整数，按照文章的顺序，每个数（大小不超过 1000）代表一个英文单词。文章中的两个单词是同一个单词，当且仅当它们对应的非负整数相同。

对于 10% 的数据，有 M＝1，N≤5。

对于 100% 的数据，有 0＜M≤100，0＜N≤1000。

输出：共一行，包含一个整数，为软件需要查词典的次数。

样例输入：

样例 #1：
3 7
1 2 1 5 4 4 1
样例 #2：
2 10
8 824 11 78 11 78 11 78 8 264

样例输出：

样例 #1：
5
样例 #2：
6

提示：输入输出样例 #1 说明：

整个查字典过程如下：每行表示一个单词的翻译，冒号前为本次翻译后的内存状况：

空：内存初始状态为空。

1. 1：查找单词 1 并调入内存。

2. 1 2：查找单词 2 并调入内存。

3. 1 2：在内存中找到单词 1。

4. 1 2 5：查找单词 5 并调入内存。

5. 2 5 4：查找单词 4 并调入内存替代单词 1。

6. 2 5 4：在内存中找到单词 4。

7. 5 4 1：查找单词 1 并调入内存替代单词 2。

共查了 5 次词典。

注：该题目选自 OpenJudge 网站，在线网址 http：//noi. openjudge. cn/ch0112/01/。

问题分析：本题看似逻辑复杂，实际上就是在遍历每个单词（整数）时，如果该单词在内存中不存在，就将其调入内存，此时发生一次查词典操作；如果该单词在内存中存在，则继续遍历下一个单词。

将单词调入内存时，可以先将内存中的所有元素都向前移动一个位置，然后新单词放在内存中的最后一个位置，这样可以保证移出去的是最早进入内存的单词。

为保证最初的几个单词在内存中查不到，可以将内存初始化成不可能是单词的值（−1）。

在程序中定义内存大小 M、文章中的单词数量 N、内存数组 m、文章中的单词数组 d 为全局变量，则设计的函数有

（1）void init()；init 函数的功能为初始化内存所有单元全为−1。

（2）int find(int x)；find 函数的功能是在内存 m 中查找是否存在指定的单词 x，若存在，则返回 1，否则返回 0。

（3）void add()；add 函数的功能是将单词 x 添加到内存 m 中，若内存已满，则将所有元素左移后，添加在最后位置。

参考代码（09-02-02. c）：

```c
#include<stdio.h>
int m[101],d[1001];
int M,N;
//init 函数:初始化内存,全为-1
void init(){
  int i;
  for(i=0;i<M;i++)m[i]=-1;
}
//find 函数:在内存 m 中查找是否存在指定的单词 x
int find(int x){
  int i;
  for(i=0;i<M;i++)
    if(m[i]==x)return 1;              //若存在,则返回 1(真)
  return 0;                          //若不存在,则返回 0(假)
}
```

```
//add 函数：将单词 x 添加到内存 m 中
void add(int x){
  int i;
  for(i=0;i<M-1;i++)m[i]=m[i+1];          //所有元素都向前移动一个位置
  m[M-1]=x;                               //单词 x 添加到内存最后位置
}
int main(){
  int n,i;
  scanf("%d%d",&M,&N);
  for(i=0;i<N;i++)scanf("%d",&d[i]);
  init();                                 //初始化内存
  int s=0;
  for(i=0;i<N;i++){                       //遍历所有单词
    if(!find(d[i])){                      //内存中没找到该单词
      add(d[i]);                          //将该单词添加到内存
      s++;                                //相当于又查一次字典
    }
  }
  printf("%d",s);
  return 0;
}
```

实验题目 09-02-03   图像旋转翻转变换

总时间限制：1000ms；内存限制：65536KB。

描述：给定 m 行 n 列的图像各像素点灰度值，对其依次进行一系列操作后，求最终图像。

其中，可能的操作及对应的字符有如下 4 种。

A：顺时针旋转 90°；

B：逆时针旋转 90°；

C：左右翻转；

D：上下翻转。

输入：第一行包含两个正整数 m 和 n，表示图像的行数和列数，中间用单个空格隔开。$1 \leqslant m \leqslant 100, 1 \leqslant n \leqslant 100$。

接下来 m 行，每行 n 个整数，表示图像中每个像素点的灰度值，相邻两个数之间用单个空格隔开。灰度值范围为 0～255。

接下来一行，包含由 A、B、C、D 组成的字符串 s，表示需要按顺序执行的操作序列。s 的长度为 1～100。

输出：m' 行，每行包含 n' 个整数，为最终图像各像素点的灰度值。其中 m' 为最终图像的行数，n' 为最终图像的列数。相邻两个整数之间用单个空格隔开。

样例输入：

2 3

10 0 10

```
100 100 10
AC
```

样例输出：

```
10 100
0 100
10 10
```

注：该题目选自 OpenJudge 网站，在线网址 http：//noi. openjudge. cn/ch0112/09/。

问题分析：本题中有如下全局变量定义：

```
int a[101][101],b[101][101];        //存储图像矩阵
char p[102];                        //存储操作字符串
int m,n;                            //存储图像矩阵的行数和列数
```

在此基础上，把对矩阵实行的各种操作分别设计成函数，实现程序的模块化。

```
(1) void change_e();                //实现矩阵 a 的转置操作
(2) void change_c();                //实现矩阵 a 的左右翻转
(3) void change_d();                //实现矩阵 a 的上下翻转
(4) void change_a();                //实现矩阵 a 顺时针旋转 90°,相当于转置后再左右翻转
(5) void change_b();                //实现矩阵 a 逆时针旋转 90°,相当于转置后再上下翻转
(6) void print();                   //按要求输出矩阵 a
```

为了便于实现矩阵的旋转，设计了实现矩阵转置的 change_e() 函数，因为矩阵 a 顺时针旋转 90°，相当于转置后再左右翻转，矩阵 a 逆时针旋转 90°，相当于转置后再上下翻转。

在主函数中通过遍历操作字符串 p 中的每个操作字符，分别调用相应的操作函数，最后输出结果即可。

特别注意的是，矩阵数据读取完成后，其后留下一个回车符，然后才是操作字符串，要想读取到操作字符串，就应该读走前面的回车。通过 gets(p); gets(p); 两个语句可以实现这个功能，第一个 gets(p) 语句可以先读走矩阵后的回车符，第二个 gets(p) 语句能真正读取到操作字符串。

参考代码（09-02-03. c）：

```c
#include<stdio.h>
int a[101][101],b[101][101];
char p[102];
int m,n;
int main(){
  int i,j;
  scanf("%d%d",&m,&n);              //读取 m,n
  for(i=0;i<m;i++)                  //遍历读取整个数组
    for(j=0;j<n;j++)
      scanf("%d",&a[i][j]);
  gets(p);                          //注意:此语句可以先读走矩阵后的回车符
  gets(p);                          //注意:此语句能真正读取到操作字符串
```

```
    for(i=0;p[i]!='\0';i++){          //遍历操作字符串,依次完成所有操作
      switch(p[i]){
        case 'A':                     //顺时针旋转 90°
            change_a();               //执行变换
            break;
        case 'B':                     //逆时针旋转 90°
            change_b();               //执行变换
            break;
        case 'C':                     //左右翻转
            change_c();               //执行变换
            break;
        case 'D':                     //上下翻转
            change_d();               //执行变换
            break;
        case 'E':                     //转置
            change_e();               //执行变换
            break;
      }
      //printf("%c:\n",p[i]);输出每次变换的结果,用于调试程序
      //print();

    }
    print();                          //输出最终结果
    return 0;
}

void change_e(){                      //实现矩阵 a 的转置操作
  int i,j;
  for(i=0;i<m;i++)                    //将矩阵 a 转置到矩阵 b
    for(j=0;j<n;j++)
      b[j][i]=a[i][j];

  int t=m;m=n;n=t;                    //行列数交换

  for(i=0;i<m;i++)                    //将矩阵 b 恢复到矩阵 a
    for(j=0;j<n;j++)
      a[i][j]=b[i][j];
}
void change_c(){                      //实现矩阵 a 的左右翻转
  int i,j,t;
  for(i=0;i<m;i++)                    //遍历所有行
    for(j=0;j<n/2;j++){               //每一行都左右翻转
      t=a[i][j];
      a[i][j]=a[i][n-1-j];
      a[i][n-1-j]=t;
```

```
      }
    }
    void change_d(){                      //实现矩阵 a 的上下翻转
      int i,j,t;
      for(j=0;j<n;j++)                    //遍历所有列
        for(i=0;i<m/2;i++){              //每一列都上下翻转
          t=a[i][j];
          a[i][j]=a[m-1-i][j];
          a[m-1-i][j]=t;
        }
    }
    void change_a(){                      //实现矩阵 a 顺时针旋转 90°,相当于转置后再左右翻转
      change_e();
      change_c();
    }
    void change_b(){                      //实现矩阵 a 逆时针旋转 90°,相当于转置后再上下翻转
      change_e();
      change_d();
    }
    void print(){                         //按要求输出矩阵 a
      int i,j;
      for(i=0;i<m;i++){
        for(j=0;j<n;j++)
          printf("%d ",a[i][j]);
        printf("\n");
      }
    }
```

实验题目 09-02-04　统计单词数

总时间限制：1000ms；内存限制：65536KB。

描述：一般的文本编辑器都有查找单词的功能,该功能可以快速定位特定单词在文章中的位置,有的还能统计出特定单词在文章中出现的次数。

现在,请编程实现这一功能,具体要求是：给定一个单词,请输出它在给定的文章中出现的次数和第一次出现的位置。

注意：匹配单词时,不区分大小写,但要求完全匹配,即给定单词必须与文章中的某一独立单词在不区分大小写的情况下完全相同(参见样例 1),如果给定单词仅是文章中某一单词的一部分,则不算匹配(参见样例 2)。

输入：共 2 行。

第 1 行为一个字符串,其中只含字母,表示给定单词；

第 2 行为一个字符串,其中只可能包含字母和空格,表示给定的文章。

输出：只有一行,如果在文章中找到给定单词,则输出两个整数,两个整数之间用一个空格隔开,分别是单词在文章中出现的次数和第一次出现的位置(即在文章中第一次出现时,单词首字母在文章中的位置,位置从 0 开始)；如果单词在文章中没有出现,则直接输出

一个整数－1。

样例输入：

样例 #1:

To

to be or not to be is a question

样例 #2:

to

Did the Ottoman Empire lose its power at that time

样例输出：

样例 #1:

2 0

样例 #2:

-1

来源：NOIP2011 复赛 普及组 第二题。

注：该题目选自 OpenJudge 网站，在线网址 http：//noi. openjudge. cn/ch0112/05/。

问题分析：本题目中，对于输入的单词 w 和文章字符串 a，需要在文章字符串 a 中抽取出所有的单词 d，并判断单词 d 与 w 是否匹配，因此设计以下两个函数：

(1) void get_word(char a[],int di,int dj,char d[]);

//get_word 函数实现从数组 a 中截取一段(下标从 di 到 dj)赋值给字符串 d

(2) int match(char x[],char y[]);

//match 函数实现返回两个字符串是否匹配(不区分大小写相等)的功能

参考代码（09-02-04. c）：

```c
#include<stdio.h>
#include<string.h>
//get_word 函数实现从数组 a 中截取一段(下标从 di 到 dj)赋值给字符串 d
void get_word(char a[],int di,int dj,char d[]){
  int i,j;
  for(i=di,j=0; i<=dj; i++,j++)d[j]=a[i];
  d[j]='\0';                     //对字符串 d 的结束符赋值
}
//match 函数实现返回两个字符串是否匹配(不区分大小写相等)
int match(char x[],char y[]){
  int i,len;
  len=strlen(x);                 //串 x 的长度
  if(len!=strlen(y))             //长度不一致,不匹配,返回 0
    return 0;
  for(i=0;i<len;i++)             //遍历字符串,按位比较
    if(toupper(x[i])!=toupper(y[i])) //不匹配,返回 0
      return 0;
  return 1;                      //匹配,返回 1
```

```
    }
    int main(){
      char w[100];                          //要统计的单词
      char a[1000];                         //文章
      char d[100];                          //用于存储从文章中找到的单词
      int n,i,k,s,first,di,dj;
      gets(w);
      gets(a);
      s=0;                                  //记录单词匹配的次数
      di=dj=0;                              //记录文章中单词的起始位置和结束位置
      while(1){                             //从 di 下标开始寻找下一个单词
        for(k=di;a[k]!='\0';k++)           //找到单词的起始位置
          if( a[k]!=' '&&(k==di||a[k-1]==' ') ) break;
        if(a[k]=='\0') break;              //没找到起始位置,结束循环
        di=k;                              //记录单词的起始位置

        for(k=di;a[k]!='\0';k++)           //继续寻找单词的结束位置
          if( a[k]!=' '&&(a[k+1]=='\0'||a[k+1]==' ') ) break;
        if(a[k]=='\0') break;              //没找到结束位置,结束循环
        dj=k;                              //记录单词的结束位置

        get_word(a,di,dj,d);               //截取 a 中的 di 至 dj 位组成单词 d
        if(match(d,w)){                    //如果两个单词匹配(不区分大小写相等)
          s++;                             //计数
          if(s==1)first=di;                //记录第 1 个位置
        }
        di=dj+1;                           //从当前单词结束位置的下一个位置继续查找
      }
      if(s>0)printf("%d %d",s,first);      //如果找到匹配的单词,则输出 s 和 first
      else    printf("-1");                //如果没找到,则输出-1
      return 0;
    }
```

实验题目 09-02-05　还是 A＋B(NYOJ:594)

内存限制:64MB;时间限制:1000ms。

题目描述:输入两个小于 100 的正整数 A 和 B,输出 A＋B;A、B 均为每位数字对应的英文字母,结果为十进制数。

输入描述:略。

输出描述:略;

样例输入:

one +two =

one +two zero =

样例输出：

3
21

注：该题目选自 NYOJ 网站，在线网址 http：//nyoj. top/problem/594。

参考代码（09-02-05. c）：

```c
#include<stdio.h>
int stoi(char * s){                        //英文转换成数字
  if(strcmp(s,"zero")==0)     return 0;
  else if(strcmp(s,"one")==0)    return 1;
  else if(strcmp(s,"two")==0)    return 2;
  else if(strcmp(s,"three")==0) return 3;
  else if(strcmp(s,"four")==0)   return 4;
  else if(strcmp(s,"five")==0)   return 5;
  else if(strcmp(s,"six")==0)    return 6;
  else if(strcmp(s,"seven")==0) return 7;
  else if(strcmp(s,"eight")==0) return 8;
  else if(strcmp(s,"nine")==0)   return 9;
  else{printf("ERROR:%s.",s);return -1;}
}
int getInt(char* e){
  int x=0;
  char str[20];
  while(1){
    if( scanf("%s",str) <1 ) {      //读一个字符串,返回值 0,若遇到非法数据没读成
                                    //功,则返回-1,说明遇到文件结束符 EOF
      return -1;                    //若读取失败,则返回-1
    }
    if(strcmp(str,e)==0)break;      //遇到指定串(+或=),本次读取完成
    x=x*10+stoi(str);               //英文转换成数字累加到 x
  }
  return x;
}
int main(){
  int a,b;
  while(1){                         //循环处理每组数据
    a=getInt("+");                  //以+结束,读第 1 个加数
    b=getInt("=");                  //以=结束,读第 2 个加数
    if(a==-1||b==-1)break;          //如果读取出-1,则说明没有数据了,结束程序
    printf("%d\n",a+b);             //输出结果
  }
  return 0;
}
```

实验题目 09-02-06 治安管理（NYOJ：1364）

内存限制：128MB；时间限制：3000ms。

题目描述：SZ 市是中国改革开放建立的经济特区，是中国改革开放的窗口，已发展为有一定影响力的国际化城市，创造了举世瞩目的"SZ 速度"。SZ 市海、陆、空、铁口岸俱全，是中国拥有口岸数量最多、出入境人员最多、车流量最大的口岸城市。

为了维护 SZ 经济特区社会治安秩序，保障特区改革开放和经济建设的顺利进行，特别设立了 SZ 社会治安综合治理委员会主管特区的社会治安综合治理工作。公安机关是社会治安的主管部门，依照法律、法规的规定进行治安行政管理，打击扰乱社会治安的违法犯罪行为，维护社会秩序。

YYH 大型活动将在 $[S, F)$ 这段时间举行，现要求活动期间任何时刻巡逻的警察人数不少于 M 人。公安机关将有 N 名警察维护活动的安全，每人巡逻的时间为 $[a_i, b_i)$。请检查目前的值班安排是否符合要求。若满足要求，则输出 Yes，并输出某个时刻同时巡逻的最多人数；若不满足要求，则输出 No，并输出某个时刻同时巡逻的最少人数。

输入描述：第 1 行：T 表示以下有 T 组测试数据（1≤T≤5）

对每组数据，接下来的

第 1 行：N M S F   （1≤N≤10000 1≤M≤1000 0≤S＜F≤100000）

第 2 行，a1 a2 …· an   警察巡逻的起始时间

第 3 行，b1 b2 …· bn   警察巡逻的结束时间   （0≤ai≤bi i=1,…,n）

输出描述：对每组测试数据，输出占一行。若满足要求，则输出 Yes，并输出某个时刻同时巡逻的最多人数；若不满足要求，则输出 No，并输出某个时刻同时巡逻的最少人数。（中间一个空格）

样例输入：

```
2
5 2 0 10
0 0 2 7 6
6 2 7 10 10
10 2 6 11
1 3 5 7 9 2 4 6 8 10
2 4 6 8 10 3 5 7 9 11
```

样例输出：

```
Yes 2
No 1
```

注：该题目选自 NYOJ 网站，在线网址 http://nyoj.top/problem/1364。

问题分析：本题需要读入数据、评判每组数据是否满足条件、统计某时刻出勤的警察数，这些操作都非常适合设计函数，使程序模块化，从而减轻主函数代码量。

从以下程序代码可以看出，每个函数只通过简单的顺序查找就可以解决。模块化程序设计使每个函数功能独立、逻辑简单、功能专一、程序可读性强。

参考代码(09-02-06.c):

```
#include<stdio.h>
int a[10005],b[10005];
int n,m,s,f;
int maxs;                                   //记录出勤最多的警察数
int ok;                                     //记录一组数据是否满足条件
void read(){                                //读取一组数据
  int i;
  scanf("%d%d%d%d",&n,&m,&s,&f);
  for(i=0;i<n;i++)scanf("%d",&a[i]);
  for(i=0;i<n;i++)scanf("%d",&b[i]);
}
void fun(){
  maxs=0;
  ok=1;
  int k,gk;
  for(k=s;k<f;k++){                         //考查(遍历)时间区间 [s,f)内的时间点 k
    gk=g(k);                                //计算时间 k 执勤的警察数量
    if(gk<m)ok=0;                           //若某点 k 执勤警察数量<m,则本组数据不满足要求
    if(maxs<gk)maxs=gk;                      //记录出勤最多的警察数
  }
}
int g(int k){                               //巡逻时间数组中包含时间 k 的警察数
  int i,s=0;
  for(i=0;i<n;i++)
    if(k>=a[i]&&k<b[i])s++;                 //警察出勤区间[ai,bi]
  return s;
}
int main(){
  int t;
  scanf("%d",&t);
  while(t--){
    read();                                 //读入每组数据
    fun();                                  //评判
    if(ok==1) printf("%s %d\n","Yes",maxs); //输出结果
    else      printf("%s %d\n","NO",maxs);
  }
  return 0;
}
```

实验题目 09-02-07　打印完数

总时间限制:1000ms;内存限制:65536KB。

描述: 一个数如果恰好等于它的因子之和,这个数就称为"完数"。例如,6的因子为1、2、3,而 6=1+2+3,因此 6 是"完数"。编程打印出 1000 之内(包括1000)所有的完数,并按

如下格式输出其所有因子。

```
6 its factors are 1,2,3
```

输入：无输入

输出：输出 1000 以内所有的完数及其因子，每行一个完数。

注：该题目选自 OpenJudge 网站，在线网址 http：//sdau. openjudge. cn/c/009/。

问题分析：本题中的完数是指其真约数之和等于本身的自然数，最小的完数是 6。本题要判断一个整数是否为完全数，正好设计为一个函数。还要输出完全数的所有真约数，正好也设计为一个函数。两个函数的逻辑都比较简单。

参考代码（09-02-07. c）：

```c
#include<stdio.h>
#include<math.h>
void print(int n){                       //按规定输出 n 的约数信息
  int i;
  printf("%d its factors are ",n);
  for(i=1;i<=n/2;i++){
    if(n%i==0){
      if(i>1) printf(",");               //控制逗号的输出
      printf("%d",i);
    }
  }
  printf("\n");
  return;
}
int perfect(int n){                      //判断约数 n 是否为完数
  int i,s;
  s=0;
  for(i=1;i<=n/2;i++){                    //在可能的范围[1..n/2]内穷举所有可能约数的值
    if(n%i==0) s+=i;                      //是约数就累加
  }
  return (s==n);                          //返回是否为完数(约数和等于本身)
}
int main(){
  int i;
  for(i=6;i<=1000;i++){                   //穷举所有 6~1000 的整数
    if(perfect(i))                        //如果 i 是完数，就输出其所有约数
      print(i);
  }
  return 0;
}
```

实验题目 09-02-08　验证"哥德巴赫猜想"

总时间限制：1000ms；内存限制：65536KB。

描述：验证"哥德巴赫猜想"，即任意一个大于或等于 6 的偶数均可表示成两个素数之和。

输入：输入只有一个正整数 x(x≤2000)。

输出：如果 x 不是"大于或等于 6 的偶数"，则输出一行：

Error!

否则输出这个数的所有分解形式，形式为

x=y+z

其中 x 为待验证的数，y 和 z 满足 y＋z＝x，而且 y≤z，y 和 z 均是素数。

如果存在多组分解形式，则按照 y 的升序输出所有的分解，每行一个分解表达式。

注意输出不要有多余的空格。

样例输入：

输入样例 1：
7
输入样例 2：
10
输入样例 3：
100

样例输出：

输出样例 1：
Error!
输出样例 2：
10=3+7
10=5+5
输出样例 3：
100=3+97
100=11+89
100=17+83
100=29+71
100=41+59
100=47+53

注：该题目选自 OpenJudge 网站，在线网址 http：//sdau. openjudge. cn/c/059/。

问题分析：本题需要设计一个函数 fun 处理输入的数据，还需要一个函数 prime 判断素数。

参考代码（09-02-08. c）：

```c
#include<stdio.h>
int prime(int n){                    //判断 n 是否为素数,覆盖所有整数
  if(n<2)return 0;
  int i;
```

```
    for(i=2;i<=sqrt(n);i++)
       if(n%i==0) return 0;
    return 1;
}
void fun(int n){
    if(n<6||n%2==1){                    //若不是大于或等于 6 的偶数,则输出 Error!
       printf("Error!");
       return;
    }
    int i;
    for(i=3;i<=n/2;i++){                 //穷举所有可能的加法算式 n=i+(n-i)
       if(prime(i)&&prime(n-i))          //如果 i 和 n-i 都是素数,则输出一行结果
          printf("%d=%d+%d\n",n,i,n-i);
    }
}
int main(){
    int n;
    scanf("%d",&n);                      //读入数据
    fun(n);                             //调用函数处理数据
    return 0;
}
```

实验题目 09-02-09　垂直直方图

总时间限制:1000ms;内存限制:65536KB。

描述:输入 4 行全部由大写字母组成的文本,输出一个垂直直方图,给出每个字符出现的次数。注意:只输出字符的出现次数,不输出空白字符、数字或者标点符号的输出次数。

输入:输入包括 4 行由大写字母组成的文本,每行上字符的数目不超过 80 个。

输出:输出包括若干行。其中最后一行给出 26 个大写英文字母,这些字母之间用一个空格隔开。前面的几行包括空格和星号,每个字母出现几次,就在这个字母的上方输出几个星号。注意:输出的第一行不能是空行。

样例输入:

```
THE QUICK BROWN FOX JUMPED OVER THE LAZY DOG.
THIS IS AN EXAMPLE TO TEST FOR YOUR
HISTOGRAM PROGRAM.
HELLO!
```

样例输出:

```
                        *
        *               *
        *               *     *   *
        *               *     *   *
*       *   *           *     *   *
*       *   * *     * * *     * * *
*       *   * * *   * * * *   * * * *
*   * * * * * *   * * * * *   * * * *     * *
* * * * * * * * * * * * * * * * * * * * * * * *
A B C D E F G H I J K L M N O P Q R S T U V W X Y Z
```

注：该题目选自 OpenJudge 网站，在线网址 http：//sdau. openjudge. cn/c/084/。

问题分析：本题最大的难点在于画直方图，前提是知道所有字母出现的最大次数，所以要设计以下几个函数。

(1) fun(s)；　　　　　　　//处理句子 s，累计统计每个字母的个数到数组 a 中(数组 a 为全局数组)

(2) int max()；　　　　　//统计所有字母最大的出现次数

(3) void print(int ma)；　//输出结果，ma 为最大出现次数

参考代码(09-02-09. c)：

```
#include<stdio.h>
int a[26]={0};              //依次存放大写字母个数,清 0,a[0]放 A 的个数……
int main(){
  char s[100];              //存放一个句子
  int n,c,i;
  for(i=1;i<=4;i++){        //处理 4 个句子
    gets(s);                //读入一个句子 s
    fun(s);                 //处理句子,统计字母个数
  }
  print(max());            //输出结果
  return 0;
}
void fun(char * s){
  char * p;
  for(p=s;* p!='\0';p++){
    if(* p>='A'&&* p<='z')a[* p-'A']++;
  }
}
int max(){                  //统计字母最大出现次数
  int i,ma=a[0];
  for(i=0;i<26;i++)if(ma<a[i])ma=a[i];
  return ma;
}
void print(int ma){                 //输出结果,ma 为最大出现次数
  int i,j;
  for(i=ma;i>=1;i--){               //输出 ma 行 * 直方图
    for(j=0;j<26;j++){
      if(j>0)    printf(" ");       //从第二项起,输出项之前加空格
      if(a[j]>=i) printf(" * ");    //够个数就输出 *
      else        printf(" ");      //不够个数就输出空格
    }
    printf("\n");                   //行末输出回车
  }
  printf("A B C D E F G H I J K L M N O P Q R S T U V W X Y Z");
}
```

实验题目 09-02-10　显示器

总时间限制：1000ms；内存限制：65536KB。

描述：你的一个朋友买了一台计算机。他以前只用过计算器，因为计算机的显示器上显示的数字和计算器不一样，所以当他使用计算机时比较郁闷。为了帮助他，请写一个程序，把计算机上的数字显示得像计算器上一样。

输入：输入包括若干行，每行表示一个要显示的数。每行都有两个整数 s 和 n($1 \leqslant s \leqslant 10, 0 \leqslant n \leqslant 99999999$)，这里 n 是要显示的数，s 是要显示的数的尺寸。

如果某行输入包括两个 0，则表示输入结束，这行不需要处理。

输出：显示的方式是：用 s 个'-'表示一个水平线段，用 s 个'|'表示一个垂直线段。这种情况下，每一个数字都需要占用 s+2 列和 2s+3 行。另外，在两个数字之间要输出一个空白的列。输完每个数之后，输出一个空白的行。注意：输出中空白的地方都要用空格填充。

样例输入：

```
2 12345
3 67890
0 0
```

样例输出：

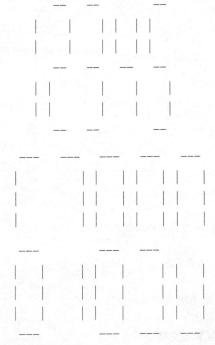

提示：数字(digit)指的是 0，或者 1，或者 2，……，或者 9。

数(number)由一个或者多个数字组成。

注：该题目选自 OpenJudge 网站，在线网址 http://sdau.openjudge.cn/c/082/。

问题分析：为输出每个数字的图形，笔者特别设计了每个数字的字模，存储在全局二维

数组 d 里。例如,数字 0 的字模是"-|| ||-",每个字符代表不同方位的字符,具体解释如下。

第 1 个字符是"-",代表最上横边线上输出"-";

第 2 个字符是"|",代表左上竖边线上输出"|";

第 3 个字符是"|",代表右上竖边线上输出"|";

第 4 个字符是空格,代表中间横线上输出空格;

第 5 个字符是"|",代表左下竖边线上输出"|";

第 6 个字符是"|",代表右下竖边线上输出"|";

第 7 个字符是"-",代表最下横边线上输出"-"。

以此类推,可以得到所有数字字符的字模。

为完成此题目,设计了以下几个函数,请大家体会设计思想和技巧。

参考代码(09-02-10.c):

```c
#include<stdio.h>
#include<string.h>
#define PUT(x) putchar(x)
char d[10][20]={                //设计字模,以下每个串都代表一个字模,串中的每个字符都代表该
                                //数字某方位上的字符
                "-|| ||-",  //0
                "   |   |",  //1
                "-|-| -",   //2
                "-|-|-",    //3
                " ||-| ",   //4
                "-| -|-",   //5
                "-| -||-",  //6
                "-|   |",   //7
                "-||-||-",  //8
                "-||-|-"    //9
               };
void print(int i,char c,int size){   //严格输出数字 c 的第 i 类行,尺寸为 size
  int k=c-'0';                  //字符数字转换成整数数值,对应数组 d 的下标,找字模
  if(i==1){                     //不同类别的行有不同的输出方式,输出内容 d[k][x]到字模里找
    PUT(' ');
    for(i=1;i<=size;i++)PUT(d[k][0]);
    PUT(' ');
  }
  else if(i==2){
    PUT(d[k][1]);
    for(i=1;i<=size;i++)printf(" ");
    PUT(d[k][2]);
  }
  else if(i==3){
    PUT(' ');
    for(i=1;i<=size;i++)PUT(d[k][3]);
    PUT(' ');
```

```
      }
    else if(i==4){
      PUT(d[k][4]);
      for(i=1;i<=size;i++)PUT(' ');
      PUT(d[k][5]);
    }
    else if(i==5){
      PUT(' ');
      for(i=1;i<=size;i++)PUT(d[k][6]);
      PUT(' ');
    }
}
void fun(char * s,int size){              //处理一组数据
  int i,j,k,len=strlen(s);
  for(i=1;i<=5;i++){                      //输出第 i 类行(i=1,2,3,4,5)
    for(k=1;k<=(i%2==1?1:size);k++){      //1,3,5类输出 1 行;2,4类输出 size 行
      for(j=0;j<len;j++){                 //对所有数字输出第 i 类行
        if(j>0)PUT(' ');                  //第二个数字开始前加空格
        print(i,s[j],size);              //严格输出数字 s[j]的第 i 类行
      }
      printf("\n");                       //输出所有数字的某一行后回车
    }
  }
}
int main(){
  char s[100];
  int size;
  while(1){
    scanf("%d%s",&size,s);                //读入一组数据
    if(size==0&&strcmp(s,"0")==0)break;   //0 0 结束
    fun(s,size);                          //处理这一组数据
    printf("\n");                         //每组数据后输出一个空行
  }
  return 0;
}
```

实验题目 09-02-11　粘墙"三角形"

总时间限制：1000ms；内存限制：32767KB。

描述：输入一些正整数 N(N≤26)，编程输出以这些正整数为边长的附着墙而立的字母三角形。

输入：几个正整数。

输出：每个正整数对应的图案。每组图案之间空一行。

样例输入：

3

7

样例输出:

```
a  a
a ab
aabc


a      a
a     ab
a     abc
a    abcd
a    abcde
a   abcdef
aabcdefg
```

注:该题目选自 OpenJudge 网站,在线网址 http: //sdau. openjudge. cn/17lx3/13/。

问题分析: 本题设计 print(n)函数输出总共有 n 行的整个图案,在此函数内依次输出图案的每一行。这一行图案由 3 部分构成:1 个 a、若干个空格和若干个形如 abcde 的串,可以设计 put(int n,char c)函数输出 n 个字符 c。

参考代码(09-02-11. c):

```c
#include<stdio.h>
void put(int n,char c);
void print(int n);
int main(){
  int n,c,i;
  while(scanf("%d",&n)==1){          //读入一组数据
    print(n);                        //调用函数输出一组图案
    printf("\n");                    //每组图案后加一空行
  }
  return 0;
}
void print(int n){                   //输出一组图案
  int i;
  for(i=1;i<=n;i++){                 //共 n 行,依次输出第 i 行
    put(1,97);                       //先输出 1 个 a
    put(n-i,32);                     //输出 n-i 个空格
    put(i,0);                        //输出 i 个字符(abcdefg...z 中的前 i 个)
    printf("\n");                    //换行
  }

}
void put(int n,char c){              //输出 n 个字符 c
  int i;
  for(i=1;i<=n;i++)
```

```
        if(c!=0)putchar(c);                      //如果 c!=0,则输出 n 个 c
        else putchar(96+i);                      //如果 c==0,则输出字符"96+i"
}
```

实验题目 09-02-12   打印月历

总时间限制：1000ms；内存限制：65536KB。

描述：给定年月，打印当月的月历表。

输入：输入为两个整数，占一行，第一个整数是年份 year（1900≤year≤2099），第二个整数是月份 month（1≤month≤12），中间用单个空格隔开。

输出：输出为月历表。月历表第一行为星期表头，如下所示。

Sun Mon Tue Wed Thu Fri Sat

其余各行依次是当月各天的日期，从 1 日开始到 31 日（30 日或 28 日或 29 日）。

日期数字应与星期表头右对齐，即个位数与星期表头相应缩写的最后一个字母对齐。日期中间用空格分隔出空白。

样例输入：

2006 5

样例输出：

```
Sun  Mon  Tue  Wed  Thu  Fri  Sat
      1    2    3    4    5    6
 7    8    9   10   11   12   13
14   15   16   17   18   19   20
21   22   23   24   25   26   27
28   29   30   31
```

提示：闰年的判断方法：能被 4 整除但不能被 100 整除，或者能被 400 整除。

1900 年 1 月 1 日是周一。

注：该题目选自 OpenJudge 网站，在线网址 http://noi.openjudge.cn/ch0113/24/。

问题分析：本题需要判断闰年，所以设计了 leap(int year)函数，其功能为返回 year 是否是闰年。题目中还要求出当年当月 1 日是星期几，所以设计了 from1900(int year,int month,int day)函数，其功能为返回指定日期与 1900 年 1 月 1 日相差的天数 w。因为 1900 年 1 月 1 日是周一，假设周日的序号是 0，周一的序号是 1，以此类推，所求年月 1 日的星期就是（w+1）％7。

我们设计了一个数组，存储从本月第一周的周日开始到月末的日期，数组的开始可能要存储 1 号之前上月的几天，其值初始化时赋为 0。这样，设计的输出本月日历的函数，只要从头输出该数组的所有元素即可。

参考代码（09-02-12.c）：

```
#include<stdio.h>
int leap(int year){                          //返回指定年份是否是闰年
```

```
    return (year%4==0&&year%100!=0)||(year%400==0);
}
int days(int year,int month){              //返回指定月份有多少天
  if(month==12||month==10||month==8||month==7||month==5
                                ||month==3||month==1) return 31;
  else if(month==11||month==9||month==6||month==4) return 30;
  else return leap(year)?29:28;
}
int from1900(int year,int month,int day){ //返回指定日期与 1900 年 1 月 1 日差几天
  if(year<1900) return -1;
  int i,s=0;
  for(i=1900;i<=year-1;i++)                //year 年之前整年的天数
    s=s+(leap(i)?366:365);
  for(i=1;i<=month-1;i++)                  //year 年 month 月之前整月的总天数
    s=s+days(year,i);
  s=s+day-1;                               //当月到 day 日天数-1
  return s;
}
void print(int a[],int ds){                //按要求输出结果
  int i;
  printf("Sun Mon Tue Wed Thu Fri Sat\n");
  for(i=0;i<ds;i++){
    if(a[i]==0) printf("    ");
    else        printf("%3d ",a[i]);
    if(i%7==6)printf("\n");
  }
  return;
}
int main(){
  int year,month,n,i;
  int a[40]={0};                           //存储本月所有日期,最前面加第一行空出的几天
  scanf("%d%d",&year,&month);              //输入年月
  int w=from1900(year,month,1);            //指定日期与 19000101 相差的天数
  w=(1+w)%7;                               //指定日期是周几(周日为 0,周一为 1)
  int ds=days(year,month);                 //本月有多少天
  for(i=0;i<ds;i++)a[w+i]=i+1;             //本月日期赋值到数组(因 1 号的周次第一行空出指定天数)
  ds=ds+w;                                 //本月天数+第一行空出的日期数=本月数组
  print(a,ds);                             //输出
  return 0;
}
```

实验题目 09-02-13　出书最多

总时间限制：1000ms；内存限制：65536KB。

描述：假定图书馆新进了 m(10≤m≤999)本图书，它们都是由 n(1≤n≤26)个作者独立或相互合作编著的。假设 m 本图书的编号为整数(1～999)，作者的姓名为字母('A'～'Z')，根据图书作者列表找出参与编著图书最多的作者和他的图书列表。

输入：第 1 行为所进图书数量 m,其余 m 行,每行是一本图书的信息,其中第一个整数为图书编号,接着一个空格之后是一个由大写英文字母组成的没有重复字符的字符串,每个字母代表一个作者。输入数据,保证仅有一个作者出书最多。

输出：输出有多行：

第 1 行为出书最多的作者字母;

第 2 行为作者出书的数量;

其余各行为作者参与编著的图书编号(按输入顺序输出)。

样例输入：

```
11
307 F
895 H
410 GPKCV
567 SPIM
822 YSHDLPM
834 BXPRD
872 LJU
791 BPJWIA
580 AGMVY
619 NAFL
233 PDJWXK
```

样例输出：

```
P
6
410
567
822
834
791
233
```

注：选自 OpenJudge 网站,在线网址 http://noi.openjudge.cn/ch0113/42/。

问题分析：本题设计了一个名为 count() 的函数,统计所有作者的编书数量,并设计了另一个函数 getmax(),返回编书最多的作者(一个字符)。

参考代码(09-02-13.c)：

```c
#include<stdio.h>
#include<string.h>
int a[1009];                     //每本书的图书编号
char b[1009][30];                //每本书的作者
int c[26]={0};                   //存储每个作者编写图书的数量
int n;
void count(){                    //统计所有作者编书的数量
```

```
    int i,k,ii;
    for(i=0;i<n;i++){                  //遍历所有图书
      for(k=0;k<strlen(b[i]);k++){     //遍历 b[i]的所有作者
        int ii=b[i][k]-'A';            //该作者对应数组 c 的下标
        c[ii]++;                       //该作者编书的数量累加 1
      }
    }
}
char getmax(){                         //返回编书最多的作者(一个字符)
    int i,maxi=0,max=c[0];
    for(i=0;i<26;i++)
      if(max<c[i]){max=c[i];maxi=i;}
    return maxi+'A';
}
int main(){
    int i;
    scanf("%d",&n);                    //输入 n
    for(i=0;i<n;i++){                  //输入 n 本书
      scanf("%d%s",&a[i],b[i]);        //读取一本书的数据
    }
    count();                           //统计每位作者编写图书的数量
    char author=getmax();              //返回编书最多的作者
    printf("%c\n",author);             //输出作者
    printf("%d\n",c[author-'A']);      //输出数量
    for(i=0;i<n;i++)                   //输出该作者参编的所有书
      if(strchr(b[i],author)!=NULL)
        printf("%d\n",a[i]);
}
```

实验 9.3　递归函数设计实验

1. 相关知识点

(1) 递归、直接递归和间接递归的概念。
(2) 递归函数的设计方法和技巧。
(3) 递归函数的运行过程。
(4) 递归过程中内存中的数据状态。

2. 实验目的和要求

通过本实验要求学生掌握递归函数的概念、掌握递归函数的设计方法和技巧,掌握递归函数的运行过程,熟练应用递归函数解决问题。

本节中的每个题目都要求学生设计递归函数解决。

3. 实验题目

实验题目 09-03-01 斐波那契数列

总时间限制：1000ms；内存限制：65536KB。

描述：斐波那契数列是指：数列的第一个数和第二个数都为1，接下来每个数都等于前面两个数之和。

给出一个正整数a，求斐波那契数列中第a个数是多少？

输入：第1行是测试数据的组数n，后面为n行输入数据。每组测试数据占一行，包括一个正整数a(1≤a≤20)。

输出：输出有n行，每行输出对应一个输入。输出应是一个正整数，为斐波那契数列中第a个数的大小。

样例输入：

```
4
5
2
19
1
```

样例输出：

```
5
1
4181
1
```

注：本题网址 http://noi.openjudge.cn/ch0202/1755/，选自 OpenJudge 网站，题号：1755。

问题分析：本题是典型的递归应用问题，注意 fib 函数返回值的类型。

参考代码（09-03-01.c）：

```c
#include<stdio.h>
#include<string.h>
long long int fib(int n){
  if(n==1||n==2) return 1LL;
  else return fib(n-1)+fib(n-2);
}
int main(){
  int n,a,i;
  scanf("%d",&n);
  for(i=1;i<=n;i++){
    scanf("%d",&a);
    printf("%lld\n",fib(a));
  }
```

```
  return 0;
}
```

实验题目 09-03-02　Pell 数列

总时间限制：3000ms；内存限制：65536KB。

描述：Pell 数列 $a_1, a_2, a_3, \cdots$ 的定义：$a_1 = 1, a_2 = 2, \cdots, a_n = 2 \times a_{n-1} + a_{n-2} (n > 2)$。
给出一个正整数 k，求 Pell 数列的第 k 项模上 32767 是多少。

输入：第 1 行是测试数据的组数 n，后面是 n 行输入。每组测试数据占 1 行，包括一个正整数 $k(1 \leqslant k < 1000000)$。

输出：n 行，每行输出对应一个输入。输出应是一个非负整数。

样例输入：

```
2
1
8
```

样例输出：

```
1
408
```

注：本题网址 http：//noi. openjudge. cn/ch0202/1788/，选自 OpenJudge 网站，题号：1788。

问题分析：与上题类似，很容易得到以下程序代码，函数 pell 的功能是通过递归求得数列第 n 项的值。程序在本地机器运行测试数据正确，但网上提交不成功，显示信息：Time Limit Exceeded。

参考代码（09-03-02-A. c）：

```c
#include<stdio.h>
#include<string.h>
int pell(int n){
  if(n==1||n==2) return n;
  else return (pell(n-2)+pell(n-1) * 2)%32767;
}
int main(){
  int n,a,i;
  scanf("%d",&n);
  for(i=1;i<=n;i++){
    scanf("%d",&a);
    printf("%d\n",pell(a));
  }
  return 0;
}
```

此程序提交不成功，提示信息显示运行超时，原因是：对于数列下标的较大值来说，递归深度较大,递归次数太多,因此程序执行较慢。实质是递归过程中分支众多,许多数项被重复计算多次,随着递归深度的增加,递归次数呈指数级增加,因此程序超时。

有一种解决问题的方法是:创建一个数组,存放已计算出的 Pell 数值,当下次需要此值时,可以通过查表直接得到,不必再次递归,这样可以大大减少递归的次数。

参考代码(09-03-02-B.c):

```c
#include<stdio.h>
int s[1000005]={0,1,2};                        //用于存放已求得的 Pell 数,预置前两项的值
int pell(int i){
  if(s[i]>0) return s[i];                      //如果第 i 项已求得,则直接返回
  else{                                        //如果第 i 项未曾求得,则递归
    s[i]=(2*pell(i-1)+pell(i-2))%32767;        //将求得的第 i 项值保存到数组 s 中
    return s[i];                               //返回
  }
}
int main(){
  int n,i,a;
  scanf("%d",&n);
  for(i=1;i<=n;i++){
    scanf("%d",&a);
    printf("%d\n",pell(a));
  }
}
```

实验题目 09-03-03   阶乘因式分解(一)(NYOJ:56)

内存限制:64MB;时间限制:3000ms。

题目描述: 给定两个数 m、n,其中 m 是一个素数。

将 n(0≤n≤10000)的阶乘分解质因数,求其中有多少个 m。

输入描述: 第一行是一个整数 s(0<s≤100),表示测试数据的组数。

随后的 s 行,每行都有两个整数 n、m。

输出描述: 输出 m 的个数。

样例输入:

```
2
100 5
16 2
```

样例输出:

```
24
15
```

注:选自 NYOJ 网站,在线网址 http://nyoj.top/problem/56。

问题分析: 为了解决本题中的问题,需要设计以下两个函数。

```
int f(int n,int m)                    //返回 n 分解素因数后里边有多少个 m
int g(int n,int m)                    //返回 n!分解素因数后里边有多少个 m
```

对于这两个函数,都可以用递归方法设计,代码及逻辑如下。

```
int f(int n,int m){                   //返回 n 分解素因数后里边有多少个 m
  if(n%m!=0||n<m) return 0;           //如果 n 不是 m 的倍数,n 里没 m,则返回 0
  else        return 1+f(n/m,m);      //如果 n 是 m 的倍数,则结果为 f(n/m,m)+1
}
int g(int n,int m){                   //返回 n!分解素因数后里边有多少个 m
  if(n==1)   return 0;                //如果 n==1,则返回 0(1 里没有任何素数)
  else        return f(n,m)+g(n-1,m); //否则结果为 n 里 m 的个数+(n-1)!里 m 的个数
}
```

参考代码(09-03-03.c):

```
#include<stdio.h>
int g(int n,int m){                   //返回 n!分解素因数后里边有多少个 m
  if(n==1)   return 0;
  else        return f(n,m)+g(n-1,m);
}
int f(int n,int m){                   //返回 n 分解素因数后里边有多少个 m
  if(n%m!=0||n<m) return 0;
  else             return 1+f(n/m,m);
}
int main(){
  int s,n,m,i;
  scanf("%d",&s);
  for(i=1;i<=s;i++){                   //s 组数据
    scanf("%d%d",&n,&m);
    printf("%d\n",g(n,m));
  }
  return 0;
}
```

实验题目 09-03-04   n-1 位数(NYOJ:96)

内存限制:64MB;时间限制:3000ms。

题目描述:已知 w 是一个大于 10 但不大于 1000000 的无符号整数,若 w 是 $n(n \geqslant 2)$ 位整数,则求出 w 的后 $n-1$ 位数。

输入描述:第一行为 M,表示测试数据组数。接下来 M 行,每行都包含一个测试数据。

输出描述:输出 M 行,每行为对应行的 $n-1$ 位数(忽略前缀 0)。如果除了最高位外,其余位都为 0,则输出 0。

样例输入:

4
1023

5923

923

1000

样例输出：

23

923

23

0

注：选自 NYOJ 网站，在线网址 http：//nyoj. top/problem/96。

问题分析：本题中，由 n 位整数 w 得到其后 n-1 位，也就是去掉 w 最高位得到的数，设函数 getv(w)，递归逻辑如下。

如果 w 小于 10，那么答案是 0；

如果 w 小于 100，那么答案是 w 的个位数(w％10)；

否则答案是 getv(w/10) * 10+w％10。

参考代码(09-03-04. c)：

```
#include<stdio.h>
int getv(int w){      //如果 w 是 n 位数,则返回 w 的后 n-1 位(即返回去掉 w 最高位剩下的数)
  if(w<10)   return 0;
  else if(w<100) return w%10;
  else           return getv(w/10) * 10+w%10;
}
int main(){
  int s,w,i;
  scanf("%d",&s);
  for(i=1;i<=s;i++){          //s 组数据
    scanf("%d",&w);
    printf("%d\n",getv(w));
  }
  return 0;
}
```

实验题目 09-03-05   Digital Roots（ZOJ：1115）

Time Limit：2 Seconds；Memory Limit：65536KB。

Background：The digital root of a positive integer is found by summing the digits of the integer. If the resulting value is a single digit then that digit is the digital root. If the resulting value contains two or more digits, those digits are summed and the process is repeated. This is continued as long as necessary to obtain a single digit.

For example, consider the positive integer 24. Adding the 2 and the 4 yields a value of 6. Since 6 is a single digit, 6 is the digital root of 24. Now consider the positive integer 39. Adding the 3 and the 9 yields 12. Since 12 is not a single digit, the process must be repeated. Adding the 1 and the 2 yields 3，a single digit and also the digital root of 39.

Input：The input file will contain a list of positive integers，one per line. The end of the input will be indicated by an integer value of zero.

Output：For each integer in the input，output its digital root on a separate line of the output.

Example：

```
Input
24
39
0
Output
6
3
```

注：本题网址 http：//acm. zju. edu. cn/onlinejudge/showProblem. do?problemCode＝1115,选自浙江大学 ZOJ 网站,题号：1115。

问题分析：本题大意是一个整数的"数根"可以这样得到,首先求该整数的各位数字和,如果这些数字和大于 10,就继续求解其各位数字和,以此类推,直到最后得到一位数为止。这正是递推和递归的思想。以下程序代码中设计了两个函数：

(1) 函数 int root1(int n)用递推方法求 n 的数根。

(2) 函数 int root2(int n)用递归方法求 n 的数根。

参考代码(09-03-05-A. c)：

```c
#include<stdio.h>
#include<string.h>
int root1(int n){
  int r;
  do{
    r=0;
    while(n>0){
      r=r+n%10;
      n=n/10;
    }
    if(r<10)break;
    else   n=r;
  }while(1);
  return r;
}
int root2(int n){
  int r=0;
  while(n>0){r=r+n%10;n=n/10;}
  if(r<10) return r;
  else return root2(r);
```

```
    }
    int main(){
        int n;
        while(1){
            scanf("%d",&n);
            if(n==0)break;
            printf("%d\n",root1(n));
            /* printf("%d\n",root2(n)); */
        }
        return 0;
    }
```

以上代码在网站提交时没有通过，显示错误 Wrong Answer，改为调用 root2 递归函数也没有通过。可是，在本机运行测试数据时结果是正确的，这是为什么呢？

原来问题出在题目中没有对整数范围做出规定，程序中的 int 型数据不能满足要求，改成 long long 型是否可以呢？结果提交还是不成功。

以上事实说明，输入的每行整数有可能是非常大的整数，用 long long 型数据也不能处理。所以，读取一行上的整数时，必须采用读取一行字符串的形式。读来一行字符串后，再通过程序将其各位数字和求出，这个数字和不会是特别大的整数，可以赋值给整型变量 s。接下来求 s 的数根即可。

改进的程序如下。

参考代码（09-03-05-B.c）

```
#include<stdio.h>
#include<string.h>
#define N 1000000
int root(int n){
    int r=0;
    while(n>0){r=r+n%10;n=n/10;}
    if(r<10) return r;
    else return root(r);
}
int main(){
    char s[N];
    int n,i;
    while(1){
        gets(s);                              /* 读入一行 */
        if(strcmp(s,"0")==0)break;            /* 如果读入 0 跳出循环,则结束程序 */
        n=0;
        for(i=0;s[i]!='\0';i++)n=n+(s[i]-'0'); /* 得到数字和 n */
        printf("%d\n",root(n));               /* 输出数根 */
    }
    return 0;
}
```

第10章 预 处 理

10.1 知识点及学习要求

10-01 宏

知识单元	知识点/程序清单	认识	理解	领会	运用	创新	预习	复习
10-01-01 编译预处理	什么是预处理	√	√					
	预处理在编译之前进行	√	√					
10-01-02 宏定义	认识宏、宏名、宏体、宏替换		√	√				
	宏分为有参数的宏和无参数的宏	√						
10-01-03 无参宏定义	无参宏定义的一般形式 ♯define 宏名标识符 宏体字符串		√	√				
	宏替换功能详细说明	√	√	√				
	程序清单 10-01-01.c	√	√	√	√			
	程序清单 10-01-02.c	√	√	√	√			
	程序清单 10-01-03.c	√	√	√	√			
	程序清单 10-01-04.c	√	√	√	√			
	程序清单 10-01-05.c	√	√	√	√			
	程序清单 10-01-06.c	√	√	√	√			
10-01-04 终止宏替换	终止宏替换指令的一般形式	√	√					
	程序清单 10-01-07.c	√	√	√	√			
	程序清单 10-01-08.c	√	√	√	√			
	程序清单 10-01-09.c	√	√	√	√			

10-02 带参数的宏

知识单元	知识点/程序清单	认识	理解	领会	运用	创新	预习	复习
10-02-01 认识带参宏	带参宏定义的一般形式	√	√					
	带参宏调用的一般形式	√	√					
	带参宏的展开		√	√				
	程序清单 10-02-01.c		√	√	√	√		

知 识 单 元	知识点/程序清单	认识	理解	领会	运用	创新	预习	复习
10-02-02 带参宏说明	宏名与形参之间不能有空格		√	√				
	实形参之间只是简单代换展开		√	√	√			
	调用带参宏时实参可以是表达式		√	√	√			
	程序清单 10-02-02.c		√	√	√	√		
	程序清单 10-02-03.c		√	√	√			
	程序清单 10-02-04.c		√	√	√			
	程序清单 10-02-05.c		√	√	√			
10-02-03 带参宏和带参函数的区别	程序清单 10-02-06.c		√	√	√			
	理解带参的宏和带参函数的区别		√	√				
10-02-04 宏名替换多个语句	宏名可以替换多个语句		√	√				
	程序清单 10-02-07.c		√	√	√	√		

10-03 文件包含

知 识 单 元	知识点/程序清单	认识	理解	领会	运用	创新	预习	复习
10-03-01 认识文件包含	文件包含指令的两种形式	√	√					
	两种形式的区别		√	√				
10-03-02 文件包含的功能	掌握文件包含的功能		√	√				
10-03-03 文件包含程序举例	示例01 程序清单 10-03-01.h 程序清单 10-03-01.c		√	√	√	√		
	示例02 程序清单 10-03-02-A.c 程序清单 10-03-02-B.c 程序清单 10-03-02.c 程序清单 10-03-03.c		√	√	√	√		

10-04 条件编译

知 识 单 元	知识点/程序清单	认识	理解	领会	运用	创新	预习	复习
10-04-01 第一种形式	第一种形式条件编译语法	√	√					
	程序清单 10-04-01.c		√	√	√	√		
10-04-02 第二种形式	第二种形式条件编译语法	√	√					

续表

知 识 单 元	知识点/程序清单	认识	理解	领会	运用	创新	预习	复习
10-04-03 第三种形式	第三种形式条件编译语法	✓	✓					
	程序清单 10-04-02.c			✓	✓	✓	✓	

10.2 预处理程序设计实验

实验 10 预处理程序设计实验

1. 相关知识点

(1) 简单宏替换的使用。

(2) 带参数宏替换的技巧方法和注意事项。

(3) 文件包含和条件编译。

2. 实验目的和要求

通过本实验要求学生掌握简单宏替换和带参宏替换的设计方法,掌握宏参数及宏体表达式的自我保护方法。

本节中的每个题目都要求学生设计宏替换解决,尽可能发挥宏的作用。

3. 实验题目

实验题目 10-01-01　统计数字字符的个数

总时间限制:1000ms;内存限制:65536KB。

描述:输入一行字符,统计出其中数字字符的个数。

输入:一行字符串,总长度不超过 255。

输出:输出为 1 行,输出字符串里面数字字符的个数。

样例输入:

Peking University is set up at 1898.

样例输出:

4

注:选自 OpenJudge 网站,在线网址 http://noi.openjudge.cn/ch0107/01/。

问题分析:本题目中为了判别数字字符,可以设计一个宏,代码如下。注意宏体中括号的运用。

参考代码(10-01-01.c):

```
#include<stdio.h>
```

```
#define ISDIGIT(x) ((x)>='0'&&(x)<='9')          //定义宏
int main(){
  char str[256];                                 //存储字符串
  int k,s;
  gets(str);                                     //输入字符串
  s=0;                                           //存储数字字符个数
  for(k=0;str[k]!='\0';k++){                     //遍历字符串
    if(ISDIGIT(str[k]))s++;                      //若 str[k]为数字,则计数
  }
  printf("%d",s);                                //输出结果 s
  return 0;
}
```

实验题目 10-01-02   合法 C 标识符

总时间限制：1000ms；内存限制：65536KB。

描述：给定一个不包含空白符的字符串,判断是否是 C 语言合法的标识符号(注：题目保证这些字符串一定不是 C 语言的保留字)。

C 语言标识符要求：

(1) 非保留字。

(2) 只包含字母、数字及下画线。

(3) 不以数字开头。

输入：一行,包含一个字符串,字符串中不包含任何空白字符,且长度不大于 20。

输出：一行,如果它是 C 语言的合法标识符,则输出 Yes,否则输出 No。

样例输入：

```
RKPEGX9R;TWyYcp
```

样例输出：

```
No
```

注：选自 OpenJudge 网站,在线网址 http://noi.openjudge.cn/ch0107/06/。

问题分析：为了在本题中判断标志符是否合法,定义了以下 5 个带参宏,注意宏的意义和括号的运用。

```
#define DIGIT(x) ((x)>='0'&&(x)<='9')              //判断 x 是否为数字
#define UPPER(x) ((x)>='A'&&(x)<='Z')              //判断 x 是否为大写字母
#define LOWER(x) ((x)>='a'&&(x)<='z')              //判断 x 是否为小写字母
#define ALPHA(x) ( UPPER(x)||LOWER(x) )            //判断 x 是否为字母
#define OK(x) (ALPHA(x)||DIGIT(x)||(x)=='_')       //判断 x 是否为字母、数字、下画线之一
```

恰当使用带参宏,可以简化程序书写,使程序可读性更强,也可以提高代码的可重用性。

参考代码(10-01-02.c)：

```
#include<stdio.h>
```

```
#define DIGIT(x) ((x)>='0'&&(x)<='9')           //判断 x 是否为数字
#define UPPER(x) ((x)>='A'&&(x)<='Z')           //判断 x 是否为大写字母
#define LOWER(x) ((x)>='a'&&(x)<='z')           //判断 x 是否为小写字母
#define ALPHA(x) ( UPPER(x)||LOWER(x) )         //判断 x 是否为字母
#define OK(x) ( ALPHA(x) || DIGIT(x) || (x)=='_' )  //判断 x 是否为字母、数字、下画线之一
int main(){
  char word[256];                               //存储字符串
  int k,f;
  gets(word);                                   //输入字符串
  f=1;                                          //标志变量,标志此标识符是否合法
  if( !OK(word[0]) || DIGIT(word[0]) ) f=0;     //开始字符不符合语法

  for(k=1;word[k]!='\0';k++)                    //从 word[1]开始遍历字符串
    if( !OK(word[k]) ){                         //单词内部存在非法字符
      f=0;
      break;
    }

  if(f==1)printf("yes");                        //f==1 表示标识符合法
  else printf("no");                            //f==0 表示标识符非法
  return 0;
}
```

实验题目 10-01-03 简单密码

总时间限制：1000ms；内存限制：65536KB。

描述：Julius Caesar 曾经使用过一种很简单的密码。明文中的每个字符用字母表中后5位对应的字符代替，这样就得到了密文。例如，字符 A 用 F 代替。下面是密文和明文中字符的对应关系：

密文 A B C D E F G H I J K L M N O P Q R S T U V W X Y Z
明文 V W X Y Z A B C D E F G H I J K L M N O P Q R S T U

你的任务是对给定的密文进行解密得到明文。

需要注意的是，密文中出现的字母都是大写字母。密文中也包括非字母的字符，对这些字符不用进行解码。

输入：一行，给出密文，密文不为空，而且其中的字符数不超过 200。

输出：输出一行，即密文对应的明文。

样例输入：

NS BFW, JAJSYX TK NRUTWYFSHJ FWJ YMJ WJXZQY TK YWNANFQ HFZXJX

样例输出：

IN WAR, EVENTS OF IMPORTANCE ARE THE RESULT OF TRIVIAL CAUSES

注：选自 OpenJudge 网站，在线网址 http://noi.openjudge.cn/ch0107/10/。

问题分析：为实现本题中的判断和明文与密文之间的转换，定义了以下带参宏，请仔细

分析它们的功能,掌握字母表中字符移位的计算技巧。

```
#define INDEX(x) ((x)-65)                    //大写字母 x 在字母表中的位序
#define UPPER(x) ((x)>='A'&&(x)<='Z')        //判断 x 是否为大写字母
#define ENC(x) ( (INDEX(x)+5)%26+'A' )       //x 加密 encryption(右移 5 位)
#define DEC(x) ( (INDEX(x)-5+26)%26+'A' )    //x 解密 decryption(左移 5 位)
```

参考代码(10-01-03-A. c):

```
#include<stdio.h>
#define INDEX(x) ((x)-65)                    //大写字母 x 在字母表中的位序
#define UPPER(x) ((x)>='A'&&(x)<='Z')        //判断 x 是否为大写字母
#define ENC(x) ( (INDEX(x)+5)%26+'A' )       //x 加密 encryption(右移 5 位)
#define DEC(x) ( (INDEX(x)-5+26)%26+'A' )    //x 解密 decryption(左移 5 位)
int main(){
  char str[256];                             //存储字符串
  int k;
  gets(str);                                 //输入字符串
  for(k=0;k<strlen(str);k++){                //遍历字符串
    char ch=str[k];                          //当前字符赋给 ch
    if( UPPER(ch) ) ch=DEC(str[k]);          //如果是字母,则解密后字符赋给 ch
    printf("%c",ch);                         //输出原文字符
  }
  return 0;
}
```

甚至可以设计一个对任意字符加密和解密的宏,根据题目描述,任意字符加密宏 ENC2(x)的值应该是:若 x 为大写字母,值为 x 在字母表中循环右移 5 位,否则值不变。

同理,任意字符解密宏 DEC2(x)的值应该是:若 x 为大写字母,值为 x 在字母表中循环左移 5 位,否则值不变。此两个宏的定义如下,注意分析其功能。

```
#define ENC2(x) ( UPPER(x)?ENC(x):(x) )     //任意字符 x 加密(字母右移 5 位,其他不变)
#define DEC2(x) ( UPPER(x)?DEC(x):(x) )     //任意字符 x 解密(字母左移 5 位,其他不变)
```

有了这两个宏,主函数更加简洁易读了。改进后的程序代码如下。

参考代码(10-01-03-B. c):

```
#include<stdio.h>
#define INDEX(x) ((x)-65)                    //大写字母 x 在字母表中的位序
#define UPPER(x) ((x)>='A'&&(x)<='Z')        //判断 x 是否为大写字母
#define ENC(x) ( (INDEX(x)+5)%26+'A' )       //字母 x 加密 encryption(右移 5 位)
#define DEC(x) ( (INDEX(x)-5+26)%26+'A' )    //字母 x 解密 decryption(左移 5 位)

#define ENC2(x) ( UPPER(x)?ENC(x):(x) )     //任意字符 x 加密(字母右移 5 位,其他不变)
#define DEC2(x) ( UPPER(x)?DEC(x):(x) )     //任意字符 x 解密(字母左移 5 位,其他不变)

int main(){
```

```
    char str[256];                          //存储字符串
    int k;
    gets(str);                              //输入字符串
    for(k=0;k<strlen(str);k++){             //遍历字符串
      str[k]=DEC2(str[k]);                  //解密后赋值回原位置
    }
    puts(str);                              //输出解密后的整个字符串
    return 0;
}
```

实验题目 10-01-04　大小写字母互换

总时间限制：1000ms；内存限制：65536KB。

描述：把一个字符串中所有出现的大写字母都替换成小写字母,同时把小写字母替换成大写字母。

输入：输入一行：待互换的字符串。

输出：输出一行：完成互换的字符串(字符串长度小于80)。

样例输入：

If so, you already have a Google Account. You can sign in on the right.

样例输出：

iF SO, YOU ALREADY HAVE A gOOGLE aCCOUNT. yOU CAN SIGN IN ON THE RIGHT.

注：选自 OpenJudge 网站,在线网址 http://noi.openjudge.cn/ch0107/14/。

问题分析：为完成本题要求的条件判断和字符转换,定义了如程序代码中的 6 个带参宏。最后一个宏 CHANGE(x)的功能为实现对字符 x 的转换,规则为：若 x 不是字母,则原样不变;若 x 是字母,则大小写互换。请仔细分析与理解这些宏的功能和设计技巧。

参考代码(10-01-04.c)：

```
#include<stdio.h>
#define UPPER(x) ((x)>='A'&&(x)<='Z')           //判断 x 是否为大写字母
#define LOWER(x) ((x)>='a'&&(x)<='z')           //判断 x 是否为小写字母
#define ALPHA(x) ( UPPER(x)||LOWER(x) )         //判断 x 是否为字母
#define TOUPPER(x) ((x)-32)                     //小写字母转换成大写字母
#define TOLOWER(x) ((x)+32)                     //大写字母转换成小写字母
//宏 CHANGE(x)的功能为实现字符 x 的转换 (非字母原样不变,字母大小写互换)
#define CHANGE(x) ( !ALPHA(x)?(x):( UPPER(x)?TOLOWER(x):TOUPPER(x) ) )
int main(){
    char str[256];                          //存储字符串
    int k,f;
    gets(str);                              //输入字符串
    for(k=0;k<strlen(str);k++){             //遍历字符串
      str[k]=CHANGE(str[k]);                //转换后赋值回原位置
```

```
    }
    puts(str);                                    //输出转换后的整个字符串
    return 0;
}
```

实验题目 10-01-05　5 个数求最值

内存限制：64MB；时间限制：1000ms。

题目描述：设计一个从 5 个整数中取最小数和最大数的程序。

输入描述：输入只有一组测试数据，为 5 个不大于 10000 的正整数。

输出描述：输出两个数，第一个数为这 5 个数中的最小值，第二个数为这 5 个数中的最大值，两个数字以空格开隔。

样例输入：

```
1 2 3 4 5
```

样例输出：

```
1 5
```

注：选自 NYOJ 网站，在线网址 http：//nyoj. top/problem/31。

问题分析：本题非常简单，用选择结构或者用循环结构都可以轻而易举地解决，但是这里要求不用选择结构，也不用循环结构，单靠宏替换能解决吗？

下面程序中定义了好多宏，功能均为实现求参数的极值（最大值或最小值），注意宏体中括号的使用，因为宏体内参数不加括号时，宏不安全，具体参看配套教材的讲解。

参考代码（10-01-05. c）：

```
#include<stdio.h>
//以下宏均为返回参数中的最大值
#define MAX2(a,b)        ( (a)>(b) ? (a) : (b) )
#define MAX3(a,b,c)      ( MAX2(a,b)>(c) ?MAX2(a,b) : (c) )
#define MAX4(a,b,c,d)    ( MAX2(a,b)>MAX2(c,d) ?MAX2(a,b) : MAX2(c,d) )
#define MAX5(a,b,c,d,e)  ( MAX3(a,b,c)>MAX2(d,e) ?MAX3(a,b,c) : MAX2(d,e) )
//以下宏均为返回参数中的最小值
#define MIN2(a,b)        ( (a)<(b) ? (a) : (b) )
#define MIN3(a,b,c)      ( MIN2(a,b)<(c) ?MIN2(a,b) : (c) )
#define MIN4(a,b,c,d)    ( MIN2(a,b)<MIN2(c,d) ?MIN2(a,b) : MIN2(c,d) )
#define MIN5(a,b,c,d,e)  ( MIN3(a,b,c)<MIN2(d,e) ?MIN3(a,b,c) : MIN2(d,e) )
int main(){
    int a,b,c,d,e;
    scanf("%d%d%d%d%d",&a,&b,&c,&d,&e);
    printf("%d %d",MIN5(a,b,c,d,e),MAX5(a,b,c,d,e));
    return 0;
}
```

第11章 指 针

11.1 知识点及学习要求

11-01 认识指针

知 识 单 元	知识点/程序清单	认识	理解	领会	运用	创新	预习	复习
11-01-01 内存单元地址	内存空间由存储单元(字节)组成	√	√					
	内存地址就是内存单元编号	√	√					
11-01-02 指针	什么是指针	√	√					
	内存单元地址、内存单元内容	√	√					
11-01-03 指针变量	什么是指针变量		√	√				
	指针变量的值为一个内存地址		√	√				
11-01-04 指针的类型	指针有类型		√	√				
	指针的值决定其指向内存空间的首地址 指针类型决定其指向内存空间的大小		√	√				
11-01-05 指针变量的定义	指针变量定义的一般形式 类型说明符 *变量名;		√	√				
11-01-06 取地址运算符 &	重新认识运算符 &		√	√	√			
	回顾其在 scanf() 函数中的应用		√	√	√			
11-01-07 指针变量的赋值	定义时赋初值		√	√	√			
	单独赋值		√	√	√			
	给指针变量赋整型常量(危险)		√	√				
11-01-08 取内容运算符 *	取内容运算符 * 的语法及功能		√	√				
	注意此时的 * 与定义指针时 * 的区别		√	√				
	程序清单 10-01-01. c		√	√	√	√		
	程序清单 10-01-02. c		√	√	√	√		
	程序清单 10-01-03. c		√	√	√	√		
11-01-08A 指针应用	程序清单 10-01-04. c		√	√	√	√		
	程序清单 10-01-04-A. c		√	√	√	√		
	程序清单 10-01-04-B. c		√	√	√	√		
	程序清单 10-01-05. c		√	√	√	√		

知识单元	知识点/程序清单	认识	理解	领会	运用	创新	预习	复习
11-01-08A 指针应用	程序清单 10-01-06.c		√	√	√	√		
	程序清单 10-01-07.c		√	√	√	√		

11-02　指针的基本运算

知识单元	知识点/程序清单	认识	理解	领会	运用	创新	预习	复习
11-02-01 指针运算符 &、* 和赋值	程序清单 11-02-01.c		√	√	√	√		
	程序清单 11-02-02.c		√	√	√	√		
	程序清单 11-02-03.c		√	√	√	√		
	程序清单 11-02-04.c		√	√	√	√		
11-02-02 指针变量与整数的加减运算	pa 为指针,n 为整数,请正确理解表达式 pa＋n,pa－n,pa＋＋,pa－－的含义		√	√	√			
	程序清单 11-02-05.c		√	√	√	√		
	程序清单 11-02-06.c		√	√	√	√		
	程序清单 11-02-07.c		√	√	√	√		
11-02-03 两个指针相减运算	正确理解指向同一数组的两个同类型指针减法运算的结果		√	√				
	不同类型的指针做减法运算通常无意义		√	√				
	两指针做加法运算无意义		√	√				
11-02-04 两指针变量之间的关系运算	正确理解两指针变量之间的关系运算的结果		√	√				
	程序清单 11-02-08.c		√	√	√	√		
	程序清单 11-02-09.c		√	√	√	√		
11-02-05 空指针	空指针的值为 0(NULL)	√	√	√				
	空指针不指向任何内存空间	√	√	√				
	程序清单 11-02-10.c		√	√	√	√		

11-03　指针与数组

知识单元	知识点/程序清单	认识	理解	领会	运用	创新	预习	复习
11-03-01 数组指针变量	数组名是数组首地址,是一个常量	√	√					
	什么是数组指针变量:指向数组的指针变量	√	√	√				
	通过数组指针变量可以遍历数组		√	√				

知识单元	知识点/程序清单	认识	理解	领会	运用	创新	预习	复习
11-03-02 指向一维数组的指针	数组指针与数组同类型,且指向数组元素	✓	✓					
	程序清单 11-03-01.c			✓	✓	✓	✓	
	程序清单 11-03-02.c			✓	✓	✓	✓	
	程序清单 11-03-03.c			✓	✓	✓	✓	
11-03-03 指向二维数组的指针	二维数组可以看成是由若干个一维数组组成的数组	✓	✓					
	理解　*(a+i)+j　与　&a[i][j] 等价 理解　*(*(a+i)+j)　与　a[i][j] 等价	✓	✓					
	程序清单 11-03-04.c			✓	✓	✓	✓	
	程序清单 11-03-05.c			✓	✓	✓	✓	
	二维数组按行顺序存储,所有元素都可以被看作一维的	✓	✓					
	程序清单 11-03-06.c 普通指针遍历二维数组			✓	✓	✓	✓	
11-03-04 指向"一行变量"的指针	指向"一行变量"的指针定义 int（*p)[4];	✓	✓	✓				
	此时 p++的含义		✓	✓				
	程序清单 11-03-07.c 正确理解程序中*(*(p+i)+j)的意义			✓	✓	✓	✓	
	程序清单 11-03-08.c			✓	✓	✓	✓	
11-03-05 对内存的不同解读	程序清单 11-03-09.c			✓	✓	✓	✓	
	注意指针赋值前须强制转换成同类型	✓	✓	✓	✓			

11-04　指针与字符串

知识单元	知识点/程序清单	认识	理解	领会	运用	创新	预习	复习
11-04-01 字符指针	了解字符指针 教材中为字符指针赋值的不同形式	✓	✓	✓				
	程序清单 11-04-01.c			✓	✓	✓	✓	
	程序清单 11-04-02.c			✓	✓	✓	✓	
11-04-01A 字符指针的应用	程序清单 11-04-03.c			✓	✓	✓	✓	
	程序清单 11-04-04.c			✓	✓	✓	✓	
	程序清单 11-04-05.c			✓	✓	✓	✓	
	程序清单 11-04-06.c			✓	✓	✓	✓	
	练习 11-04-01			✓	✓	✓	✓	

11-05　函数指针

知识单元	知识点/程序清单	认识	理解	领会	运用	创新	预习	复习
11-05-01 指向函数的指针	函数名就是函数代码的入口地址 可定义函数指针并指向这个入口地址 通过函数指针调用函数	√	√	√				
	函数指针变量定义的一般形式： 类型说明符（＊指针变量名）()；	√	√	√				
	函数指针变量定义的功能说明		√	√				
	通过函数指针调用函数的一般形式： （＊指针变量名）(实参表)		√	√				
11-05-01A 函数指针的应用	程序清单 11-05-01.c	√	√	√	√			
	程序清单 11-05-02.c	√	√	√	√			

11-06　指针型函数

知识单元	知识点/程序清单	认识	理解	领会	运用	创新	预习	复习
11-06-01 指针型函数	什么是指针型函数	√	√					
	定义指针型函数的一般形式	√	√					
	程序清单 11-06-01.c		√	√	√	√		
11-06-02 指针型函数与函数指针变量的区别	定义时的区别	√	√					
	功能上的区别	√	√					

11-07　指针数组

知识单元	知识点/程序清单	认识	理解	领会	运用	创新	预习	复习
11-07-01 指针数组	什么是指针数组	√	√					
	指针数组说明的一般形式： 类型说明符　＊数组名[数组长度]；	√	√					
	程序清单 11-07-01.c		√	√	√	√		
11-07-02 指针数组和二维数组指针变量的区别	正确理解指针数组和指向二维数组指针的区别	√	√	√				
11-07-03 指针数组作函数参数	程序清单 11-07-02.c		√	√	√	√		
	程序清单 11-07-03.c		√	√	√	√		
	程序清单 11-07-04.c		√	√	√	√		

11-08　指向指针的指针

知识单元	知识点/程序清单	认识	理解	领会	运用	创新	预习	复习
11-08-01 指向指针的指针	什么是二级指针	✓	✓					
	二级指针变量定义的一般形式	✓	✓					
	程序清单 11-08-01.c			✓	✓	✓	✓	
	程序清单 11-08-02.c			✓	✓	✓	✓	

11-09　动态内存管理

知识单元	知识点/程序清单	认识	理解	领会	运用	创新	预习	复习
11-09-01 内存分区	静态存储区(全局数据区)	✓	✓					
	动态存储区(栈区)	✓	✓					
	堆区	✓	✓					
11-09-02 传统的内存申请	通过定义变量或数组申请内存		✓	✓	✓			
	内存的分配和释放(回收)都是系统自动完成		✓	✓				
11-09-03 动态内存管理	认识申请和释放内存的几个库函数	✓	✓					
	#include <malloc.h>	✓	✓					
11-09-04 内存申请函数 malloc()	掌握函数的功能和用法	✓	✓	✓				
	若分配成功,则返回被分配内存块的首地址指针,否则返回空指针 NULL(0)	✓	✓					
11-09-05 内存申请函数 calloc()	掌握函数的功能和用法		✓	✓	✓			
11-09-06 内存申请函数 realloc()	掌握函数的功能和用法		✓	✓	✓			
11-09-07 内存释放函数 free()	掌握函数的功能和用法		✓	✓	✓			
11-09-07A 动态内存管理应用	程序清单 11-09-01.c			✓	✓	✓	✓	
	程序清单 11-09-02.c			✓	✓	✓	✓	
	程序清单 11-09-03.c			✓	✓	✓	✓	
	程序清单 11-09-04.c			✓	✓	✓	✓	
11-09-08 void 指针	什么是空指针	✓	✓					
	空指针的操作(强制转换类型、p+n)	✓	✓	✓				
	程序清单 11-09-05.c			✓	✓	✓	✓	
	程序清单 11-09-06.c			✓	✓	✓	✓	

11-10　指针小结

知识单元	知识点/程序清单	认识	理解	领会	运用	创新	预习	复习
11-10-01 指针的优点	掌握和理解指针的优点		√	√				
11-09-02 指针的运算	掌握指针的各种运算		√	√				
11-09-03 与指针有关的各种说明	各种不同类型的指针		√	√				
11-09-04 关于括号	注意定义指针变量时括号的作用和含义		√	√				
11-09-05 阅读组合说明符的规则——"从里向外"	理解 int * (* (* a)())[10]		√	√				
11-09-06 动态内存管理函数	掌握各动态内存管理函数的用法		√	√				

11.2　指针程序设计实验

实验 11.1　指针基础编程实验

1. 相关知识点

（1）指针的定义、引用、赋值。

（2）通过指针改变内存单元中的内容（变量的值）。

（3）指针的基本运算。

2. 实验目的和要求

通过本实验要求学生掌握指针的定义和引用，正确使用指针变量，掌握指针与数组的关系，掌握指针的基本运算。

3. 实验题目

实验题目 11-01-01　指针基础练习 1

总时间限制：1000ms；内存限制：1000KB。

描述：将程序填写完整，能正常编译、链接、运行。最终屏幕上输出：20。

```
#include<stdio.h>
int main(){
    int * p1,p2;      int a,b;
    int d;            int * p3;
    int * p4;

    p1 =&a;
    a =5;             b =7;
// 在此处补充代码
```

```
//
  p3 = &p2;
  p4 = &d;
  d = * p1 + * p3;
  printf("%d\n", * p4);
  return 0;
}
```

输入：

无。

输出：

20

注：选自 OpenJudge 网站，网址 http：//skdckc.openjudge.cn/2017review01/13/。

问题分析：本题考查对指针的理解，可以用倒推法思考这个问题。最后输出的 20 是
* p4 的值，也就是变量 d 的值，而变量 d 的值是 * p1＋ * p3 的和，* p1 的值就是变量 a 的
值，a 的值是 5，所以推得 * p3 的值是 15，而指针 p3 是指向变量 p2 的，所以 p2 的值应该是
15，而程序中缺少给 p2 赋值的语句，所以程序空白处应该填写语句 p2＝15；。

参考代码（11-01-01.c）：

```
#include<stdio.h>
int main(){
  int * p1,p2;      int a,b;
  int d;            int * p3;
  int * p4;
  p1 = &a;
  a = 5;       b = 7;
  p2=15;                //此行为添加内容
  p3 = &p2;        p4 = &d;
  d = * p1 + * p3;
  printf("%d\n", * p4);
  return 0;
}
```

实验题目 11-01-02　指针基础练习 2

总时间限制：1000ms；内存限制：1000KB。

描述：将程序填写完整，能正常编译、链接、运行。最终屏幕上输出：

1
4
9
16
25

```
36
49
64
81
100
#include<stdio.h>
int main(){
  int a[10];
  int i;
  for(i=0;i<10;i++)   {
        a[i] = (i+1) * (i+1);
  }
//在此处补充代码
  for(i=0;i<10;i++)   {
        printf("%d\n", * p);
        p =p+1;
  }
  return 0;
}
```

输入输出：略，见题目描述。

注：选自 OpenJudge 网站，网址 http：//skdckc. openjudge. cn/2017review01/19/。

问题分析：本题意在考查指针和数组的关系。题目的输出结果是 1~10 的平方值，恰好在补充代码之前，程序给数组 a 赋值好了这 10 个平方和。补充代码之后，输出的是指针 p 指向的连续 10 个整数。所以我们知道，输出数据前，指针 p 应指向数组的首地址。也就是说，空白处应该填写语句：int p＝a；。

参考代码（11-01-02. c）：

```
#include<stdio.h>
int main(){
  int a[10];
  int i;
  for(i=0;i<10;i++){
    a[i] = (i+1) * (i+1);
  }
  int * p=a;         //此行为添加内容
  for(i=0;i<10;i++){
    printf("%d\n", * p);
    p =p+1;
  }
  return 0;
}
```

实验题目 11-01-03　截取字符串

总时间限制：1000ms；内存限制：1000KB。

描述：将下面的程序补充完整。执行程序后,先输入一个字符串,然后将字符串中的一部分进行输出。例如:

输入:

```
Hello!
1,4
```

输出:

```
ello
#include <stdio.h>
void myPrintf(char * , char * );
int main(){
  char a[20];
  scanf("%s",a);
  myPrintf(a+1,a+5);
  printf("\n");
  return 0;
}
//在此处补充代码
```

输入：字符串,比如：Hello!。

输出：字符串的一部分,比如：ello。

样例输入：

```
everyone
1,4
```

样例输出：

```
very
```

注：选自 OpenJudge,网址：http：//skdckc. openjudge. cn/2017review01/21/。

问题分析：本题是补充程序题,让读者写函数 myPrintf 的代码,从题目描述可以看出,该函数的功能是输出一个字符串的一部分子串,也就是两个字符指针参数之间的字符,不包括第二个参数指向的字符。

参考代码（11-01-03. c）：

```
#include<stdio.h>
void myPrintf(char * , char * );
int main(){
  char a[20];
  scanf("%s",a);
  myPrintf(a+1,a+5);
  printf("\n");
  return 0;
}
```

```
void myPrintf(char * a,char * b){     //此行以下为答案
    char * i;
    for(i=a;i<b;i++)putchar(* i);
}
```

实验题目 11-01-04　花式输出字符串（指针来了）

总时间限制：1000ms；内存限制：1000KB。

描述：将下面的代码补充完整，需要补充的是 for 循环的条件，即

```
for(此处为待补充代码的位置){
               …
}
```

运行时首先从键盘获取字符串，然后将其输出。

提示：

（1）数组名为指针常量。

（2）字符串的最后一个字符为'\0'。

```
#include <stdio.h>
int main(){
    char a[100];
    scanf("%s",a);
    char * p;
    for(
          //在此处补充代码
    ){
          printf("%c",* p);
    }
    printf("\n");
    return 0;
}
```

样例输入：

```
hello
```

样例输出：

```
hello
```

注：选自 OpenJudge 网站，网址 http://skdckc.openjudge.cn/2017review01/16/。

问题分析：根据题目描述和提示，补充的代码为 for 循环括号中的 3 个表达式，用来控制循环能遍历整个字符串，而这里循环变量只能是指针 p，所以循环开始时，p 应该指向数组首地址，循环条件是 * p，不是"\0"，第三个表达式使指针 p 向后移一位，应该是 p++。所以，答案应该是：

```
p=a; * p!='\0';p++
```

参考代码（11-01-04. c）：

```
#include <stdio.h>
int main(){
  char a[100];
  scanf("%s",a);
  char * p;
  for(
      p=a; * p!='\0'; p++          //此行为添加行
  ){
    printf("%c", * p);
  }
  printf("\n");
  return 0;
}
```

实验题目 11-01-05　学会说不

总时间限制：1000ms；内存限制：1000KB。

描述：

补充下面程序，输出：

```
Not
Not
#include <stdio.h>
int main(){
  char a[10] ="No!";
  char * p1=a, * p2="No!";
//在此处补充代码
  printf("%s\n",p1);
  printf("%s\n",p2);
  return 0;
}
```

输入输出： 见程序描述。

注：选自 OpenJudge 网站，网址 http://skdckc.openjudge.cn/2017review01/17/。

问题分析： 本题之前给字符数组及字符指针赋值的串都是"No!"，而输出时却是"Not"。很显然，空白处应该填写语句改变这两个字符串的内容（实际是将字符！修改成 t）。以下语句可以完成这项工作：

```
* (p1+2)='t'; * (p2+2)='t';
```

参考代码(11-01-05.c):

```c
#include <stdio.h>
int main(){
  char a[10] ="No!";
  char * p1=a, * p2="No!";
  * (p1+2)='t';          //此行为添加内容,也可以是 * (a+2)='t';
  * (p2+2)='t';          //此行为添加内容
  printf("%s\n",p1);
  printf("%s\n",p2);
  return 0;
}
```

实验 11.2 指针高级编程实验

1. 相关知识点

(1) 指针作函数参数。
(2) 指针型函数。
(3) 指针数组、指向多维数组的指针、二级指针等。

2. 实验目的和要求

通过本实验要求学生熟练掌握指针与函数配合完成复杂程序的设计,掌握指针数组和指向多维数组的指针的使用,掌握二级指针的使用。

3. 实验题目

实验题目 11-02-01 交换

总时间限制:1000ms;内存限制:1000KB。

描述:亚里士多德说过这样一句话:如果我有一个苹果,你有一个苹果,交换一下,还是你有一个苹果,我有一个苹果。假如我有一种想法,你有一种想法,交换一下,每个人就有了两种想法。将下面的代码补充完整,实现两个数交换。

```c
//在此处补充你的代码
int main(){
  int a,b;
  scanf("%d",&a);
  scanf("%d",&b);
  printf("%d,%d\n",a,b);
  swap(&a,&b);
  printf("%d,%d\n",a,b);
  return 0;
}
```

样例输入：

```
123
456
```

样例输出：

```
123,456
456,123
```

注：选自 OpenJudge 网站，网址 http://skdckc.openjudge.cn/2017review01/20/。

问题分析：本题考查编写函数，实现通过指针交换两个变量的值。

参考代码（11-02-01.c）：

```
void swap(int * a,int * b){        //此函数代码为添加行
  int t= * a; * a= * b; * b=t;
  return;
}
int main(){
  int a,b;
  scanf("%d",&a);
  scanf("%d",&b);
  printf("%d,%d\n",a,b);
  swap(&a,&b);
  printf("%d,%d\n",a,b);
  return 0;
}
```

实验题目 11-02-02　查找特定的值

总时间限制：1000ms；内存限制：65536KB。

描述：在一个序列（下标从 1 开始）中查找一个给定的值，输出该值第一次出现的位置。

输入：第一行包含一个正整数 n，表示序列中的元素个数。$1 \leqslant n \leqslant 10000$。

第二行包含 n 个整数，依次给出序列的每个元素，相邻两个整数之间用单个空格隔开。元素的绝对值不超过 10000。

第三行包含一个整数 x，该数为需要查找的特定值。x 的绝对值不超过 10000。

输出：若序列中存在 x，则输出 x 第一次出现的下标；否则输出 -1。

样例输入：

```
5
2 3 6 7 3
3
```

样例输出：

```
2
```

注：选自 OpenJudge 网站，网址 http://noi.openjudge.cn/ch0109/01/。

问题分析：本题是典型的顺序查找的应用,在数组中从左向右查找指定元素 x,如果找到,就返回它的地址(指针),如果没找到,就返回 0(空指针)。

为此,我们设计了一个完全应用指针技术的函数 int * findFirst(int * a,int * b,int x),其功能为在区间为[a,b)的内存空间中搜索最先与 x 同值的元素地址。

注意：找到元素的位序是从 1 开始的,实际应为数组下标+1。

参考代码(11-02-02. c)：

```
#include<stdio.h>
int * findFirst(int * a,int * b,int x){        //从指定的内存区间查找第一个 x
  int * p;
  for(p=a;p<b;p++)
    if(* p==x) return p;                        //若找到,就返回地址
  return 0;                                     //若没找到,就返回 0
}
int main(){
  int n,x,i,* p;
  int a[10000+5];
  scanf("%d",&n);                               //输入 n
  for(p=a;p<a+n;p++)scanf("%d",p);              //输入 n 个整数
  scanf("%d",&x);                               //输入 x
  p=findFirst(a,a+n,x);                         //记录查找结果(地址值)
  if(p!=0) printf("%d",p-a+1);                  //输出查找结果,数组下标+1
  else       printf("-1");
  return 0;
}
```

实验题目 11-02-03　最大值和最小值的差

总时间限制：1000ms;**内存限制**：65536KB。

描述：输出一个整数序列中最大数和最小数的差。

输入：第一行为 M,表示整数个数,整数个数不会大于 10000;

第二行为 M 个整数,以空格隔开,每个整数的绝对值不会大于 10000。

输出：输出 M 个数中最大值和最小值的差。

样例输入：

```
5
2 5 7 4 2
```

样例输出：

```
5
```

注：该题目选自 OpenJudge 网站,在线网址 http://noi. openjudge. cn/ch0109/05/。

问题分析：我们知道,如果函数只有一个运算结果,通过正常的 return 语句返回这个值就可以实现;如果函数有多个运算结果,就要通过设计指针参数实现。

本题中设计 getValue()函数,同时求得数组的最大值和最小值的地址,通过指针作函数参数实现。

参考代码(11-02-03.c):

```
#include<stdio.h>
void getValue(int * a,int * b,int * pmax,int * pmin){
  int * p;
  * pmax= * pmin= * a;
  for(p=a;p<b;p++){
    if( * p> * pmax) * pmax= * p;
    if( * p< * pmin) * pmin= * p;
  }
}
int main(){
  int m,x,i, * p,max,min;
  int a[10000+5];
  scanf("%d",&m);                    //输入 m
  for(p=a;p<a+m;p++)scanf("%d",p);   //输入 m个整数
  getValue(a,a+m,&max,&min);
  printf("%d",max-min);              //输出查找结果,数组下标+1
  return 0;
}
```

实验题目 11-02-04　比大小(NYOJ:73)

内存限制:64MB;**时间限制:**3000ms。

题目描述:给你两个很大的数,能否判断出这两个数的大小?

如 123456789123456789 大于-123456

输入描述:每组测试数据占一行,输入两个不超过 1000 位的十进制整数 a、b

保证输入的 a、b 没有前缀的 0。

如果输入 0 0,就表示输入结束。测试数据组数不超过 100 组。

输出描述:如果 a>b,则输出"a>b";如果 a<b,则输出"a<b";如果相等,则输出
"a==b"。

样例输入:

```
1111111111111111111111111111 88888888888888888888
-11111111111111111111111111 22222222
0 0
```

样例输出:

```
a>b
a<b
```

注:该题目选自 NYOJ 网站,在线网址 http://nyoj.top/problem/73。

问题分析:本题需要比较以字符串形式存储的两个整数的大小,字符串的第一位有可

能是＋号或-号。为了简化主函数逻辑和实现模块化,可以设计以下两个函数。

```
int cmp_ab(char * a,char * b);    //比较两个字符串整数的大小(首位可能为符号)
int cmp_abs(char * a,char * b);   //比较两个无符号字符串整数的大小(比较绝对值)
```

请对照注释仔细分析两个函数的逻辑。

参考代码(11-02-04.c):

```
#include<stdio.h>
#define N 1100
int main(){
  int a[N],b[N];
  while(1){                      //循环处理所有数据
    scanf("%s%s",&a,&b);         //输入一组数据
    if(strcmp(a,"0")==0&&strcmp(b,"0")==0) break;    //遇到0 0停止
    switch(cmp_ab(a,b)){         //调用cmp_ab函数,判别大小关系
      case 1:  printf("a>b\n");break;
      case 0:  printf("a==b\n");break;
      case -1: printf("a<b\n");break;
    }
  }
  return 0;
}
int cmp_ab(char * a,char * b){   //比较两个字符串整数的大小,a>b 返回1,a<b 返回-1,
                                 //a==b 返回0
  char as,bs,x;
  int ai,bi;
  if(* a=='+'||* a=='-'){        //如果第1位是符号
    as= * a;                     //记录符号
    ai=1;                        //数字从下标1开始
  }
  else{                          //如果第1位不是符号
    as='+';                      //记录符号+(是正数)
    ai=0;                        //数字从下标0开始
  }

  if(* b=='+'||* b=='-'){        //如果第1位是符号
    bs= * b;                     //记录符号
    bi=1;                        //数字从下标1开始
  }
  else{                          //如果第1位不是符号
    bs='+';                      //记录符号+(是正数)
    bi=0;                        //数字从下标0开始
  }
  //printf("a:%c %d,  b:%c %d",as,ai,bs,bi);
  int k;
```

```
    x=cmp_abs(a+ai,b+bi);              //比较两个数的绝对值的大小(忽略符号)
    if(x==0)                           //两个数的绝对值相等,|a|==|b|
      if(as==bs)        k=0;           //两数同号,a==b
      else if(as=='+') k=1;            //a 正 b 负,a>b
      else              k=-1;          //a 负 b 正,a<b
    else if(x==1) //    |a|>|b|
      if(as=='+')       k=1;           //a 是正数绝对值又大,a>b
      else              k=-1;          //a 是负数绝对值又大,a<b
    else             //x==-1   |a|<|b|
      if(bs=='+')       k=-1;          //b 是正数绝对值又大,a<b
      else              k=1;           //b 是负数绝对值又大,a>b
    return k;
}

int cmp_abs(char * a,char * b){    //比较无符号字符串整数的大小,a>b返回1,a<b返回-1,
                                   //a==b 返回 0
    int la,lb,i;
    la=strlen(a);
    lb=strlen(b);

    if(la>lb) return 1;            //a 长 b 短,a>b
    if(la<lb) return -1;          //a 短 b 长,a<b
    //a 与 b 位数相同
    for(i=0;i<la;i++){             //从左至右遍历每一位数字
      if(a[i]>b[i]) return 1;     //a>b
      if(a[i]<b[i]) return -1;    //a<b
    }
    return 0;                      //所有位都没比较出大小,a==b
}
```

实验题目 11-02-05　亮亮做加法(a. k. a another A＋B Problem)(西电 OJ:1003)

时间限制:1s;内存限制:128MB。

题目描述:小 W 在 iPhone 上装了一个计算器程序,可以处理 b 进制数。亮亮对此非常鄙视,说:"我口算都能把 b 进制数的加减乘除算出来!"

现有两个 b 进制正整数 X、Y,亮亮算出了它们的和(也用 b 进制表示),需要写一个对拍程序。

对于大于十进制的整数,在数字 9 之后用 A~F 表示 10~15。

输入:输入包含多组数据,请处理到 EOF。

每组数据占一行,包含一个十进制正整数 b,以及两个 b 进制非负整数 X、Y,用空格分隔。

对于 100% 的数据,满足 2≤b≤16,结果十进制数的表示不超过 18 位。

输入文件满足测试数据组数小于或等于 10000。

输出:对于每组输入,输出一行,一个 b 进制数,表示 X 和 Y 的和。

样例输入：

```
10 1 2
2 1 1
16 9 2
16 A A
```

样例输出：

```
3
10
B
14
```

注：该题目选自西电 OJ 网站，在线网址 http：//acm. xidian. edu. cn/problem. php?id＝1003。

问题分析：本题涉及多进制与十进制互相转换的问题，要想统一处理这些数据，必须编写函数。这里给出的思路是：将 b 进制数统统转换成十进制，相加得到十进制结果，再将结果转换回 b 进制。

下面的代码将复杂的问题分解成若干独立的小函数，每个小函数功能独立，代码量不大，非常容易理解。请读者尽量掌握这种模块化的程序设计思想。

参考代码（11-02-05. c）：

```
#include<stdio.h>
#include<string.h>
void revers(char * s){              //字符串反转,西电 OJ 不支持 strrev()函数
  int ls=strlen(s);
  int i,j;
  for(i=0,j=ls-1;i<j;i++,j--){
    char t=s[i];s[i]=s[j];s[j]=t;
  }
}
int get1(char x){                   //将 b 进制的一位数字转换成十进制
  if(x>='0'&&x<='9')      return x-'0';
  else if(x>='A'&&x<='Z') return x-'A'+10;
  else if(x>='a'&&x<='z') return x-'a'+10;
  else                    return -1;
}
char geta(int i){                   //将十进制数转换成 b 进制的 1 位数
  if(i>=0&&i<=9)          return '0'+i;
  else if(i>=10&&i<=15) return i-10+'A';
  else                   return 'X';
}
void tentob(int b,long long zz,char * z){   //十进制数 zz 转换成 b 进制串 z
  int i=0;
```

```
    do{
        z[i++]=geta(zz%b);                  //每次取 b 进制的个位放进数组 z
        zz=zz/b;                            //去掉 b 进制个位
    }while(zz>0);
    z[i]='\0';
    revers(z);                              //得到的结果是反的,z 反转一次正好
    return;
}
long long btoten(int b,char * x){           //b 进制数串 x 转换成十进制数返回
    long long xx=0;
    int i,lx=strlen(x);
    for(i=0;i<lx;i++){
        xx=xx * b+get1(x[i]);
    }
    return xx;
}
void add(int b,char * x,char * y,char * z){  //b 进制数串 x+数串 y,结果存到串 z 中
    long long xx,yy,zz,bb;
    xx=btoten(b,x);                         //b 进制数串 x 转换成十进制整数 xx
    yy=btoten(b,y);                         //b 进制数串 y 转换成十进制整数 yy
    zz=xx+yy;                               //相加得到和 zz
    tentob(b,zz,z);                         //十进制整数 zz 转换成 b 进制数串,存储在数串 z 中
    return;
}
int main(){
    char x[100],y[100],z[100];
    int b;
    while(scanf("%d",&b)!=-1){              //读取进制 b(整型)
        scanf("%s%s",x,y);                  //读取两个加数(数串)
        add(b,x,y,z);                       //将加法结果存入串 z
        printf("%s\n",z);                   //输出结果
    }
    return 0;
}
```

第12章 结构体、共用体、链表和枚举

12.1 知识点及学习要求

12-01 结构体

知 识 单 元	知识点/程序清单	认识	理解	领会	运用	创新	预习	复习
12-01-01 认识结构体	什么是结构体(由不同类型数据构造)	√	√					
	结构与数组的区别	√	√					
12-01-02 结构体类型的定义	定义一个结构体类型的一般形式	√	√					
	成员定义的一般形式	√	√					
	结构体数据在内存中的表示(各成员按定义顺序依次存储)		√	√				
	结构体数据占内存大小为各成员大小之和		√	√				
12-01-03 结构体类型变量的定义	定义结构体变量的3种方法	√	√	√				
	结构体嵌套的定义	√	√	√				
12-01-04 结构体变量成员的引用	通过结构变量引用成员的一般形式 结构变量名.成员名	√	√	√				
	成员引用运算符 .	√	√	√				
	嵌套结构成员的引用 (s1.birthday.month)	√	√	√				
12-01-05 结构体变量的赋值	一个结构体变量的各个分量与一般变量等价,可参与输入、输出和运算		√	√				
	给结构变量的各分量分别赋值		√	√				
	程序清单 12-01-01.c		√	√	√	√		
	结构体变量之间可以互相整体赋值			√	√	√		
12-01-06 结构体变量的初始化	结构变量初始化的一般形式		√	√	√			
	程序清单 12-01-02.c		√	√	√			
12-01-07 结构体数组	结构体数组定义的一般方法	√	√	√				
	结构体数组初始化的一般方法	√	√	√				
	程序清单 12-01-03.c		√	√	√	√		
	程序清单 12-01-04.c		√	√	√	√		

12-02　结构体指针

知识单元	知识点/程序清单	认识	理解	领会	运用	创新	预习	复习
12-02-01 结构体指针变量	认识结构体指针		√	√	√	√		
12-02-02 结构体指针变量的定义和使用	结构指针变量定义的一般形式 struct stu * pstu;		√	√	√			
	结构指针变量的赋值 pstu＝&s		√	√	√	√		
	通过结构指针访问结构变量及其成员的两种方法 (* 结构指针变量).成员名 结构指针变量->成员名		√	√	√	√		
	程序清单 12-02-01.c		√	√	√	√		
12-02-03 指向结构体数组的结构体指针	理解指向结构数组的指针		√	√				
	程序清单 12-02-02.c							
	通过指针遍历结构数组的方法		√	√				
12-02-04 结构指针作函数参数	结构指针作形参可访问实参结构数组		√	√				
	程序清单 12-02-03.c		√	√	√	√		

12-03　共用体

知识单元	知识点/程序清单	认识	理解	领会	运用	创新	预习	复习
12-03-01 认识共用体	为什么引入共用体？什么是共用体？	√	√					
	共用体与结构体的简单区别	√	√	√				
	共用体的长度		√	√				
12-03-02 共用体类型的定义	共用体类型定义的一般形式	√	√					
12-03-03 共用体变量的说明	共用体变量定义的几种形式	√	√					
12-03-04 共用体变量的赋值和使用	共用体变量成员的引用	√	√	√				
	程序清单 12-03-01.c		√	√				
	共用体与结构体的异同		√	√	√	√		

12-04　链表

知识单元	知识点/程序清单	认识	理解	领会	运用	创新	预习	复习
12-04-01 认识链表	为什么要使用链表	√	√	√				
	什么是链表		√	√	√	√		

续表

知 识 单 元	知识点/程序清单	认识	理解	领会	运用	创新	预习	复习
12-04-01 认识链表	结点、头结点、头指针、尾结点	√	√					
	链表中各结点数据不连续存放	√	√					
	要想访问某一结点,必须先获取其前一结点的地址(指针)	√	√					
	通过头指针可以依次访问到每个结点(遍历)		√	√	√	√		
12-04-02 链表的定义	结点必须是结构体(数据域、指针域)		√	√	√	√		
	掌握结点的定义方法	√	√					
12-04-03 链表的创建	理解例程 12-04-01.c 的功能		√	√	√	√		
	程序清单 12-04-01.c	√	√					
	将新结点接入链表末尾的方法 p->next＝new_node;(p 指向尾结点)		√	√	√	√		
	掌握指针移到当前结点下一结点的方法 p＝p->next;		√	√	√	√		
12-04-04 链表的输出	理解例程 12-04-02.c 的功能		√	√	√	√		
	程序清单 12-04-02.c	√	√					
	掌握遍历链表的方法		√	√	√	√		
12-04-05 链表元素的插入	理解例程 12-04-03.c 的功能		√	√	√	√		
	程序清单 12-04-03.c	√	√					
12-04-06 链表元素的删除	理解例程 12-04-04.c 的功能		√	√	√	√		
	程序清单 12-04-04.c	√	√					
	掌握删除结点的方法		√	√	√	√		
	被删除的结点应该被释放		√	√	√	√		
12-04-07 链表元素的查找	理解例程 12-04-05.c 的功能		√	√	√	√		
	程序清单 12-04-05.c	√	√					
12-04-08 链表的综合操作	理解例程 12-04-06.c 的功能		√	√	√	√		
	程序清单 12-04-06.c	√	√					
	掌握文字菜单制作		√	√	√	√		

12-05 枚举

知 识 单 元	知识点/程序清单	认识	理解	领会	运用	创新	预习	复习
12-05-01 用枚举代替符号常量	可用枚举代替符号常量	√	√	√				

续表

知识单元	知识点/程序清单	认识	理解	领会	运用	创新	预习	复习
12-05-02 枚举型的定义	枚举类型的定义方法		√	√	√	√		
	枚举类型的功能说明	√	√	√	√	√		
12-05-03 枚举型变量的定义	枚举类型变量定义的3种方法	√	√					
	掌握用 typedef 定义类型别名的方法	√	√					
12-05-04 枚举型变量的使用	程序清单 12-05-01.c	√	√					
	程序清单 12-05-02.c	√	√					

12.2 结构体程序设计实验

实验 12 结构体程序实验

1. 相关知识点

(1) 结构体类型的定义、结构体变量的定义和初始化。

(2) 结构体成员的引用和输入输出,结构体变量之间的赋值。

(3) 结构体成员在内存中的存储形式。

(4) 结构体数组。

2. 实验目的和要求

通过本实验要求学生掌握结构体类型和变量的定义,结构体变量的初始化、成员引用和输入输出,掌握结构体变量整体赋值、结构体数组的使用。

3. 实验题目

实验题目 12-01-01 输出最高分数的学生姓名

总时间限制:1000ms;内存限制:65536KB。

描述:输入学生的人数,然后输入每位学生的分数和姓名,输出获得最高分数的学生的姓名。

输入:第一行输入一个正整数 N(N≤100),表示学生人数。接着输入 N 行,每行的格式如下:

分数 姓名
分数是一个非负整数,且小于或等于 100;
姓名为一个连续的字符串,中间没有空格,长度不超过 20。
数据保证最高分只有一位同学。

输出:获得最高分数的学生的姓名。

样例输入：

```
5
87 lilei
99 hanmeimei
97 lily
96 lucy
77 jim
```

样例输出：

```
hanmeimei
```

注：该题目选自 OpenJudge 网站，在线网址 http://hljssyzx. openjudge. cn/2016/60/。

问题分析：本题目是结构体类型的简单应用题，注意结构体类型的定义、结构体数组和变量的定义及使用。

下面的程序代码通过一次遍历同时输入数组元素的值（学生信息：分数和姓名），同时搜索最大分数对应的数组下标 m，最后输出 s[m]. name 即可。

参考代码（12-01-01-A. c）：

```c
#include<stdio.h>
#define STU struct student          //类型名称宏
STU{                                //定义结构体
  int score;                        //分数
  char name[30];                    //姓名
};
int main(){
  int n;
  STU s[108];                       //存储学生信息
  int i,m;
  scanf("%d",&n);                   //读入 n
  m=0;                              //存储最高分数学生的下标,清 0
  for(i=0;i<n;i++){                 //处理 n 组数据
    scanf("%d%s",&s[i].score,s[i].name);  //读入分数和姓名
    if(s[m].score<s[i].score){      //记录最高分学生的下标
      m=i;
    }
  }
  printf("%s",s[m].name);           //输出最高分学生的姓名
}
```

下面的程序代码也是通过一次遍历同时输入数组元素的值（学生信息：分数和姓名），同时搜索最大分数对应的学生结构体元素，赋值给结构体变量 m，最后输出 m. name。

注意将 s[i]赋值给 m 时的两个语句，如果改成一个语句 m＝s[i]，是否可以？

参考代码（12-01-01-B. c）：

```
#include<stdio.h>
#define STU struct student              //类型名称宏
STU{                                    //定义结构体
  int score;                            //分数
  char name[30];                        //姓名
};
int main(){
  int n;
  STU s[108];                           //存储学生信息
  STU m; int i;
  scanf("%d",&n);                       //读入 n
  m.score=-1;                           //存储最高分数学生的信息,分数清-1
  for(i=0;i<n;i++){                      //处理 n 组数据
    scanf("%d%s",&s[i].score,s[i].name); //读入分数和姓名
    if(m.score<s[i].score){             //记录最高分数学生的信息
      m.score=s[i].score;               //将 s[i]赋值给 m
      strcpy(m.name,s[i].name);
    }
  }
  printf("%s",m.name);                  //输出最高分学生的姓名
}
```

实验题目 12-01-02　化验诊断

总时间限制：1000ms；内存限制：65536KB。

描述：下表是进行血常规检验的正常值参考范围及化验值异常的临床意义。

血常规英文简写	血常规中文名称	参考值	临床意义
WBC	白细胞	$(4.0\sim10.0)\times10^9/L$	过高：多为炎症,显著异常增高还可能是白血病或恶性肿瘤
RBC	红细胞	$(3.5\sim5.5)\times10^{12}/L$	过低：贫血；过高：红细胞增多症、高粘血症
HGB	血红蛋白	男：120～160g/L 女：110～150g/L	过低：贫血；过高：红细胞增多症
HCT	红细胞比积	男：42%～48% 女：36%～40%	过低：贫血；过高：红细胞增多症
PLT	血小板计数	$(100\sim300)\times10^9/L$	用于检测凝血系统功能,过低见于再生障碍性贫血、白血病

给定一张化验单,判断其所有指标是否正常,如果不正常,请统计有几项不正常。化验单上的值必须严格落在正常参考值范围内,才算正常。正常参考值范围包括边界,即落在边界上也算正常。

输入：输入第一行包含一个正整数 k(0＜k＜100),表示有 k 组测试数据；接下来 k 行,每行包含一组测试数据。每组测试数据的第一项是一个英文单词(male 男或者 female 女),

表示受测者的性别;第二项是白细胞的值(以 $10^9/L$ 为单位);第三项是红细胞的值(以 $10^{12}/L$ 为单位);第四项是血红蛋白的值(以 g/L 为单位);第五项是红细胞比积的值(以％为单位);第六项是血小板计数的值(以 10^9、L 为单位)。每两项用一个空格分开。

输出:对于每组测试数据,输出一行。如果所有检验项目正常,则输出 normal;否则输出不正常项的数目。

样例输入:

```
2
female 4.5 4.0 115 37 200
male 3.9 3.5 155 36 301
```

样例输出:

```
normal
3
```

注:选自 NYOJ 网站,在线网址 http://sdau.openjudge.cn/c/006/。

问题分析:本题针对每一名患者的各项属性定义结构体类型,成员有性别、各项指标和合格指标数量。程序中对每位患者遍历一次,按要求统计合格指标数,然后按合格和不合格指标数输出。

参考代码(12-01-02.c):

```c
#include<stdio.h>
#include<string.h>
#define TESTER struct tester              //类型名称宏
TESTER{                                    //定义结构体
    char sex[200];                         //性别
    double wbc;                            //指标名称
    double rbc;
    double hgb;
    double hct;
    double plt;
    int normal;                            //合格指标数
};
int main(){
    int k,i;
    TESTER s;
    scanf("%d",&k);                        //读入 k
    for(i=0;i<k;i++){                      //读入 k 个患者信息进数组 s
        scanf("%s%lf%lf%lf%lf%lf",         //读入一个患者信息
            s.sex,&s.wbc,&s.rbc,&s.hgb,
                  &s.hct,&s.plt);
        s.normal=                          //利用逻辑表达式值的特性(真 1,假 0)计算符合条件的指标数
        ( s.wbc>=4.0&&s.wbc<=10.0 )+
        ( s.rbc>=3.5&&s.rbc<=5.5 )+
```

```
( strcmp(s.sex,"male")==0? (s.hgb>=120&&s.hgb<=160):(s.hgb>=110&&s.hgb<=150) )+
( strcmp(s.sex,"male")==0? (s.hct>=42&&s.hct<=48):(s.hct>=36&&s.hct<=40) )+
( s.plt>=100&&s.plt<=300 );
if(s.normal==5) printf("normal\n");     //输出结果
else            printf("%d\n",5-s.normal);
}
}
```

实验题目 12-01-03　谁拿了最多的奖学金

总时间限制：1000ms；内存限制：65536KB。

描述：某校的惯例是在每学期的期末考试之后发放奖学金。发放的奖学金共有 5 种，获取的条件各自不同：

（1）院士奖学金，每人 8000 元，期末平均成绩高于 80 分（>80），并且在本学期内发表 1 篇或 1 篇以上论文的学生均可获得。

（2）五四奖学金，每人 4000 元，期末平均成绩高于 85 分（>85），并且班级评议成绩高于 80 分（>80）的学生均可获得。

（3）成绩优秀奖，每人 2000 元，期末平均成绩高于 90 分（>90）的学生均可获得。

（4）西部奖学金，每人 1000 元，期末平均成绩高于 85 分（>85）的西部省份学生均可获得。

（5）班级贡献奖，每人 850 元，班级评议成绩高于 80 分（>80）的学生干部均可获得。

只要符合条件，就可以得奖，每项奖学金的获奖人数没有限制，每名学生也可以同时获得多项奖学金。例如，姚林的期末平均成绩是 87 分，班级评议成绩是 82 分，同时他还是一位学生干部，那么他可以同时获得五四奖学金和班级贡献奖，奖金总数是 4850 元。

现在给出若干学生的相关数据，请计算哪些同学获得的奖金总数最高（假设总有同学能满足获得奖学金的条件）。

输入：第 1 行是一个整数 N（1≤N≤100），表示学生的总数。接下来的 N 行每行是一位学生的数据，从左向右依次是姓名、期末平均成绩、班级评议成绩、是否是学生干部、是否是西部省份学生，以及发表的论文数。姓名是由大小写英文字母组成的长度不超过 20 的字符串（不含空格）；期末平均成绩和班级评议成绩都是 0～100 的整数（包括 0 和 100）；是否是学生干部和是否是西部省份学生分别用一个字符表示，Y 表示是，N 表示不是；发表的论文数是 0～10 的整数（包括 0 和 10）。每两个相邻数据项之间用一个空格分隔。

输出：包括 3 行，第 1 行是获得最多奖学金的学生的姓名，第 2 行是这名学生获得的奖学金总数。如果有两位或两位以上的学生获得的奖学金最多，就输出他们中在输入文件中出现最早的学生的姓名。第 3 行是这 N 个学生获得的奖学金的总数。

样例输入：

```
4
YaoLin 87 82 Y N 0
ChenRuiyi 88 78 N Y 1
LiXin 92 88 N N 0
```

ZhangQin 83 87 Y N 1

样例输出：

ChenRuiyi

9000

28700

注：该题目选自 OpenJudge 网站，在线网址 http：//noi. openjudge. cn/ch0109/04/。

问题分析：本题需要定义学生结构体，读入学生结构数组，评判每人的奖学金总数，存入数组，然后求出最多奖学金的第一人（最先输入的那个，数组中左侧的），求所有人的总奖学金数，最后输出即可。

程序中用到的各个功能最好设计成函数。

参考代码（12-01-03. c）：

```c
#include<stdio.h>
#include<string.h>
#define STU struct student          //类型名称宏
STU{                                //定义结构体
  char name[200];                   //姓名
  int   avg;                        //平均成绩
  int   dis;                        //评议成绩(discuss 讨论评议)
  char leader[10];                  //是否干部(为方便输入,定义成字符数组)
  char west[10];                    //是否西部
  int   paper;                      //论文数量
  int   ship;                       //该学生获得的奖学金(studentship)总数
  int   index;                      //读入时的序号
};
int getship(STU s){
  int ships=0;
  if(s.avg>80&&s.paper>=1)          ships+=8000;     //院士奖学金
  if(s.avg>85&&s.dis>80)            ships+=4000;     //五四奖学金
  if(s.avg>90)                      ships+=2000;     //成绩优秀奖
  if(s.avg>85&&s.west[0]=='Y')      ships+=1000;     //西部奖学金
  if(s.dis>80&&s.leader[0]=='Y')    ships+=850;      //班级贡献奖
  return ships;
}
void fun(STU * s,int n,int * m,int * sum){
//将最大值中最左的学生下标放入 * m,将所有人的奖学金总和放入 * sum
  int i;
  * sum=0;
  * m=n-1;                          //记录最大值的下标
  for(i=n-1;i>=0;i--){              //从右至左遍历数组
    if(s[i].ship>=s[*m].ship) *m=i; //寻找最后的最大值
    * sum+=s[i].ship;
```

```
        }
        return;
    }
    void p(STU * s,int n){                              //输出整个数组调试用
        int i;
        for(i=0;i<n;i++){
            printf("%s %d %d %s %s %d %d\n",
                s[i].name,s[i].avg,s[i].dis,
                s[i].leader,s[i].west,s[i].paper,s[i].ship);
        }
    }
    int main(){
        int n,i;
        STU s[110];
        scanf("%d",&n);                                 //读入 n
        for(i=0;i<n;i++){                               //读入 n 个学生的信息放进数组 s
            scanf("%s%d%d%s%s%d",                       //读入一个学生的信息
                s[i].name,&s[i].avg,&s[i].dis,
                s[i].leader,s[i].west,&s[i].paper);
            s[i].index=i+1;                             //读入时的序号
            s[i].ship=getship(s[i]);                    //该学生获得奖学金的总数
        }
        //p(s,n);                                       //输出数组调试用
        int maxi;                                       //记录最大值(最左侧的)的下标
        int sum;                                        //记录所有人的总奖学金数
        fun(s,n,&maxi,&sum);                            //调用 fun
        printf("%s\n",s[maxi].name);                    //输出
        printf("%d\n",s[maxi].ship);
        printf("%d\n",sum);
    }
```

实验题目 12-01-04 一种排序（NYOJ：8）

内存限制：64MB；时间限制：3000ms。

题目描述：现在有很多长方形，每个长方形都有一个编号，这个编号可以重复；已知这个长方形的宽和长，编号、长、宽都是整数；现在要求按照以下方式排序（默认排序规则是从小到大）。

（1）按照编号从小到大排序。

（2）对于编号相等的长方形，按照长方形的长排序。

（3）对于编号和长都相同的长方形，按照长方形的宽排序。

（4）如果编号、长、宽都相同，就只保留一个长方形用于排序，删除多余的长方形；最后排好序按照指定格式显示所有长方形。

输入描述：第一行有一个整数 0<n<10000，表示接下来有 n 组测试数据；每一组的第一行都有一个整数 m(0<m<1000)，表示有 m 个长方形；接下来的 m 行，每一行都有 3 个

数,第 1 个数表示长方形的编号,第 2 个数和第 3 个数中数值大的表示长度,数值小的表示宽度,如果这两个数相等,则说明这是一个正方形(约定长、宽与编号都小于 10000)。

输出描述:顺序输出每组数据中所有符合条件的长方形的编号、长度、宽度。

样例输入:

```
1
8
1 1 1
1 1 1
1 1 2
1 2 1
1 2 2
2 1 1
2 1 2
2 2 1
```

样例输出:

```
1 1 1
1 2 1
1 2 2
2 1 1
2 2 1
```

注:选自 NYOJ 网站,在线网址 http://nyoj.top/problem/8。

问题分析:本题中适合设计如下矩形结构体类型,存储矩形数据。

```
#define RECT struct rectangle          //类型名称宏
struct rectangle{                      //定义结构体
    int num;                           //编号
    int length;                        //长度
    int width;                         //宽度
};
```

同时,为了按题目中的规则比较两个矩形的大小,设计了 int rectcmp(RECT a,RECT b) 函数实现矩形的比较,如果 a>b,函数返回 1;如果 a<b,函数返回 -1;如果 a==b,函数返回 0。

据此,编写了排序函数 sort(),实现对矩形数组的排序。

同时还编写了 read()函数,实现本组矩形数据的输入,并保证长度不小于宽度;还编写了 print()函数输出有序数组,并保证不输出重复元素。

有了以上的模块化设计,主函数就显得简洁、易读易懂了。

参考代码(12-01-04.c):

```
#include<stdio.h>
#define RECT struct rectangle          //类型名称宏
RECT{                                  //定义结构体
```

```
    int num;                                //编号
    int length;                             //长度
    int width;                              //宽度
};
int n,m;
RECT r[1008];                               //存储矩形的数组
int main(){
    int i;
    scanf("%d",&n);                         //读入 n
    for(i=1;i<=n;i++){                       //处理 n 组数据
        scanf("%d",&m);                     //读入矩形个数 m
        read();                             //读入 m 个矩形数据
        sort();                             //矩形数组排序
        print();                            //输出不重复的矩形
    }
}
void read(){                                //读入所有 m 个矩形,保证长度大于宽度
    int k;
    for(k=0;k<m;k++){
        scanf("%d%d%d",&r[k].num,&r[k].length,&r[k].width);      //读入编号、长度、宽度
    }
    for(k=0;k<m;k++)
        if(r[k].length<r[k].width){         //如果长度小于宽度,则交换
            int t=r[k].length; r[k].length=r[k].width; r[k].width=t;
        }
}
void sort(){                                //从小到大排序
    int i,j;
    for(i=0;i<m-1;i++)
        for(j=i+1;j<m;j++)
            if(rectcmp(r[i],r[j])>0){
                RECT t=r[i];r[i]=r[j];r[j]=t;
            }
}
int rectcmp(RECT a,RECT b){                 //矩形比较:a>b 返回 1,a<b 返回-1,a==b 返回 0
    if(a.num!=b.num)                        //如果编号不等,则按编号确定大小
                    return (a.num>b.num?1:-1);
    else if(a.length!=b.length)             //否则如果长度不等,则按长度确定大小
                    return (a.length>b.length?1:-1);
    else if(a.width!=b.width)               //否则如果宽度不等,则按宽度确定大小
                    return (a.width>b.width?1:-1);
    else                                    //否则全等
                    return 0;
}
void print(){                               //不重复输出有序数组元素
```

```
    int i;
    for(i=0;i<m;i++){
      if(i==0||rectcmp(r[i],r[i-1])!=0)
        printf("%d %d %d\n",r[i].num,r[i].length,r[i].width);
    }
}
```

第 13 章　文　　件

13.1　知识点及学习要求

13-01　认识文件

知 识 单 元	知识点/程序清单	认识	理解	领会	运用	创新	预习	复习
13-01-01 文件	什么是文件	√	√					
	文件的读写(内存与外存数据交换)	√	√					
13-01-02 普通文件与设备文件	普通文件(原文件、目标文件、数据文件、程序文件等)	√	√					
	什么是设备文件	√	√					
	标准输入设备：键盘 标准输出设备：显示器	√	√					
	* 命令行执行(CON 为控制台设备) copy CON A. TXT　(CON 代表键盘) copy A. TXT CON　(CON 代表显示器)			√	√	√		
13-01-03 ASCII 码文件与二进制文件	ASCII 码文件原理			√	√			
	* 命令行显示文本文件的内容 type 文件名			√	√	√		
	二进制文件原理			√	√			
	文件被看作字节流			√	√			
13-01-04 缓冲文件系统和非缓冲文件系统	认识文件缓冲区			√	√			
	认识缓冲文件系统和非缓冲文件系统		√	√				

13-02　文件指针

知 识 单 元	知识点/程序清单	认识	理解	领会	运用	创新	预习	复习
13-02-01 文件指针	什么是文件指针	√	√					
	C 语言通过文件指针操作文件	√	√					
13-02-02 文件指针的定义	定义文件指针的一般形式是： FILE * 文件指针；	√	√					
	了解文件类型结构	√						
13-02-03 文件的打开	掌握 fopen()函数的功能			√	√	√		
	文件名全路径表示方法			√	√	√		

知 识 单 元	知识点/程序清单	认识	理解	领会	运用	创新	预习	复习
13-02-03 文件的打开	掌握打开文件的各种方式		√	√	√			
	安全打开文件的方法和步骤		√	√	√			
13-02-04 文件的关闭	掌握 fclose()函数的功能	√	√					
	掌握文件"打开-处理-关闭"的流程		√	√	√			
	程序清单 13-02-01.c		√	√	√	√		
13-02-05 标准设备文件的打开与关闭	掌握 3 个标准设备文件		√	√				
	标准设备文件由系统自动打开和关闭	√	√					
	程序清单 13-02-02.c		√	√	√	√		
13-02-06 文件读写位置标记	什么是文件读写位置标记	√	√					
	打开文件时自动指向第一个数据	√	√					
13-02-07 文件尾	什么是文件尾	√	√					
	文件尾的作用	√	√					
13-02-08 文件尾测试函数	掌握 feof()函数的功能		√	√				
	掌握利用 feof()函数和循环读取文件中所有数据的方法		√	√	√			
	程序清单 13-02-03.c		√	√	√	√		

13-03　读写字符函数

知 识 单 元	知识点/程序清单	认识	理解	领会	运用	创新	预习	复习
13-03-01 文件的顺序读写	读数据操作和写数据操作只能按照从前到后的顺序依次进行	√	√					
	读完当前数据,再读下一个数据	√	√					
	写完当前数据,再写下一个数据	√	√					
13-03-02 读写字符函数	从文本文件读字符,向文本文件写字符	√	√					
	读写单位是 1B	√	√					
13-03-03 写字符函数 fputc	掌握 fputc 函数的功能		√	√				
	覆盖和追加两种写方式打开文件		√	√				
	问题 13-03-01 程序清单 13-03-01.c		√	√	√	√		
	问题 13-03-02 程序清单 13-03-02.c		√	√	√	√		
	问题 13-03-03 程序清单 13-03-03.c		√	√	√	√		

知 识 单 元	知识点/程序清单	认识	理解	领会	运用	创新	预习	复习
13-03-03 写字符函数 fputc	练习 13-03-01		√	√	√	√		
	练习 13-03-02		√	√	√	√		
13-03-04 读字符函数 fgetc	掌握 fgetc 函数的功能		√	√				
13-03-05 EOF	掌握 EOF 的含义、文件结束符（－1）		√	√				
	问题 13-03-04 程序清单 13-03-04.c		√	√	√	√		
	程序清单 13-03-04-A.c		√	√	√	√		
	问题 13-03-05 双字节字符以单字节方式处理（乱码）		√	√	√	√		
13-03-06 标准 ASCII 码、扩展 ASCII 码 和双字节字符	标准 ASCII 码 扩展 ASCII 码 双字节字符（扩展 ASCII 码＋ASCII 码）		√	√				
	程序清单 13-03-05.c		√	√	√	√		
13-03-07 利用 feof 函数判断文本文件 结尾	通过 feof()函数测试文件是否已读完（是否到文 件尾）		√	√				
	程序清单 13-03-06.c		√	√	√	√		
13-03-08 多文件操作	问题 13-03-06 程序清单 13-03-07.c		√	√	√	√		
	问题 13-03-07 程序清单 13-03-08.c		√	√	√	√		
	练习 13-03-03		√	√	√	√		
	练习 13-03-04		√	√	√	√		

13-04　读写字符串

知 识 单 元	知识点/程序清单	认识	理解	领会	运用	创新	预习	复习
13-04-01 读写字符串	可以一次读写一个字符串	√	√					
13-04-02 写字符串函数 fputs	掌握写字符串函数 fputs 的功能		√	√	√			
	问题 13-04-01 程序清单 13-04-01.c		√	√	√	√		
13-04-03 读字符串函数 fgets	掌握读字符串函数 fgets 的功能		√	√	√			
	问题 13-04-02 程序清单 13-04-02.c		√	√	√	√		
	问题 13-04-03 程序清单 13-04-03.c		√	√	√	√		

13-05　格式化读写

知 识 单 元	知识点/程序清单	认识	理解	领会	运用	创新	预习	复习
13-05-01 格式化读写函数 fscanf 和 fprintf	掌握函数 fscanf()的用法		✓	✓	✓			
	掌握函数 fprintf()的用法		✓	✓	✓			
13-05-01A 格式化读写函数应用	问题 13-05-01 程序清单 13-05-01.c		✓	✓	✓	✓		
	问题 13-05-02 程序清单 13-05-02.c		✓	✓	✓	✓		
	问题 13-05-03 程序清单 13-05-03.c		✓	✓	✓	✓		

13-06　数据块读写

知 识 单 元	知识点/程序清单	认识	理解	领会	运用	创新	预习	复习
13-06-01 数据块读写函数	掌握函数 fscanf()的用法		✓	✓	✓			
	掌握函数 fprintf()的用法		✓	✓	✓			
	数据块读写函数以二进制形式读写数据	✓	✓					
13-06-02 数据块读写函数应用	问题 13-06-01 程序清单 13-06-01.c		✓	✓	✓	✓		
	问题 13-06-02 程序清单 13-06-02.c		✓	✓	✓	✓		
	问题 13-06-03 程序清单 13-06-03.c		✓	✓	✓	✓		
	认识函数 rewind()的功能	✓	✓					

13-07　文件的随机读写

知 识 单 元	知识点/程序清单	认识	理解	领会	运用	创新	预习	复习
13-07-01 文件的随机读写	什么是文件的随机读写	✓	✓					
	文件读写位置标记定位函数 rewind()函数和 fseek()函数	✓						
13-07-02 rewind 函数	掌握函数 rewind()的功能		✓	✓	✓			
13-07-03 fseek 函数	掌握函数 fseek()的功能		✓	✓	✓			
	参数 offset 和 from 的意义和用法		✓	✓	✓			
	问题 13-07-01 程序清单 13-07-01.c		✓	✓	✓	✓		

续表

知识单元	知识点/程序清单	认识	理解	领会	运用	创新	预习	复习
13-07-04 ftell 函数	掌握函数 ftell()的功能		√	√	√			
	程序清单 13-07-02.c		√	√	√	√		
	程序清单 13-07-03.c 通过 ftell()函数可求得文件大小		√	√	√	√		

13-08　文件读写出错检测

知识单元	知识点/程序清单	认识	理解	领会	运用	创新	预习	复习
13-08-01 ferror 函数	掌握函数 ferror()的功能		√	√				
13-08-02 clearerr 函数	掌握函数 clearerr 的功能		√	√				
	程序清单 13-08-01.c		√	√	√	√		

13-09　主函数的参数

知识单元	知识点/程序清单	认识	理解	领会	运用	创新	预习	复习
13-09-01 主函数也能接收参数	接收参数的主函数的一般形式	√	√					
13-09-02 接收参数的主函数	掌握主函数各参数的含义	√	√					
	掌握主函数各参数的说明顺序	√	√					
	程序清单 13-09-01.c		√	√	√	√		
13-09-03 Dev-C++ 中为主函数传递参数	掌握 Dev Cpp 中为主函数传递参数的方法		√	√	√			
	程序清单 13-09-02.c		√	√	√	√		
13-09-04 在命令行为程序传递参数	掌握在命令行为程序传递参数的方法		√	√				
	命令行为程序传递参数,空格被认为是参数分隔符		√	√				
	传带空格字符串的参数,需要将参数用双引号引起来		√	√				
13-09-05 命令行参数程序举例	理解例程功能 程序清单 12-09-03.c		√	√	√	√		
	掌握类型转换函数 atoi()的功能		√	√	√			
	* 查资料掌握其他类型转换函数的用法					√		
	练习 13-09-01		√	√	√	√		
	理解例程功能 程序清单 12-09-04.c		√	√	√	√		
	练习 13-09-02		√	√	√	√		

13-10　输入输出重定向

知识单元	知识点/程序清单	认识	理解	领会	运用	创新	预习	复习
13-10-01 输入输出重定向	什么是输入输出重定向	√	√					
13-09-02 输出重定向	掌握输出重定向的方法		√	√	√			
	程序清单 13-10-01.c		√	√	√	√		
13-09-03 输入重定向	掌握输入重定向的方法		√	√	√			
	理解例程功能 程序清单 12-10-02.c		√	√	√	√		
13-09-04 输入输出重定向程序举例	理解例程功能 程序清单 13-10-03.c		√	√	√	√		

13.2　文件程序设计实验

实验 13　文件程序设计实验

1. 相关知识点

(1) 文件指针的使用。

(2) 文件的打开和关闭。

(3) 文件读写函数的使用。

(4) 文件读写出错的检测。

(5) 主函数参数的使用。

2. 实验目的和要求

通过本实验要求学生掌握文件指针的使用,掌握文件读写函数的使用,掌握文件读写出错的检测方法,掌握主函数参数的使用。

3. 实验题目

实验题目 13-01-01　大小写转换

已知有文件 13-01-01.in,其中存储一段英文文字。编程读取文件中的所有内容,并将英文字符的大小写转换后,写入文本文件 13-01-01.out。

注:本章所有实验题目需要的输入文件,请在随本书赠送的电子资料中查找,下同。

问题分析:本题主要考查文件打开、关闭与文件内字符读写。注意打开文件时的异常处理,遍历读取文件所有字符时的循环条件,还要注意程序结束前应关闭文件指针。

参考代码(13-01-01.c):

```
#include<stdio.h>
```

```
char f(char c){                         //大小写转换函数
  if(c>='A'&&c<='Z') c=c+32;
  else if(c>='a'&&c<='z') return c=c-32;
  return c;
}
int main(){
  FILE * fp1,* fp2;                     //定义文件指针
  char c;
  fp1=fopen("13-01-01.in","r");         //打开文件
  fp2=fopen("13-01-01.out","w");
  if(fp1==NULL||fp2==NULL){             //异常处理
    printf("ERROR!");
    exit(1);
  }
  while((c=fgetc(fp1))!=EOF){           //遍历文件1中的字符
    fputc(f(c),fp2);                    //转换后写入目标文件
  }
  fclose(fp1);                          //关闭文件指针
  fclose(fp2);
  return 0;
}
```

实验题目 13-01-02　输出满足条件的数

已知有文件 data1.in,其中存储若干不超过 4 位的正整数。编程读取文件中的所有整数,输出满足如下条件的数:个位数字大于其他 3 位数字之和。

输出数据时每个数据占 4 位,若不够位,则左补 0;两个整数之间以一个空格分隔;输出时 10 个数据占一行。

问题分析:本题主要考查文本数据文件的打开、关闭和读取操作。注意打开文件时的异常处理,遍历读取文件所有整数数据时的循环条件和数据读取结束时的判断,还要注意程序结束前要关闭文件指针。

参考代码(13-01-02.c):

```
#include<stdio.h>
int f(int n){                           //判断4位数n是否符合条件
  int a,b,c,d;
  a=n/1000;
  b=n%1000/100;
  c=n%100/10;
  d=n%10;
  return d>a+b+c;
}
int main(){
  FILE * fp;                            //定义文件指针
  int i,a,d;
```

```
fp=fopen("data1.in","r");          //打开文件
if(fp==NULL){                      //异常处理
  printf("ERROR!");
  exit(1);
}
i=0;
while(1){                          //循环读数,并记录循环次数
  d=fscanf(fp,"%d",&a);            //读取一个整数,监测返回值
  if(d!=1) break;                  //若读取不成功,则结束循环
  if(f(a)){                        //满足条件时输出,并记数
    ++i;
    printf("%04d ",a);             //按条件输出数据
    if(i%10==0) printf("\n");      //10个输出一换行
  }

}
fclose(fp);                        //关闭文件指针
return 0;
}
```

实验题目 13-01-03　输出满足条件的数

已知有文件 data2.in,其中以二进制形式存储 1000 个不超过 4 位的正整数。编程读取文件中的所有整数,输出满足如下条件的数:该数能被 13 整除,并且后两位都不是 0,前 2 位数字和是后两位数字和的倍数。

输出数据时每个数据占 4 位,若不够位,则左补 0;两个整数之间以一个空格分隔。

问题分析:本题主要考查二进制数据的打开、关闭和读取操作。注意打开文件时的异常处理,读取数据时 fread() 函数的用法。

参考代码(13-01-03.c):

```
#include<stdio.h>
int f(int n){                     //判断 4 位数 n 是否符合条件
  int a,b,c,d;
  a=n/1000;
  b=n%1000/100;
  c=n%100/10;
  d=n%10;
  return (c+d)>0&&((a+b)%(c+d)==0)&&(n%13==0);
}
int main(){
  FILE * fp;                      //定义文件指针
  int i,a[1003],d;
  fp=fopen("data2.in","rb");      //打开文件
  if(fp==NULL){                   //异常处理
    printf("ERROR!");
```

```
      exit(1);
  }
  d=fread(a,sizeof(int),1000,fp);         //读取一个整数,监测返回值
  for(i=0;i<1000;i++){                     //循环读数并记录循环次数
    if(f(a[i])){                           //满足条件时输出,并记数
      printf("%04d ",a[i]);                //按条件输出数据
    }
  }
  fclose(fp);                              //关闭文件指针
  return 0;
}
```

第14章 数制和编码

14.1 知识点及学习要求

14-01 计算机中的数制

知识单元	知识点/程序清单	认识	理解	领会	运用	创新	预习	复习
14-01-01 认识数制	举例说明生活中经常遇到的数制	√						
	什么是数制、举例说明计算机中经常用到的数制	√						
	进位计数制的一般形式化描述 数码、基数、位权的意义		√	√				
	理解十、二、八、十六进制的表示方法和计数规则		√	√	√			
	掌握十进制数按位权展开的表示		√	√				
	扩展学习罗马数字计数制					√		
14-01-02 计算机中常用的数制	计算机中的一切数据皆用二进制表示	√						
	常用进制20以内整数的表示		√	√				
	各基本类型的关键字、大小和取值范围		√	√				

14-02 数制转换

知识单元	知识点/程序清单	认识	理解	领会	运用	创新	预习	复习
14-02-01 二、八、十六进制转换成十进制	掌握按位权展开法计算的方法				√	√		
	熟练掌握二、八、十六进制数转换成十进制数的运算过程				√	√		
	例14-02-01				√	√		
	练习14-02-01				√	√		
14-02-02 十进制整数转换成二进制整数	掌握"除2取余法"计算方法			√	√			
	例14-02-03				√	√		
	练习14-02-02				√	√		
14-02-03 十进制小数转换成二进制小数	掌握"乘2取整法"计算方法			√	√			
	例14-02-04				√	√		
	练习14-02-03				√	√		

知 识 单 元	知识点/程序清单	认识	理解	领会	运用	创新	预习	复习
14-02-04 八进制转换成二进制	掌握 1 位八进制数等于 3 位二进制数的原理			√	√			
	例 14-02-05					√	√	
14-02-05 二进制转换成八进制	掌握 3 位二进制数等于 1 位八进制数的原理			√	√			
	例 14-02-06					√	√	
	练习 14-02-04					√	√	
14-02-06 十六进制转为二进制	掌握 1 位十六进制数等于 4 位二进制数的原理			√	√			
	例 14-02-07					√	√	
14-02-07 二进制转换成十六进制	掌握 4 位二进制数等于 1 位十六进制数的原理			√	√			
	例 14-02-08					√	√	
	练习 14-02-05					√	√	

14-03 数据单位

知 识 单 元	知识点/程序清单	认识	理解	领会	运用	创新	预习	复习
14-03-01 位和字节	数据存储的最小单位是位(bit)	√	√					
	数据存储的基本单位是字节(byte)	√	√					
	内存由若干字节组成,从 0 开始编址	√	√					
14-03-02 存储容量	各种存储器都有最大的存储容量	√						
	掌握不同容量单位的读法和写法		√	√				
	掌握不同容量单位的换算			√	√			

14-04 文本的编码

知 识 单 元	知识点/程序清单	认识	理解	领会	运用	创新	预习	复习
14-04-01 ASCII 码(英文字符的编码)	掌握 ASCII 码的编码原理			√	√			
	掌握常用字符的 ASCII 码值			√	√			
	程序清单 14-04-01.c					√	√	
14-04-02 扩展 ASCII 码	掌握扩展 ASCII 码的原理			√	√			
	自学 DOSBOX 软件,在 DOS 模拟环境中使用扩展 ASCII 码						√	
	程序清单 14-04-02.c					√	√	
	用扩展 ASCII 码输出表格						√	

知 识 单 元	知识点/程序清单	认识	理解	领会	运用	创新	预习	复习
14-04-03 双字节字符	为什么引入宽字节字符 宽字节字符与 ASCII 码的区别		√	√				
	程序清单 14-04-03.c				√	√		
	程序清单 14-04-04.c				√	√		
14-04-04 汉字的编码	了解 GB2312-80 国标码	√						
	了解 GB2312-80 标准汉字区位的意义		√	√				
	掌握机内码与区位码的换算关系				√	√		
	例 14-04-01				√	√		
	程序清单 14-04-05.c				√	√		
	程序清单 14-04-06.c				√	√		

14-05　整数编码

知 识 单 元	知识点/程序清单	认识	理解	领会	运用	创新	预习	复习
14-05-01 整型数据编码	整型数据编码有哪几种方法	√	√					
	整型数据编码有符号位	√	√					
14-05-02 原码	整数原码的计算方法		√	√	√			
	原码最易理解和计算	√	√					
	原码中有两个 0	√	√					
14-05-03 反码	整数反码的计算方法		√	√	√			
	反码中同样有两个 0	√						
14-05-04 补码	整数补码的计算方法		√	√	√			
14-05-05 为什么要使用补码	掌握补码中 +0 和 −0 的编码相同		√	√				
	掌握 2 字节整数补码的表示范围 掌握 4 字节整数补码的表示范围		√	√				

14-06　浮点数编码

知 识 单 元	知识点/程序清单	认识	理解	领会	运用	创新	预习	复习
14-06-01 实数的指数表示	一个实数的指数表示形式有多种	√	√					
	程序清单 14-06-01.c				√	√		
14-06-02 浮点数在内存中的表示	float 型在内存中的表示		√	√				
	符号位的意义		√					

知 识 单 元	知识点/程序清单	认识	理解	领会	运用	创新	预习	复习
14-06-02 浮点数在内存中的表示	阶码的意义和与指数换算的方法		√	√	√			
	二进制尾数的意义及换算方法		√	√	√			
	掌握将内存中的映像换算成浮点数的方法		√	√	√			
14-06-03 验证浮点数的内存	掌握根据浮点数值计算其在内存中映像的方法		√	√	√			
	程序清单 14-06-02.c					√	√	
	程序清单 14-06-03.c					√	√	

14.2 数制和编码实验

实验 14 数制和编码程序实验

1. 相关知识点

(1) 不同数制的计数原理。
(2) 不同进制之间的转换。
(3) 整型和浮点型数据在内存中的表示。
(4) 英文字符和中文字符编码。

2. 实验目的及要求

本实验要求学生掌握不同进制之间整数的转换,掌握整型和浮点型数据在内存中的编码规则,掌握英文字符和中文字符的编码原理。

3. 实验题目

实验题目 14-01-01 二进制转化为十六进制

总时间限制:1000ms;内存限制:65536KB。

描述:输入一个二进制数,要求输出该二进制数的十六进制表示。

在十六进制的表示中,A~F 表示 10~15。

输入:第 1 行是测试数据的组数 n,后面跟着 n 行输入。每组测试数据占一行,包括一个以 0 和 1 组成的字符串,字符串长度至少是 1,至多是 10000。

输出:n 行,每行输出对应的一个输入。

样例输入:

2
100000
111

样例输出：

20

7

注：该题目选自 OpenJudge 网站，在线网址 http：//bailian. openjudge. cn/practice/2798/。

问题分析： 解本题的思路是将二进制串变换成 4 的倍数位（前补 0），然后从左至右 4 位一组遍历所有组，每一组对应一位十六进制数字。二进制串前补 0 可以通过对其逆置，再后补 0，然后再逆置。

参考代码（14-01-01. c）：

```c
#include<stdio.h>
#include<string.h>
void rev(char * s){                      //字符串逆置
  int i,j;
  for(i=0,j=strlen(s)-1;i<j;i++,j--){
    char t=s[i];s[i]=s[j];s[j]=t;
  }
}
void fun(char * s,char * t){             //二进制串(4倍数位)转换成十六进制串
  int i,len=strlen(s);
  for(i=0;i<len/4;i++){                  //遍历二进制串(每4位一组)
    int d=(s[i*4+0]-'0')*8+             //本组转换成十进制
          (s[i*4+1]-'0')*4+
          (s[i*4+2]-'0')*2+
          (s[i*4+3]-'0')*1;
    t[i]=d<10?d+'0':d-10+'A';            //转成十六进制保存
  }
  t[i]='\0';
}
int main(){
  int n;
  char a[10010];
  char b[10010];
  scanf("%d",&n);
  while(n--){                           //处理 n 组数据
    scanf("%s",a);                      //读入二进制串
    rev(a);                             //逆置
    int len=strlen(a);                  //补足 4 的倍数位
    if(len%4!=0)
      strcat(a,"0000"+len%4);
    rev(a);                             //逆置
    fun(a,b);                           //执行函数,实现转换
    puts(b);                            //输出结果
```

```
    }
    return 0;
}
```

实验题目 14-01-02   二进制转化为三进制

总时间限制：1000ms；内存限制：65536KB。

描述：输入一个二进制数，要求输出该二进制数的三进制表示。

在三进制的表示中，只有 0,1,2 这 3 种符号。

输入：第 1 行是测试数据的组数 n，后面跟着 n 行输入。每组测试数据占一行，包括一个以 0 和 1 组成的字符串，字符串长度至少是 1，至多是 64。

输出：n 行，每行输出对应的一个输入。

样例输入：

```
2
10110
1011
```

样例输出：

```
211
102
```

注：该题目选自 OpenJudge 网站，在线网址 http：//bailian. openjudge. cn/practice/3709/。

问题分析：解本题的思路是将二进制转换成十进制，再将十进制转换成三进制输出。

参考代码（14-01-02. c）：

```c
#include<stdio.h>
long long to10(char * s){               //二进制串转换成十进制整数
  long long i,n=0;
  for(i=0;s[i]!='\0';i++){
    n=n*2+(s[i]-'0');
  }
  return n;
}
void to3(long long n){                  //递归转换成三进制输出
  if(n>0){
    to3(n/3);
    printf("%lld",n%3);
  }
}
int main(){
  int n;
  char a[10010];
  char b[10010];
```

```
  scanf("%d",&n);
  while(n--){                          //处理 n 组数据
    scanf("%s",a);                     //读入二进制串
    long m=to10(a);                    //二进制串转换成十进制整数
    to3(m);                            //十进制整数转换成三进制输出
    printf("\n");
  }
  return 0;
}
```

实验题目 14-01-03 十进制-十六进制（CSU ACM：1160）

Time Limit：1s；Memory Limit：128 Mb。

描述：把十进制整数转换为十六进制数，格式为 0x 开头，10～15 由大写字母 A～F 表示。

输入：每行一个整数 x，$0 \leqslant x \leqslant 2^{31}$。

输出：每行输出对应的 8 位十六进制整数，包括前导 0。

样例输入：

```
0
1023
```

样例输出：

```
0x00000000
0x000003FF
```

来源：中南大学第六届大学生程序设计竞赛。

注：该题目选自中南大学 OJ，网址 http：//acm. csu. edu. cn/csuoj/problemset/problem？pid＝1160。

问题分析：本题考查进制转换算法，可以采用除 16 取余法逐位转换。

参考代码（14-01-03. c）：

```
#include<stdio.h>
#include<string.h>
int main(){
  long n,i;
  char a[16]={'0','1','2','3','4','5','6','7','8','9','A','B','C','D','E','F'};
  char b[11]={"0x00000000"};
  while(scanf("%d",&n)==1){             //读入数据
    strcpy(b,"0x00000000");             //初始化十六进制数
    i=9;                               //最末位下标
    while(n>0){
      b[i--]=a[n%16];                  //确定一位十六进制数字
      n=n/16;
    }
```

```
    puts(b);                          //输出十六进制数串
  }
  return 0;
}
```

实验题目 14-01-04　进制转换（HDU：2031）

Time Limit：2000/1000MS（Java/Others）　Memory Limit：65536/32768K（Java/Others）

问题描述：输入一个十进制数 N,将它转换成 R 进制数输出。

输入：输入数据包含多个测试实例,每个测试实例包含两个整数 N(32 位整数)和 R(2≤R≤16,R!＝10)。

输出：为每个测试实例输出转换后的数,每个输出占一行。如果 R 大于 10,则对应的数字规则参考十六进制(如 10 用 A 表示等)。

样例输入：

```
7 2
23 12
-4 3
```

样例输出：

```
111
1B
-11
```

来源：C 语言程序设计练习(五)。

注：该题目选自 HUD OJ,网址 http：//acm. hdu. edu. cn/showproblem. php?pid＝2031。

问题分析：与上题类似,依然采用"除 R 取余法",需要注意的是,要考虑符号位,还要考虑结果的顺序。

参考代码（14-01-04. c）：

```
#include<stdio.h>
#include<string.h>
int main(){
  long n,r,i;
  char a[16]={'0','1','2','3','4','5','6','7','8','9','A','B','C','D','E','F'};
  char b[100]="";
  char c[100]="";
  while(scanf("%d%d",&n,&r)==2){        //读入数据
    if(n>=0){ strcpy(c,""); }           //取得符号,规范 n 为正数
    else     { strcpy(c,"-"); n=0-n;}
    strcpy(b,"0");                      //初始化结果为 0
    i=0;                                //最末位下标(结果从左至右排列)
    while(n>0){
```

```
        b[i++]=a[n%r];              //确定一位 r 进制数字
        n=n/r;                      //除以 r
    }
    if(i>0)b[i]='\0';               //结果串结尾赋\0
    strrev(b);                      //结果串逆置回正确顺序
    strcat(c,b);                    //加上符号位
    puts(c);                        //输出 r 进制数串
  }
  return 0;
}
```

实验题目 14-01-05   汉字统计(HDU：2030)

Time Limit：2000/1000ms(Java/Others)；Memory Limit：65536/32768KB(Java/Others)。

问题描述：统计给定文本文件中汉字的个数。

输入：输入文件首先包含一个整数 n,表示测试实例的个数,然后是 n 段文本。

输出：对于每一段文本,输出其中的汉字的个数,每个测试实例的输出占一行。[Hint：]从汉字机内码的特点考虑。

样例输入：

2
WaHaHa! WaHaHa! 今年过节不说话要说只说普通话 WaHaHa! WaHaHa!
马上就要期末考试了 Are you ready?

样例输出：

14
9

来源：C 语言程序设计练习(五)。

注：该题目选自 HDU OJ 网站,网址 http：//acm. hdu. edu. cn/showproblem. php?pid=2030。

问题分析：根据题目中的提示和教材中的讲解,知道一个汉字占 2B,其机内码每个字节的高位都为 1,而 ASCII 码的高位为 0。一个字符的高位为 1,其整数形式为负数,所以,根据字符的整数值可以判断其是 ASCII 码,还是汉字。

参考代码(14-01-05. c)：

```
#include<stdio.h>
#include<string.h>
int f(char * s){
  int i,n=0;
  for(i=0;s[i]!='\0';i++){        //遍历所有字符
    if( s[i]<0){                   //汉字机内码最高位为 1(补码最高位为 1 的整数是负数)
      n++;
      i++;                         //一个汉字 2 个字节
```

```
      }
   }
   return n;
}
int main(){
   int n;
   char s[200000];
   gets(s);                        //忽略第一行
   while(1){
      if(gets(s)==NULL) break;     //读入数据
      n=f(s);                      //统计汉字个数
      printf("%d\n",n);            //输出结果
   }
   return 0;
}
```

第 15 章　位　运　算

15.1　知识点及学习要求

15-01　位运算介绍

知识单元	知识点/程序清单	认识	理解	领会	运用	创新	预习	复习
15-01-01 认识位运算	认识什么是位运算	√						
	位运算包括哪两类,大概功能是什么	√						
15-01-02 认识位运算符	熟悉 6 种位运算符号及含义	√						
	掌握按位取反运算符是单目运算符,其余是双目运算符		√					

15-02　位逻辑运算

知识单元	知识点/程序清单	认识	理解	领会	运用	创新	预习	复习
15-02-01 计算数据准备	重温怎样求一个数的原码、反码和补码		√	√	√			
15-02-02 按位与运算符 &	掌握"按位与"运算规则			√	√			
	例 15-02-01			√	√	√		
	例 15-02-02			√	√	√		
15-02-03 按位或运算符 |	掌握"按位或"运算规则			√	√			
	例 15-02-03				√	√		
	练习 15-02-01				√	√		
	程序清单 15-02-01				√	√		
15-02-04 按位异或运算符 ^	掌握"按位异或"运算规则			√	√			
	例 15-02-04				√	√		
	练习 15-02-02				√	√		
	程序清单 15-02-02				√	√		
15-02-05 按位取反运算符 ~	掌握"按位取反"运算规则			√	√			
	例 15-02-05				√	√		
	练习 15-02-03				√	√		
	程序清单 15-02-03				√	√		

续表

知 识 单 元	知识点/程序清单	认识	理解	领会	运用	创新	预习	复习
15-02-06 位逻辑运算符的应用	(1)掌握判断一个数据的某一位是否为1的知识			√	√			
	程序清单15-02-04.c				√	√		
	创新：如何判断一个数的某几位为1或0				√	√		
	(2)掌握保留一个数中的某些位的知识			√	√			
	程序清单15-02-05.c				√	√		
	(3)掌握把一个数据的某些位置为1的知识			√	√			
	程序清单15-02-06.c				√	√		
	(4)掌握将一个数据的某些位进行翻转的知识			√	√			
	程序清单15-02-07.c				√	√		
	(5)掌握不用临时变量交换两个值的知识			√	√			
	程序清单15-02-08.c				√	√		

15-03 移位运算

知 识 单 元	知识点/程序清单	认识	理解	领会	运用	创新	预习	复习
15-03-01 左移运算符<<	掌握左移运算符的运算规则		√	√				
	什么时候左移一位相当于乘2			√	√			
	程序清单15-03-01.c				√	√		
15-03-02 右移运算符>>	掌握右移运算符的运算规则		√	√				
	掌握逻辑右移		√	√	√			
	掌握算术右移		√	√	√			
	程序清单15-03-02.c				√	√		
15-03-03 位赋值运算符	掌握位赋值运算符的意义和运算规则	√	√	√				
15-03-04 不同长度的数据进行位运算	掌握不同长度的数据进行位运算时的补位规则	√	√	√				
	程序清单15-03-03.c				√	√		

15-04 位段

知 识 单 元	知识点/程序清单	认识	理解	领会	运用	创新	预习	复习
15-04-01 位段的定义	位段使用少于一个字节的位数存储数据 位段应该定义在结构体中	√	√					
	掌握位段定义的一般形式	√	√					

知识单元	知识点/程序清单	认识	理解	领会	运用	创新	预习	复习
15-04-02 位段使用说明	掌握位段的存储原理	√	√					
	掌握位段的数据类型和数据范围		√	√				
	掌握位段成员的使用方法							
	程序清单 15-04-01		√	√				

15.2　位运算程序设计实验

实验 15　位运算程序设计实验

1. 相关知识点

（1）位运算原理。

（2）位段的应用。

2. 实验目的及要求

通过本实验要求学生掌握位运算的原理和简单应用,掌握位段的使用。

3. 实验题目

实验题目 15-01-01　计算 2 的幂

总时间限制：1000ms；内存限制：65536KB。

描述：给定非负整数 n,求 2^n。

输入：一个整数 n。$0 \leqslant n < 31$。

输出：一个整数,即 2 的 n 次方。

样例输入：

3

样例输出：

8

注：选自 OpenJudge 网站,在线网址 http：//noi. openjudge. cn/ch0103/20/。

问题分析：本题可以通过位运算<<实现。

参考代码（15-01-01. c）：

```
#include<stdio.h>
int main(){
    int n;
```

```
    scanf("%d",&n);
    printf("%d",1<<n);
    return 0;
}
```

实验题目 15-01-02　输出二进制补码

总时间限制：1000ms；内存限制：65536KB。

描述：输入一个整型（int）的整数，输出它的 32 位二进制补码。

输入：一个整型整数。

输出：输出一行，即该整数的补码表示。

样例输入：

```
7
```

样例输出：

```
00000000000000000000000000000111
```

注：选自 OpenJudge 网站，在线网址 http://noi.openjudge.cn/ch0113/35/。

问题分析：本题要求输出整数的二进制补码，可以通过输出其内存的表示实现（整数在内存中以补码形式存放）。n 的补码的第 i 位数字可以通过表达式（n>>i）&1 求得，由此得到下面的程序代码。

参考代码（15-01-02.c）：

```
#include<stdio.h>
int main(){
  int n,i;
  scanf("%d",&n);
  for(i=31;i>=0;i--){
    printf("%d",(n>>i)&1);
  }
  return 0;
}
```

实验题目 15-01-03　是否为 2 的整数幂

总时间限制：1000ms；内存限制：65536KB。

描述：如何用一个表达式判断 N 是否为 2 的整数幂（如 1,2,4,8,16,32…）？

输入：一个正整数 N（int 范围内）。

输出：如果 N 是 2 的整数幂，则输出 Yes，否则输出 No。

样例输入：

```
16
```

样例输出：

```
Yes
```

注：选自 OpenJudge 网站，在线网址 http：//tic. openjudge. cn/a09/A09P02/。

问题分析：判断一个数 n 是否为 2 的倍数，可以通过表达式（n & (n－1)）＝＝0 求得，请分析其中的原理。

参考代码（15-01-03. c）：

```c
#include<stdio.h>
int main(){
  int n;
  scanf("%d",&n);
  printf( (n &(n-1))==0 ?"Yes":"No");
  return 0;
}
```

第 16 章　C 语言编译环境

16.1　常用的编译软件

1. Dev C++ 5.11

本书推荐使用编译器 Dev C++ 5.11,软件安装及使用方法请参考《C 语言程序设计与实践》中的第 1 章,或者参考本书附赠资料中的电子文档。

2. VC++ 6.0

Microsoft Visual C++(简称 VC++)是 Microsoft 公司于 1998 年推出的以 C++ 语言为基础的开发 Windows 环境程序,面向对象的可视化集成编程系统。流行的软件版本 VC++ 6.0 的安装及使用请参考本书附赠资料中的电子文档。

3. Visual Studio 2017

Microsoft Visual Studio 是美国微软公司的开发工具包系列产品,是一个基本完整的开发工具集,包括了整个软件生命周期中需要的大部分工具,例如 UML 工具、代码管控工具、集成开发环境(IDE)等。所写的目标代码适用于微软支持的所有平台。

Visual Studio 软件的安装及使用请参考本书附赠资料中的电子文档。

16.2　在线编译工具

除前面介绍的编译环境外,互联网上还提供了很多在线运行代码的工具。利用这些在线工具,可以方便地在互联网上提交 C 语言程序代码,并可以学到很多网站提供的其他知识,读者要充分利用这些工具网站。

1. 在线工具——程序员的工具箱

在浏览器中输入在线工具的网址 https://tool.lu/,可以进入在线工具网站。网站中提供了大量的开发工具,如图 16-1 所示。

单击网站右上角的"开放注册"链接,在注册界面(图 16-2)中输入注册信息,单击"注册"按钮,然后打开邮箱找到完成注册的邮件(图 16-3),单击邮件内的"完成注册"按钮,即可完成账号的注册。

完成注册后,在网站主页上登录。然后单击左上角的"在线运行代码"链接,进入代码运行界面,如图 16-4 所示。

在左侧的语言列表框中选择 C,然后在左侧窗格中输入程序代码,单击"执行"按钮就可以在右侧窗格中看到程序的执行结果。

图 16-1　在线工具网站主页

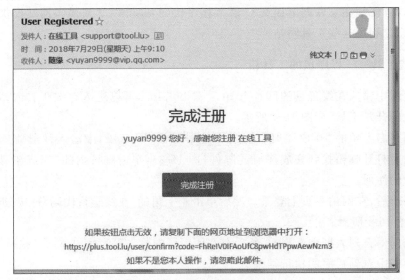

图 16-2　注册界面

图 16-3　在邮件中完成注册

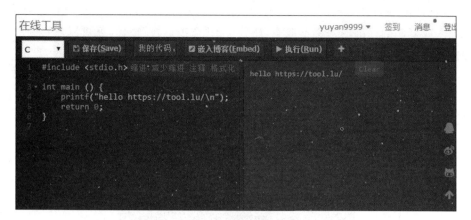

图 16-4 代码运行界面

2. 菜鸟工具

"菜鸟工具"网站的网址是 https：//c.runoob.com/。菜鸟工具网站主界面如图 16-5 所示，单击"C 在线工具"链接，进入 C 语言代码运行界面，如图 16-6 所示。

图 16-5 菜鸟工具网站主界面

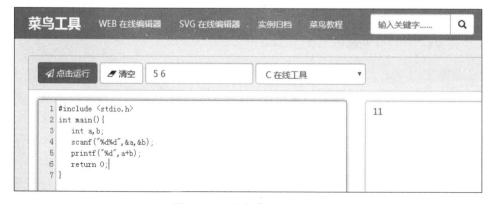

图 16-6 C 语言代码运行界面

在左侧窗格中输入 C 语言源程序,在列表框中选择"C 在线工具",如果程序有输入,可以事先输入或复制到标准输入文本框中,然后单击"点击运行"按钮,就可以在右侧窗格中看到程序的运行结果。

如果单击主页中的"菜鸟教程",然后选择 C 语言教程,还可以在线学习 C 语言的语法。菜鸟工具网站资料和工具同样非常丰富,请大家合理利用。

3. 在线写代码工具

在线写代码工具的网站是 http://www.dooccn.com/,主界面如图 16-7 所示。该网站提供了多种程序语言在线编译功能。

图 16-7　在线写代码工具主界面

首先选择"C 语言",然后在代码窗格中输入 C 语言程序代码,在输入框中输入程序需要的数据,单击 run(Ctrl+r)按钮,就可以在下面的窗格中看到程序的执行结果了。

这个工具的好处是可以事先输入多行数据。

4. "爱课程"在线开发环境

"爱课程"C 语言在线开发环境(http://clin.icourse163.org/)同样不需要在自己的计算机上安装任何编程软件,只要有浏览器,就可以直接编写 C 语言程序,并且编译、运行程序了。在浏览器中输入网址,"爱课程"C 语言在线开发环境主界面如图 16-8 所示。

窗口左侧上的输入框为代码输入区,在此空格中输入程序代码。窗口左侧下的空格为程序执行结果输出区和数据输入区,相当于计算机的输入输出控制台。

窗口右侧顶部为功能按钮,其中按钮 ![icon] 的功能是导入打开计算机中的 C 程序,按钮 ![icon] 的功能是将正在编辑的程序代码下载到本机,按钮 ![icon] 的功能是执行程序,按钮 ![icon] 的功能是单步调试程序。

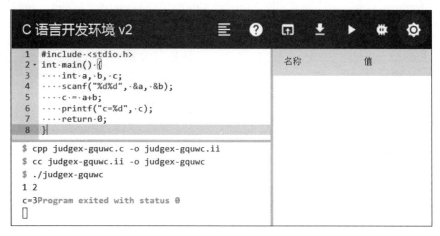

图 16-8 "爱课程"C 语言在线开发环境主界面

每单击一次"单步调试"按钮,程序就会向下执行一条语句,在窗口左侧的代码区显示正在执行的代码行,在窗口右侧下的空格中显示此刻程序中各变量的值,如图 16-9 所示。

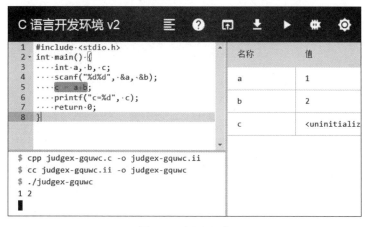

图 16-9 调试程序

第 2 部分

C 语言程序课程设计与案例

第 17 章　C 语言程序课程设计

17.1　课程设计的目的和过程

1. 课程设计的目的

高级语言课程设计是计算机科学相关专业本科学生必修的实践课程,是学习完高级语言课程后进行的一次全面的综合实践。课程设计的目的和任务是通过学生用高级语言设计一个完整的应用程序,使学生综合应用所学知识完成软件的分析、设计、调试和总结,可加深和巩固对理论教学和实验教学内容的掌握,使学生全面掌握高级语言程序设计的基本方法和技术,培养学生实际操作技能和解决实际问题的能力、项目开发中的团队合作精神和创新意识,养成良好的编程习惯,并帮助学生掌握 C 语言这门课程的核心知识,为将来从事技术开发工作打好基础。通过高级语言程序课程设计,可以达到以下目的。

(1) 深刻理解 C 语言的基础知识。

(2) 结合实际应用的要求,通过激发学生的学习兴趣,调动学习的积极性,引导他们提高分析问题的能力和编程能力,并养成良好的编程习惯。

(3) 通过课程设计的详细案例,引导学生提高循序渐进解决问题的能力。

(4) 通过提供的多方面设计案例,拓展了学生的知识面。

(5) 提高了学生自主学习、收集资料的能力,为后续课程的学习打下了坚实的基础。

2. 课程设计的过程

课程设计的主要过程分为如下 7 个步骤。

第 1 步:分组。每组建议 3~4 人。

第 2 步:选题。各组根据自己的兴趣和知识初步查阅文献资料,选取适合自己的题目。

第 3 步:需求分析。主要任务是确定软件系统需要具备的功能。通过查阅文献资料、观察现有软件工作过程和创新设想归纳出软件需要具备的全部功能,并用文字形式逐条列出。

第 4 步:系统设计。主要任务是确定系统组成结构和结构中模块的主要算法步骤。确定系统组成结构,将软件系统分解为若干模块,每个模块完成一个功能,用模块结构图表示模块之间的调用关系,该步称为概要设计。例如,"课程设计管理系统"的概要设计如图 17-1 所示。

在这一步骤中要确定结构中模块的主要算法步骤:针对每个模块,为其设计一个函数,包括给出函数的名字、参数、返回值、函数的功能说明,这称为接口设计。例如:

```
char inputstudentinfo(char stuNo,char stuName);
```

入口参数说明:stuNo 表示学号,stuName 表示姓名。

返回值:0 表示录入成功,1 表示录入失败。

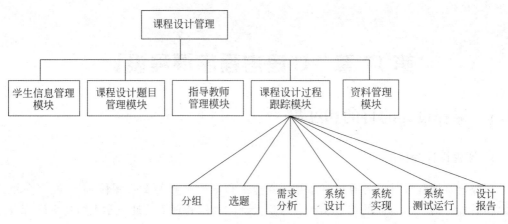

图 17-1 "课程设计管理系统"的概要设计

功能：录入学生信息。

接下来为该模块/函数设计一个内部处理过程，并使用类 C 语言描述，这称为详细设计或者算法设计。例如：

```
char inputstudentinfo(char stuNo,char stuName){
    输入学号和姓名；
    检查数据格式的合法性；
    若不合法，则提示错误原因，给出纠正方法，让用户重新输入；
    若合法，则提交保存到文件中。
}
```

接口设计和算法设计的任务要细分到各个成员，组长及组员根据系统概要设计图明确本组项目任务书和任务分配计划。项目组系统设计任务书见表 17-1。

表 17-1 项目组系统设计任务书

题目：   组号：   组长：   联系方式：

任务	完成人	函数名	工作量	计划完成时间	实际完成时间
模块 1	姓名 1,姓名 2,…				
…	…				

第 5 步：系统实现。主要任务是依据设计实现各个模块函数，使用程序语言编写源程序，并调试。系统实现的任务可分解到各个组员完成。项目组成员系统实现任务书见表 17-2。

表 17-2 项目组成员系统实现任务书

组号：   题目：

函数名	工作量	完成人	计划完成时间	实际完成时间
函数 1				
…				

第 6 步：系统测试运行。主要任务是将各个模块连接在一起，输入测试数据，排除系统

错误,确保得到正确结果。记录输入的测试数据是什么,应该得到什么结果,实际得到什么结果。测试记录见表 17-3。

表 17-3　测试记录

组号:　　　题目:

输入数据	期望输出	实际输出	计划测试时间	实际测试时间
数据 1				
...				

第 7 步:设计报告。主要任务是记录系统运行的重要证据,并撰写课程设计报告,准备提交和答辩展示。

17.2　课程设计的要求

指导教师要给每个学生分配课程设计题目,讲解课程设计的题目要求和注意事项,并要求学生根据题目要求进行界面的设计和功能代码的编写工作,完成课程设计报告。课程设计进行过程中,指导教师只给予适当的少量指导,让每个学生自己动手完成整个项目。通过指导教师命题或学生自拟题目的方式,学生要发挥自主学习的能力,充分利用时间,安排好课程设计的时间计划,学生设计的软件系统要实现题目要求的功能;学生要熟练掌握高级语言设计一个完整应用程序的设计方法和步骤(软件的分析、设计、调试和总结),并在设计过程中不断检测自己计划的完成情况,及时向教师汇报,最终对课程设计进行总结,撰写课程设计报告,按要求上交一份课程设计报告(附源程序)。

1. 设计过程规范化

将题目中要求的功能进行分析,设计或叙述解决此问题的算法,描述算法建议使用流程图。给出实现功能的一组或多组测试数据,程序调试后,将按照此测试数据进行测试的结果列出来。对有些题目提出算法改进方案,并比较不同算法的优缺点。如果程序不能正常运行,就写出实现此算法中遇到的问题和改进方法。

2. 程序书写规范化

源程序(可以是一组源程序,即详细设计部分):要按照写程序的规则编写。要结构清晰,重点函数的重点变量、重点功能部分要加上清晰的程序注释。程序能够运行,要有基本的容错功能。

3. 设计报告格式规范化

课程设计报告主要应该包括以下几方面内容。

①设计题目要简洁、准确;②运行环境(软、硬件环境);③算法设计的思想;④算法的流程图;⑤算法设计分析;⑥源代码;⑦运行结果分析;⑧收获及体会。

4. 课程设计实施规范化

(1) 开题。课程设计的题目应至少提前两周确定,题目可由教师提供或由学生自选,然后由教师审定。教师根据题目的规模和设计任务的大小,设定设计组成员人数,一般最多 4人一题。

(2) 中期检查。课程设计中期应该由各组向指导教师进行中期答辩,全面了解设计过程和中期成果,及时发现问题并进行必要指导。

(3) 期末答辩及考核。课程设计完成,要举行答辩会,考核每个项目的总体成绩及小组成员的贡献,并按考核标准对每个成员给出此门课程的最终成绩。

17.3 课程设计选题

1. 选题依据

恰当的选题是开展课程设计的前提,通过对常规高级语言课程设计的项目选题进行调研和梳理,总结出一个好的选题必须满足以下要求。

(1) 可实施性。课程设计的选题首先要符合教学目标,使学生能够运用理论课程中所学的基本知识进行基本技能方面的训练,具有可实施性。

(2) 可扩展性。完成课程设计选题所需要的绝大多数理论知识都应该在相应的理论课程中讲授过,但考虑到课程设计的题目比理论课程中的练习题复杂度高,必然会应用一些没有学过的知识,然而,对这些需要扩展的知识,教师应在设计过程中补充讲解。

(3) 典型性。题目要具有较好的典型性和代表性,便于学生通过一个项目的实践,掌握一类项目开发所需要的相关知识和技术,最终具有举一反三的能力。

(4) 新颖性。选题还须具有一定的新颖性,如果要求学生完成一些和课程设计书上要求完全一致的项目,学生的学习积极性和实践能力将得不到提高。因此,项目选题应尽可能结合实际需求进行命题,并具有启发性,鼓励学生大胆创新,在题目大框架下自行挖掘和开发特色功能。

2. 选择题目类型

高级语言程序设计的常规类型有以下 3 个。

(1) 信息管理类。信息管理类型项目是指开发一些小型的 MIS,如图书管理系统、学生成绩管理系统、员工工资管理系统、通讯录、飞机订票系统等,这些项目可以综合应用到高级语言中的一些难点知识点,如指针、结构体、链表、文件等,非常有利于加深学生对相关知识点的理解。

(2) 游戏开发类。游戏开发类项目是指开发一些适合用高级语言编写的小型游戏项目,如贪吃蛇、推箱子、俄罗斯方块、五子棋和迷宫等,这些游戏项目可以激发学生的学习兴趣,提高课程设计的积极性,能收到较好的效果。

(3) 应用工具类。该类项目主要是一些非常实用的小工具,如电子时钟、万年历、画图板、计算器和文本编辑器等。这些项目与日常生活非常接近,有助于学生准确获取项目需求,并需要综合运用高级语言中的很多知识点,如数组、结构体等,以及一些图形编程技术。

3. 选题建议

高级语言课程设计的选题要结合所学专业,对所选课题进行调查研究、系统分析,对课程设计选题给出如下建议。

（1）选题必须符合计算机专业培养目标的要求,体现本专业的特色。

（2）所选课题应尽量使用最近学习的开发工具,并结合教授课程的知识点、内容进一步延伸,在实用方面具有更强的针对性。

（3）题目具有较好的代表性,选题应尽可能结合生产、科研、管理、教学等方面的实际需要,也可以选用符合教学要求的模拟题目。

（4）选题的难易程度要适当,以学生可以在 2～4 周的规定时间内完成为宜。

（5）选题一般由指导教师下达,也可以由学生自选,然后由教师审定。

17.4　课程设计报告和评价

1. 课程设计报告

课程设计报告是进行课程设计评价的重要文档,如果课程设计采取的是分组开发的形式,则每个小组提交一份课程设计报告即可。课程设计报告通常应该包含如下几方面内容。

（1）封面。写明课程设计的题目、组长姓名和学号、项目组成员的姓名和学号、指导教师和完成日期等。

（2）目录:生成报告正文 1～3 级标题的目录。

（3）设计目的:程序功能的简介、涉及技术介绍等。

（4）需求分析:程序详细功能需求,以及必要的性能需求分析。

（5）总体设计:程序模块划分,绘制系统功能结构图。

（6）详细设计:程序模块内部的详细设计,包括函数划分以及函数内部逻辑设计,绘制程序流程图。

（7）实现:给出核心功能的源代码及代码分析过程,要求代码符合编码规范,并撰写适量的代码注释。

（8）测试:对核心功能模块编写测试用例,并整理测试用例表,重点关注错误输入和边界值输入的测试用例。

（9）设计总结:撰写设计体会,总结本次设计取得的经验和收获,重点对设计过程中遇到的困难,以及解决的方法进行阐述。如果程序未能全部调试通过,则应分析其原因。

（10）参考文献:给出设计和书写报告中参考的文献列表。

2. 课程设计评价

评价是检测学生理解问题和解决问题能力的一个重要手段,教师需要严格跟踪课程设计进度,审查学生各个阶段提交的文档。最终考核验收时由指导教师根据本课程设计的要求严格把关,公平公正,仔细评审学生提交的课程设计报告,认真组织课程设计答辩,对学生的学习态度、出勤情况、动手能力、独立分析问题和解决问题的能力、创新精神、设计报告质量和答辩水平等指标进行综合考评。建议教师记录成绩时将学生的成绩分为优秀、良好、中等、及格和不及格 5 个等级,可以参考以下评判标准。

优秀(90～100 分):能熟练综合运用所学知识,设计内容完整、规范,有大量创新,方案合理可行,文字条理清晰,图表丰富,版式风格统一。答辩回答问题正确,对系统的演示流畅,源代码解释清晰。

良好(80～90 分):能较好运用所学知识,设计内容完整、较规范,有一定创新,内容较丰富、文字条理清晰,图表较丰富,版式风格统一。答辩回答问题较好,对系统的演示较流畅,源代码解释较为清晰。

中等(70～80 分):能运用所学知识,设计内容基本完整,有规范但创新性差,内容不够丰富,文字无较大问题,图表不够丰富。答辩回答问题基本正确,对系统的演示基本完成,源代码解释较为清楚。

及格(60～70 分):基本完成设计任务,内容欠完整,设计工作量不大;文字版式质量一般,图表较少且存在个别非原则性错误。答辩回答问题基本正确,系统演示能够完成,源代码解释基本清楚。

不及格(0～60 分):勉强完成设计任务,设计内容不完整,工作量偏低,态度不认真;存在多处较严重的设计或文字错误。答辩回答问题不正确,系统演示不能完成,源代码解释不清楚。

第 18 章　课程设计案例——万年历

18.1　需求分析和总体设计

1. 设计目的

万年历程序的核心是通过在主界面中选择日期,计算出相应的星期,并以设置好的方式输出。同时,本程序还具有一定的查询功能。本程序的设计主要是为了激发学生实现身边这些实用的小程序,从而以极大的热情更好地完成 C 语言程序设计课程的学习。

2. 需求分析

本实例是一个万年历程序,模拟生活中的挂历,以电子的形式实现日历的基本功能,显示选择的日期、星期几等信息,给生活带来一定的便利。本程序的功能需求如下。

(1) 获取当前时间:获取系统时间作为默认值,在没有任何输入的情况下显示系统时期所在月份的月历,并且突出显示当前所选择的日期。

(2) 显示全年日历:输入相应功能键后显示当前所在年份的全年日历,并显示该年是闰年,还是非闰年。

(3) 查询日期:输入指定的日期,查询后显示日期所有月份的月历,并突出显示日期。此外,还可以查看用户选择年份的整个日历。

(4) 调整日期:通过键盘输入选取对应的功能项,可以增减年份、月份和日期,并能将所选日期重置为系统时间。

3. 总体设计

万年历程序由 4 个模块组成,如图 18-1 所示。

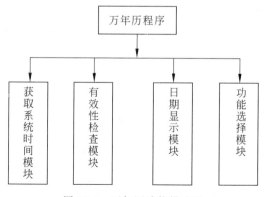

图 18-1　万年历功能描述图

(1) 获取系统时间模块。该模块用于获取当前的系统时间,用一个时间结构体存储这个具体的时间值。

（2）有效性检查模块。对用户输入的日期进行闰年的判断，然后对年、月、日的有效性进行检查。

（3）日期显示模块。本模块可以显示全年日历，也可以根据用户的查询要求显示对应的信息。

（4）功能选择模块。本模块根据主界面给出的功能键执行相应的功能。

18.2 详细设计与实现

1. 预处理及所用的数据结构

1）头文件

本项目用到以下 5 个头文件。

```
#include<stdio.h>
#include<windows.h>
#include<time.h>
#include<conio.h>
#include<graphics.h>
```

stdio. h 头文件用到 scanf()、printf()、putchar()等基本的输入输出函数。windows. h 头文件用到句柄等与控制台有关的内容，如 SetConsoleCursorPosition()、system()等函数。time. h 头文件使用了获取系统时间函数 time()。conio. h 头文件要用到 getchar()等函数。graphics. h 头文件使用了一些图形和显示文本颜色函数。

2）符号常量

符号常量 LAYOUT 用于光标定位调整主界面的排版。符号常量 LINE_NUM 则用于打印下画线的函数中，表示输出下画线的数量。符号常量 UP、DOWN、LEFT、RIGHT、PAGE_UP、PAGE_DOWN 则用在选择功能模块中。

```
#define LAYOUT 45
#define LINE_NUM 30
#define UP 0x48
#define DOWN 0x50
#define LEFT 0x4b
#define RIGHT 0x4d
#define PAGE_UP 0x49
#define PAGE_DOWN 0x51
```

3）结构体

```
struct Date{
    int  iYear;
    int  iMonth;
    int  iDay;
};
```

4）全局变量

```
Struct Date  stSystemDate,stCurrentDate;      //系统时间和当前所选择时间的结构体变量
int   iNumCurrentMon=0;                        //当前月份的天数变量
int   iNumLastMon=0;                           //上个月的天数
/*记录各个月份对应的天数,aiMon[0]设为 0 */
int   aiMon[13]={0,31,28,31,30,31,30,31,31,30,31,30,31}
/*定义一个二维数组表示各个月份的名称,acMon[0]设为"\0" */
Char  acMon[13][7]={"\0","一月","二月","三月","四月","五月","六月","七月","八月",
"九月","十月",'十一月',"十二月"}
```

5）自定义函数

```
int GetWeekday(int iYear, int iMonth, int iDay);     //根据给定日期计算星期函数
int IsLeapYear(int iYear);                           //判断是否为闰年
void GotoXY(int x, int y);                           //定位到第 y 行 第 x 列
void CheckDate();                                    //检查日期有效性
void GetKey();                                       //键盘输入
void PrintSpace(int n);                              //打印输出空格
void PrintUnderline();                               //打印输出下画线
void PrintInstruction();                             //输出操作指令说明
void PrintWeek(struct Date * pstTempDate);           //打印输出星期
void PrintCalendar(int iYear, int iMonth, int iDay); //日历显示
void PrintWholeYear(int iYear, int iMonth, int iDay);//打印输出整年
```

2. 主函数 main( )

1）功能设计

主函数主要分为两个部分,首先通过时间结构体获取系统时间,作为程序的默认时间。第二部分是调用各个函数输出提示信息并进入输入状态。

2）代码实现

主函数中运用时间结构体获取系统时间,并赋值给 stSystemDate 结构体变量。注意,用此方法得到的时间是从 1900.1.1 开始的。

main()代码如下:

```
int main(){
    HANDLE hConsoleOutput;
    hConsoleOutput=GetStdHandle(STD_OUTPUT_HANDLE);
    SetConsoleTextAttribute(hConsoleOutput,FOREGROUND_GREEN);
    time_t RawTime =0;
    struct tm * pstTargetTime =NULL;
    time(&RawTime);                                  //获取当前时间,存到 RawTime 里
    pstTargetTime =localtime(&RawTime);              //获取当地时间
    /*得到的时间是从 1900 年 1 月 1 日开始的*/
    stSystemDate.iYear =pstTargetTime->tm_year +1900;   stSystemDate.iMonth =
pstTargetTime->tm_mon +1;
```

```
    stSystemDate.iDay =pstTargetTime->tm_mday;

    stCurrentDate =stSystemDate;
    GetKey();
    return 0;
}
```

主界面运行结果如图 18-2 所示。

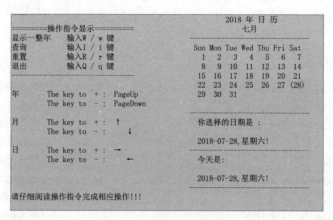

图 18-2　主界面运行结果

3. 获取系统时间模块

该模块在主函数中获取当前的系统时间,用一个时间结构体存储这个具体的时间值。

4. 有效性检查模块

(1) 检查日期有效性函数 CheckDate()。本函数检查的是全局变量 stCurrentDate 对应日期的有效性,年份必须为正数。CheckDate()的代码如下:

```
void CheckDate(){
    if (stCurrentDate.iYear <=0){
        GotoXY(0, 22);
        printf("The year should be a positive number!\n");
        GotoXY(0, 23);
        printf("Press any key to continue......");
        getch();
        /*  重置为系统的当前时间  */
        stCurrentDate =stSystemDate;
    }
    /*  检查月份是否有效  */
    if (stCurrentDate.iMonth <1 || stCurrentDate.iMonth>12){
        GotoXY(0, 22);
        printf("The month(%d) is invalid!\n", stCurrentDate.iMonth);
        GotoXY(0, 23);
```

```
        printf("Press any key to continue......");
        getch();
        stCurrentDate =stSystemDate;
    }
}
```

（2）判断是否为闰年函数 IsLeapYear()。本函数判断输入的年份是否为闰年，若是，则返回 1，否则返回 0，若输入的年份为负值，则输出提示信息后退出。IsLeapYear()的代码如下：

```
int IsLeapYear(int iYear){
    if (iYear <=0){                                    //检查年份是否大于 0
        printf("The year should be a positive number!\n");
        return -1;
    }
    if (iYear %4 ==0 && iYear %100 || iYear %400 ==0)
        return 1;
    else
        return 0;
}
```

5. 日期显示模块

（1）定位到第 y 行 第 x 列函数 GotoXY()。本函数的作用是将光标定位到第 y 行第 x 列，函数中调用的 SetConsoleCursorPosition 函数是 API 中定位光标位置的函数。
GotoXY()的代码如下。

```
void GotoXY(int x, int y){
    HANDLE hOutput =GetStdHandle(STD_OUTPUT_HANDLE);
    COORD loc;
    loc.X =x;
    loc.Y =y;
    SetConsoleCursorPosition(hOutput, loc);
    return;
}
```

（2）根据给定日期计算星期函数 GetWeekday()。本函数的作用是由指定的日期确定该日期是星期几。GetWeekday()的代码如下：

```
int GetWeekday(int iYear, int iMonth, int iDay){
    int iWeekday =0, i, iSum =0;
    if (IsLeapYear(iYear))                             //是闰年就返回1,否则返回 0
        aiMon[2] =29;
    else
        aiMon[2] =28;
    for (i =1; i <iMonth; i++){
        iSum +=aiMon[i];
```

```
        }
        iSum +=iDay;                                    //该日期到本年1月1日之前的天数
        iWeekday = ((iYear -1) * 365 + (iYear -1) / 4 - (iYear -1) / 100 + (iYear -1) / 400
+iSum) %7;
        return iWeekday;
    }
```

（3）打印输出空格函数 PrintSpace()。本函数根据参数确定产生几个空格，如果参数是负数，则提示错误并退出。PrintSpace()的代码如下：

```
    void PrintSpace(int n) {
        if (n<0) {
            printf("It shouldn't be a negative number!\n");
            return;
        }
        while (n--) printf(" ");
    }
```

（4）打印输出下画线函数 PrintUnderline()。本函数输出全局变量 LINE_NUM 数量的下画线。PrintUnderline()的代码如下：

```
    void PrintUnderline() {
        int i =LINE_NUM;
        while (i--)
            printf("-");
    }
```

（5）打印输出星期函数 PrintWeek()。本函数输出传入的日期，并通过 GetWeekday 得到该日期对应的是星期几，然后输出对应的字符串。PrintWeek()代码如下：

```
    void PrintWeek(struct Date * pstTempDate) {
        if (pstTempDate ==NULL) {                         //检查指针是否为空,若为空,则退出
            printf("This is a null pointer!");
            return;
        }
        int iDay = GetWeekday(pstTempDate-> iYear, pstTempDate-> iMonth, pstTempDate
->iDay);
         printf ( "% 4d -% 02d -% 02d,", pstTempDate - > iYear, pstTempDate - > iMonth,
pstTempDate->iDay);
        switch (iDay) {
        case 0: printf("星期日!"); break;
        case 1: printf("星期一!"); break;
        case 2: printf("星期二!"); break;
        case 3: printf("星期三!"); break;
        case 4: printf("星期四!"); break;
        case 5: printf("星期五!"); break;
        case 6: printf("星期六!"); break;
```

```
    }
}
```

(6) 日历显示函数 PrintCalendar()。本函数首先检查指定日期是否有效,若无效,则显示错误信息提示,并将指定日期重置为系统时间,否则通过 IsLeapYear 函数判断是否为闰年,以此确定该年份 2 月份的天数,然后显示日期及星期。PrintCalendar() 代码如下:

```
void PrintCalendar(int iYear, int iMonth, int iDay){
    int iOutputDay =1;                  //输出的日期
    int iError =0;                      //用以标记日期是否有效
    int iDayInLastMon =0;               //本月 1 号所在星期的 7 天中上个月日期所占的天数
    int iWeekday =0;
    int iRow =4;
    if (IsLeapYear(iYear))              //是闰年就返回 1,否则返回 0
        aiMon[2] =29;
    else
        aiMon[2] =28;
    if (iDay >aiMon[iMonth]){
        printf("This month(%s) has at most %d days \n", acMon[iMonth], aiMon
[iMonth]);
        iError =1;
    }
    if (iDay <=0){
        printf("The date should be a positive number\n");
        iError =1;
    }
    if (iError){                        //如果日期无效,则重置为系统当前的日期
        printf("按任意键继续......\n");
        getch();
        iYear =stSystemDate.iYear;
        iMonth =stSystemDate.iMonth;
        iDay =stSystemDate.iDay;
        stCurrentDate =stSystemDate;
        if (IsLeapYear(iYear))          //此时由于日期变化了,需要再次修改 2 月最大天数
            aiMon[2] =29;
        else
            aiMon[2] =28;
    }
    iNumCurrentMon =aiMon[iMonth];
    iNumLastMon =aiMon[iMonth -1];
    /*  获取给定该月份 1 号的星期  */
    iWeekday =iDayInLastMon =GetWeekday(iYear, iMonth, 1);
    system("CLS");
    GotoXY(LAYOUT, 0);
    printf("  %10d 年 日 历  ", iYear);
    GotoXY(LAYOUT +13, 1);
```

```
            printf("%s", acMon[iMonth]);
            GotoXY(LAYOUT, 2);
            PrintUnderline();
            GotoXY(LAYOUT, 3);
            printf(" Sun Mon Tue Wed Thu Fri Sat");
            /* 不输出在本月第一星期中,但不属于本月的日期每个日期占用 4 个空格   */
            GotoXY(LAYOUT, 4);
            PrintSpace(iDayInLastMon * 4);
    /* 所要输出的天数超过所属月最大天数时退出循环,表示已输出整个月的月历 */
            while (iOutputDay <=aiMon[iMonth]){
                if (iOutputDay ==iDay)
                {
                    if (iDay <10)                //只有一位的数与两位数处理不同
                        printf("  (%d)", iOutputDay);
                    else
                        printf(" (%2d)", iOutputDay);
                }
                else
                    printf("%4d", iOutputDay);

                if (iWeekday ==6)                //输出为星期六的日期后换行
                    GotoXY(LAYOUT, ++iRow);
    /* 如果是星期六,则变为星期日,否则加一即可。再次强调星期日是每个星期的第一天 */
                iWeekday =iWeekday >5 ?0 : iWeekday +1;        iOutputDay++;
            }
            GotoXY(LAYOUT, 10);
            PrintUnderline();
            GotoXY(LAYOUT +2, 11);
            printf("你选择的日期是 :");
            GotoXY(LAYOUT +2, 13);
            PrintWeek(&stCurrentDate);
            GotoXY(LAYOUT, 14);
            PrintUnderline();
            GotoXY(LAYOUT +2, 15);
            printf("今天是:\n");
            GotoXY(LAYOUT +2, 17);
            PrintWeek(&stSystemDate);
            GotoXY(LAYOUT, 18);
            PrintUnderline();
            PrintInstruction();
            GotoXY(0, 20);
    }
```

    (7) 打印输出整年函数 PrintWholeYear()。本函数的作用是输出所在年份的全年日历。PrintWholeYear()代码如下：

```
void PrintWholeYear(int iYear, int iMonth, int iDay){
    int iOutputDay =1;                //输出的日期
    int iOutputMonth =1;              //输出的月份
    int iError =0;                    //用以标记日期是否有效
    int iDayInLastMon =0;             //本月第一个星期在上月的天数
    int iWeekday =0;
    int iRow =0;
    int iTemp =3;
    int iCol =40;
    if (IsLeapYear(iYear))
        aiMon[2] =29;
    else
        aiMon[2] =28;
    if (iDay >aiMon[iMonth]){
        printf("This month(%s) has at most %d days \n", acMon[iMonth], aiMon
[iMonth]);
        iError =1;
    }
    if (iDay <=0){
        printf("The date should be a positive number\n");
        iError =1;
    }
    if (iError){
        printf("按任意键继续......\n");
        getch();
        iYear =stSystemDate.iYear;
        iMonth =stSystemDate.iMonth;
        iDay =stSystemDate.iDay;
        stCurrentDate =stSystemDate;
    }
    iWeekday =iDayInLastMon =GetWeekday(iYear, 1, 1);
    GotoXY(22, 0);
    printf(" %d  年全年日历", iYear);
    if (IsLeapYear(iYear))
        printf("[闰年!]\n");
    else
        printf("[非闰年!]\n");
    GotoXY(0, 1);
    printf(" Sun Mon Tue Wed Thu Fri Sat");
    GotoXY(iCol, 1);
    printf(" Sun Mon Tue Wed Thu Fri Sat");
    while (iOutputMonth <=12){
        iRow =iTemp;
        GotoXY(iCol, iRow -1);
        PrintUnderline();
```

```
        if (iOutputMonth % 2)
            iCol = 0;
        else{
            iCol = 40;
            iTemp += 8;
        }
        iOutputDay = 1;
        GotoXY(iCol + 13, iRow);
        printf("%s", acMon[iOutputMonth]);
        GotoXY(iCol, ++iRow);
        PrintSpace(iDayInLastMon * 4);

        if (iOutputMonth == iMonth){
            while (iOutputDay <= aiMon[iOutputMonth]){
                if (iOutputDay == iDay){
                    if (iDay < 10)
                        printf("  (%d)", iOutputDay);
                    else
                        printf(" (%2d)", iOutputDay);
                }
                else
                    printf("%4d", iOutputDay);
                if (iWeekday == 6)
                    GotoXY(iCol, ++iRow);
                iWeekday = iWeekday > 5 ? 0 : iWeekday + 1;
                iOutputDay++;
            }
        }
        else{
            while (iOutputDay <= aiMon[iOutputMonth]){
                printf("%4d", iOutputDay);
                if (iWeekday == 6)
                    GotoXY(iCol, ++iRow);
                iWeekday = iWeekday > 5 ? 0 : iWeekday + 1;
                iOutputDay++;
            }
        }
        iOutputMonth++;
        iDayInLastMon = iWeekday;
    }
    iRow = iTemp;
    GotoXY(0, iRow - 1);
    PrintUnderline();
    GotoXY(40, iRow - 1);
```

```
    PrintUnderline();
    GotoXY(0, iRow);
    printf("按任意键返回主界面!\n");
    getch();
}
```

（8）整年显示部分结果如图 18-3 所示。

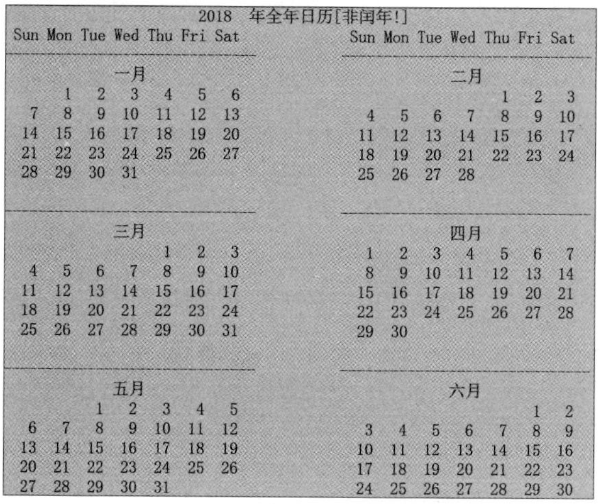

图 18-3　整年显示部分结果

6. 功能选择模块

（1）输出操作指令说明函数 PrintInstruction()。本函数通过不断改变光标位置,输出介绍各个操作指令的功能按键信息。PrintInstruction()代码如下：

```
void PrintInstruction(){
    GotoXY(0, 0);
    printf("\n=========操作指令显示==========");
    GotoXY(0, 2);  printf("显示一整年 ");
    GotoXY(14, 2); printf("输入 W / w 键");
    GotoXY(0, 3);  printf("查询");
    GotoXY(14, 3); printf("输入 I / i 键\n");
    GotoXY(0, 4);  printf("重置");
    GotoXY(14, 4); printf("输入 R / r 键\n");
    GotoXY(0, 5);  printf("退出");
    GotoXY(14, 5); printf("输入 Q / q 键\n");
    GotoXY(0, 6);  printf("------------------------------");
    GotoXY(0, 8);  printf("年");
    GotoXY(9, 8);  printf("The key to  +:  PageUp");
    GotoXY(9, 9);  printf("The key to  -:  PageDown");
    GotoXY(0, 11); printf("月");
    GotoXY(9, 11); printf("The key to  +:    ↑ ");
    GotoXY(9, 12); printf("The key to  -:    ↓ ");
```

```
        GotoXY(0, 14); printf("日");
        GotoXY(9, 14); printf("The key to  +:  →");
        GotoXY(9, 15); printf("The key to  -:      ←");
}
```

（2）键盘输入函数 GetKey( )。本函数的作用是等待键盘输入，选择对应的功能。上下翻页键（PageUp、PageDown）控制年份的增减，上下箭头键（↑、↓）控制月份的增减，左右箭头键（←、→）控制日子的增减。GetKey( )代码如下：

```
void GetKey(){
    int iFirst =1;
    char cKey ='\0', c ='\0';
    while (1){
        PrintCalendar (stCurrentDate. iYear, stCurrentDate. iMonth, stCurrentDate.
iDay);
        /* 如果是第一次,则打印该语句 */
        if (iFirst){
            GotoXY(0, 19);
            printf("请仔细阅读操作指令完成相应操作!!!\n");
            iFirst =0;
        }
        cKey =getch();
        if (cKey ==-32){
            cKey =getch();
            switch (cKey){
            case UP:{
                    if (stCurrentDate.iMonth<12)
                        stCurrentDate.iMonth++;
                    else {
                        stCurrentDate.iYear++;
                        stCurrentDate.iMonth =1;
                    }
                    break;
            }
            case DOWN:{
                    if (stCurrentDate.iMonth >1)
                        stCurrentDate.iMonth--;
                    else{
                        stCurrentDate.iYear--;
                        stCurrentDate.iMonth =12;
                    }
                    break;
            }
            case LEFT:{
                    if (stCurrentDate.iDay>1)
                        stCurrentDate.iDay--;
                    else {
```

```
                    /*若当前日期为1月1日,则减一天后变为上一年的12月31日*/
                        if (stCurrentDate.iMonth ==1) {
                            stCurrentDate.iYear--;
                            stCurrentDate.iMonth =12;
                            stCurrentDate.iDay =31;
                        }
                        else {
                            stCurrentDate.iMonth--;
                            stCurrentDate.iDay =31;
                        }
                    }
                    break;
            }
        case RIGHT:    {
                    if (stCurrentDate.iDay< iNumCurrentMon)
                        stCurrentDate.iDay++;
                    else {
                /*若当前日期为12月31日,则加一天后变成下一年1月1日*/
                        if (stCurrentDate.iMonth ==12) {
                            stCurrentDate.iYear++;
                            stCurrentDate.iMonth =1;
                            stCurrentDate.iDay =1;
                        }
                        else {
                            stCurrentDate.iMonth++;
                            stCurrentDate.iDay =1;
                        }
                    }
                    break;
            }
        case PAGE_UP:{
                    stCurrentDate.iYear++;
                    break;
            }
        case PAGE_DOWN:{
                    stCurrentDate.iYear--;
                    break;
            }
        }
        }
        else{
        if (cKey =='I' || cKey =='i'){
            printf("\n 请输入要查询的日期 ( 输入格式为:%d-%02d-%02d )\n",
stSystemDate.iYear, stSystemDate.iMonth, stSystemDate.iDay);
            scanf("%d-%d-%d", &stCurrentDate.iYear, &stCurrentDate.iMonth,
&stCurrentDate.iDay);
            CheckDate();
```

```
        getchar();
    }
    if (cKey == 'R' || cKey == 'r'){
        stCurrentDate = stSystemDate;
    }
    if (cKey == 'Q' || cKey == 'q')    {
        printf("\n确定要退出本程序吗?<Y/N>");
        c = getchar();
        if (c == 'Y' || c == 'y')
            break;
    }
    if (cKey == 'W' || cKey == 'w'){
        system("cls");                              //打印全年日历之前先清屏
        PrintWholeYear(stCurrentDate.iYear, stCurrentDate.iMonth, stCurrent-
Date.iDay);
    }
    }
    }
}
```

（3）功能模块显示部分结果如图 18-4 和图 18-5 所示。

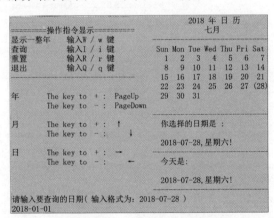

图 18-4　输入查询日期图

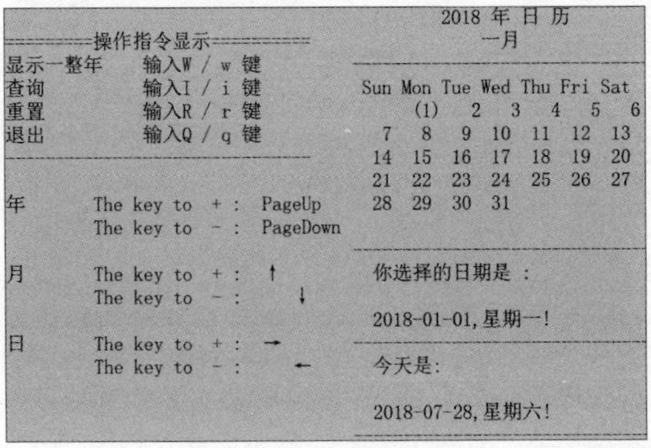

图 18-5　查询结果图

7. 系统测试

根据功能模块进行测试,在测试过程中不仅输入正确的日期,还查看了错误日期的输出结果,从而满足了算法健壮性的要求。测试的部分内容如下。

（1）万年历初始状态。

（2）查询日期。

（3）重置日期。

（4）显示整年日历。

（5）通过快捷键显示不同的年、月、日。

（6）退出。

运行结果见"详细设计与实现"部分。

8. 设计总结

本程序完成了万年历的基本功能,希望学生可以受到启发,在此基础上增加节日显示及备忘录等新功能,实现更加完备的应用程序,进一步提高 C 语言的编程能力。

第 19 章　课程设计案例——俄罗斯方块

19.1　需求分析和总体设计

1. 设计目的

俄罗斯方块是一款风靡全球的掌上游戏机和 PC 游戏,它看似简单,但却变化无穷。本程序旨在训练学生的基本编程能力和游戏开发的技巧,熟悉 C 语言图形模式下的编程,通过本程序的训练,使学生能对 C 语言有一个更深刻的认识,掌握俄罗斯方块游戏开发的基本原理,为开发出高质量的游戏软件打下坚实的基础。

2. 需求分析

本实例是制作一个俄罗斯方块游戏,通过按上、下、左、右键控制方块的变形和移动,按空格暂停游戏,按 Esc 键结束游戏,当方块的累计高度超过游戏空间高度时游戏结束,具体的功能需求描述如下。

(1) 游戏方块控制功能:通过各种条件的判断,实现对游戏方块的左移、右移、快速下落、图形旋转功能,以及行满消除行的功能。

(2) 游戏显示更新功能:当游戏方块左右移动、下落、旋转时要清除先前的游戏方块,用新坐标重绘游戏方块;当消除满行时,要重绘游戏底板的当前状态。

(3) 游戏分数更新功能:在游戏玩家进行游戏过程中,需要按照一定的游戏规则计算游戏分数,如消除一行加 1 分。

3. 总体设计

俄罗斯方块程序由 5 个模块组成,如图 19-1 所示。

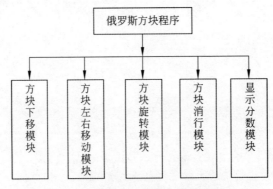

图 19-1　俄罗斯方块程序功能描述图

(1) 方块下移模块。该模块用于判断在当前的游戏底板上方块是否下移,如果下移,就消除下移前的游戏方块,然后在下移一位的位置上重新显示游戏方块。

（2）方块左右移动模块。该模块用于判断在当前的游戏底板上方块是否左右移动，如果发生移动，就在新位置上重新显示此方块。

（3）方块旋转模块。该模块用于判断在当前的游戏底板上方块是否旋转，以及整体旋转后要求游戏方块不能超越底板的左右边线和底边线。

（4）方块消行模块。该模块用于当方块满行时，消除该行，重新绘制底板的当前状态。

（5）显示分数模块。本模块当判断一行已满时，分数加一固定值。

19.2　详细设计与实现

1. 预处理及所用的数据结构

1）头文件

本项目用到以下 7 个头文件：

```
#include<graphics.h>
#include <conio.h>
#include<time.h>
#include<stdio.h>
#include<stdlib.h>
#include<string.h>
#include<windows.h>
```

stdio. h 头文件用到了 scanf()、printf()、putchar()等基本的输入输出函数。windows. h 头文件用到了句柄等与控制台有关的内容，如 SetConsoleCursorPosition()、system()等函数。time. h 头文件使用了获取系统时间函数 time()。conio. h 头文件用到 getchar()等函数。graphics. h 头文件使用了一些图形和显示文本颜色函数。

2）符号常量

符号常量 WIDTH、HEIGHT 用于设置游戏区的宽度和高度，UNIT 用于每个游戏区单位的实际像素结构体。

```
#define WIDTH 200
#define HEIGHT 400
#define UNIT 20
```

3）全局变量

```
int g_arrBackGround[20][10]={0};   //背景分隔
int g_arrSqare[2][4]={0};
int n;
int g_nSqareID;
MOUSEMSG msg;
COLORREF c;                        //方块颜色
int g_nLine,g_nList;
int a;
int Score=0;
```

```
char strScore[10];
IMAGE img_bk1;                          //定义 IMAGE 对象
IMAGE img_bk2;
```

4）自定义函数

```
void gotoxy(int x,int y);               //清屏
void startup();                         //初始化
void show();                            //显示函数,清全屏
void UpdateWithoutInput();              //与用户无关的输入
void UpdateWithInput();                 //与用户有关的输入
void CreateRandonSqare();               //随机显示图形
void CopySqareToBack();                 //把图形写入背景数组
void SqareDown();                       //下降
void SqareLeft();                       //左移
void SqareRight();                      //右移
void OnChangeSqare();                   //变形
void ChangeSqare();                     //除长条和正方形外的变形
void ChangeLineSqare();                 //长条变形
int CanSqareChangeShape();              //解决变形 bug
int CanLineSqareChange();               //解决长条变形 bug
int gameover();                         //判断游戏是否失败
int CanSqareDown();     //若返回 0 代表继续下降,而返回 1 则代表到底,不下降
int CanSqareDown2();    //若返回 0 代表继续下降,而返回 1 则代表到底,不下降,与方块相遇
int CanSqareLeft();     //若返回 0 代表继续左移,而返回 1 则代表到最左边,不再左移
int CanSqareLeft2();    //若返回 0 代表继续左移,而返回 1 则代表到最左边,不再左移,与方块相遇
int CanSqareRight();    //若返回 0 代表继续右移,而返回 1 则代表到最右边,不再右移
int CanSqareRight2();   //若返回 0 代表继续右移,而返回 1 则代表到最右边,不再右移,与方块相遇
void PaintSqare();      //画方块
void Change1TO2();      //到底之后数组由 1 变为 2
void ShowSqare2();      //2 的时候也画方块到背景
void DestroyOneLineSqare();  //消行
```

2. 主函数 main( )

主函数主要分为两个部分,首先调用各个函数为游戏的开始做一些准备工作。第二部分是开始游戏并累计分数。代码实现如下。

```
int main()
{
    startup();
    beforegame();
    CreateRandonSqare();
    CopySqareToBack();
    BeginBatchDraw();
    while(1){
        double start = (double)clock()/CLOCKS_PER_SEC;
```

```
        show();
        UpdateWithInput();
        UpdateWithoutInput();
        FlushBatchDraw();
        if(Score<10){
            if((double)clock()/CLOCKS_PER_SEC-start <1.0/3){
                Sleep((int)((1.0/3 - (double)clock()/CLOCKS_PER_SEC + start) *
1000));
            }
        }
        else if(Score>=10){
            if((double)clock()/CLOCKS_PER_SEC-start <1.0/5){
                Sleep((int)((1.0/5 - (double)clock()/CLOCKS_PER_SEC + start) *
1000));
            }
        }
    }
    EndBatchDraw();
    getch();
    closegraph();
    return 0;
}
```

3. 进入游戏系统模块

本模块是进入游戏的初始界面,设置输入密码,密码正确后就开始游戏,一旦密码错误,最多允许输入 3 次。代码实现如下。

```
void beforegame()
{
    int password;        //密码 123
    while(t<3){
        printf("请输入密码:");
        scanf(" %d",&password);
        if(password!=123){
            printf("密码错误");
            t++;
        }
        else
            break;
    }
    if(t==3){
        printf("该用户已被锁住!!!");
        system("pause");
        exit(0);
    }
```

```
}
```

输入密码初始界面如图 19-2 和图 19-3 所示。

图 19-2　输入密码正确图

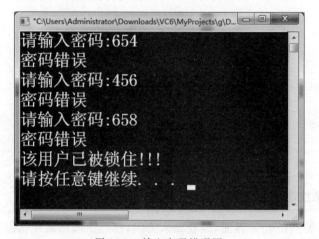

图 19-3　输入密码错误图

4. 产生随机方块——下降模块

本模块通过 CreateRandonSqare() 函数产生随机方块。CopySqareToBack() 函数将方块数组贴入背景数组。SqareDown() 函数实现方块下降。代码实现如下。

```
void CreateRandonSqare()
{
    n=rand()%7;
    switch (n){
    case 0://田
        {
            g_arrSqare[0][0]=1;
            g_arrSqare[0][1]=1;
            g_arrSqare[1][0]=1;
            g_arrSqare[1][1]=1;
            break;
        }
    case 1://--
```

```
        {
            g_arrSqare[0][0]=1;
            g_arrSqare[0][1]=1;
            g_arrSqare[0][2]=1;
            g_arrSqare[0][3]=1;
            break;
        }
    case 2:
        //|
        //___
        {
            g_arrSqare[0][1]=1;
            g_arrSqare[1][0]=1;
            g_arrSqare[1][1]=1;
            g_arrSqare[1][2]=1;
            break;
        }
    case 3:
        //L
        {
            g_arrSqare[0][0]=1;
            g_arrSqare[1][0]=1;
            g_arrSqare[1][1]=1;
            g_arrSqare[1][2]=1;
            break;
        }
    case 4://z
        {
            g_arrSqare[0][0]=1;
            g_arrSqare[0][1]=1;
            g_arrSqare[1][1]=1;
            g_arrSqare[1][2]=1;
            break;
        }
    case 5://反 z
        {
            g_arrSqare[0][2]=1;
            g_arrSqare[0][1]=1;
            g_arrSqare[1][1]=1;
            g_arrSqare[1][0]=1;
            break;
        }
    case 6://反 L
        {
            g_arrSqare[0][2]=1;
```

```
                g_arrSqare[1][0]=1;
                g_arrSqare[1][1]=1;
                g_arrSqare[1][2]=1;
                break;
            }
        }
    }
void CopySqareToBack(){
    int i,j;
    for(i=0;i<2;i++){
        for (j=0;j<4;j++)
        {
            g_arrBackGround[i][j+3]=g_arrSqare[i][j];
        }
    }
}
void SqareDown(){
    int i,j;
    for(i=19;i>=0;i--){
        for(j=0;j<10;j++){
            if(g_arrBackGround[i][j]==1){
                g_arrBackGround[i+1][j]=g_arrBackGround[i][j];
                g_arrBackGround[i][j]=0;
            }
        }
    }
    for(i=0;i<20;i++){
        for(j=0;j<10;j++){
            if (g_arrBackGround[i][j]==1){
                rectangle(j*UNIT,i*UNIT,j*UNIT+UNIT,i*UNIT+UNIT);
            }
        }
    }
    Sleep(200);
    gotoxy(0,0);
}
```

随机方块下降图示如图 19-4 所示。

5. 方块的左右移动模块

通过 void SqareLeft()实现方块的左移;通过 void SqareRight()实现方块的右移;int CanSqareDown()返回 0 代表继续下降,返回 1 代表到底,不下降;int CanSqareDown2()返回 0 代表继续下降,返回 1 代表到底,不下降,与方块相遇;int CanSqareLeft()返回 0 代表继续左移,返回 1 代表到最左边,不再左移;int CanSqareLeft2()返回 0 代表继续左移,返回

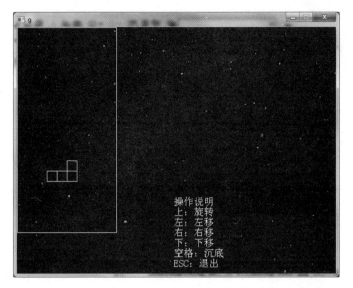

图 19-4　随机方块下降图示

1 代表到最左边，不再左移，与方块相遇；int CanSqareRight()返回 0 代表继续右移，返回 1
代表到最右边，不再右移；int CanSqareRight2()返回 0 代表继续右移，返回 1 代表到最右
边，不再右移，与方块相遇，其中以 void 作为返回值的函数是使方块左右移动的函数，而以
int 作为返回值的函数是判断方块是否可以左右移动以及下降的函数。代码实现如下。

```
void SqareLeft(){
    int i,j;
    for(i=19;i>=0;i--){
        for(j=0;j<10;j++){
            if (g_arrBackGround[i][j]==1){
                g_arrBackGround[i][j-1]=g_arrBackGround[i][j];
                g_arrBackGround[i][j]=0;
            }
        }
    }
}
void SqareRight()
{
    int i,j;
    for(i=19;i>=0;i--){
        for(j=9;j>=0;j--){
            if (g_arrBackGround[i][j]==1){
                g_arrBackGround[i][j+1]=g_arrBackGround[i][j];
                g_arrBackGround[i][j]=0;
            }
        }
    }
}
```

```
void SqareDown2(){
    int i,j;
    for(i=19;i>=0;i--){
        for(j=0;j<10;j++){
            if (g_arrBackGround[i][j]==1){
                g_arrBackGround[i+1][j]=g_arrBackGround[i][j];
                g_arrBackGround[i][j]=0;
            }
        }
    }
}
int CanSqareDown(){
    int j;
    for (j=0;j<10;j++){
        if(g_arrBackGround[19][j]==1){
            return 0;
        }
    }
    return 1;
}
int CanSqareDown2(){
    int i,j;
    for(i=19;i>=0;i--){
        for (j=0;j<10;j++){
            if (g_arrBackGround[i][j]==1){
                if (g_arrBackGround[i+1][j]==2){
                    return 0;
                }
            }
        }
    }
    return 1;
}
int CanSqareLeft(){
    int i;
    for(i=0;i<20;i++){
        if(g_arrBackGround[i][0]==1)
            return 0;
    }
    return 1;
}
int CanSqareLeft2(){
    int i,j;
    for(i=0;i<20;i++){
        for(j=0;j<10;j++){
```

```
            if (g_arrBackGround[i][j]==1){
                if(g_arrBackGround[i][j-1]==2)
                    return 0;
            }
        }
    }
    return 1;
}
int CanSqareRight(){
    int i;
    for(i=0;i<20;i++){
        if(g_arrBackGround[i][19]==1)
            return 0;
    }
    return 1;
}
int CanSqareRight2(){
    int i,j;
    for(i=0;i<20;i++)
    {
        for(j=9;j>=0;j--){
            if (g_arrBackGround[i][j]==1){
                if(g_arrBackGround[i][j+1]==2)
                    return 0;
            }
        }
    }
    return 1;
}
```

随机方块移动前、后图示分别如图 19-5 和图 19-6 所示。

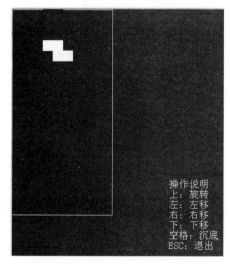

图 19-5　随机方块移动前图示

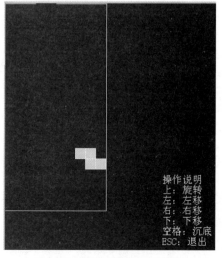

图 19-6　随机方块移动后图示

6. 方块变形模块

通过 OnChangeSqare() 函数实现变形,判断是什么图形,然后执行不同的变形方式;ChangeSqare()是完成除长条和正方形外的变形函数;ChangeLineSqare()为长条变形函数;int CanSqareChangeShape() 解决了变形 bug;int CanLineSqareChange() 解决长条变形 bug;int CanSqareDown() 返回 0 代表继续下降,返回 1 代表到底,不下降;int CanSqareDown2() 返回 0 代表继续下降,返回 1 代表到底,不下降,与方块相遇;int CanSqareLeft()返回 0 代表继续左移,返回 1 代表到最左边,不再左移;int CanSqareLeft2() 返回 0 代表继续左移,返回 1 代表到最左边,不再左移,与方块相遇;int CanSqareRight()返回 0 代表继续右移,返回 1 代表到最右边,不再右移;int CanSqareRight2()返回 0 代表继续右移,返回 1 代表到最右边,不再右移,与方块相遇;返回值是 int 的函数是判断是否可以变形的一系列函数。代码实现如下。

```c
void OnChangeSqare(){
    switch(g_nSqareID){
    case 0://正方形
        return ;
    case 1://长条
        if (CanLineSqareChange()==1){
            ChangeLineSqare();

        }
        else{
            return;
        }
        break;
    case 2:
    case 3:
    case 4:
    case 5:
    case 6:
        //普通变形
        if(CanSqareChangeShape()==1){
            ChangeSqare();
        }
        else{
            return ;
        }

        break;

    }
}
void ChangeSqare(){
```

```
    int i,j;
    int ntemp=2;
    //把背景复制出来
    for(i=0;i<3;i++){
        for(j=0;j<3;j++){
            arrSqare[i][j]=g_arrBackGround[g_nLine+i][g_nList+j];
        }
    }
    //变形后复制回去
    for(i=0;i<3;i++){
        for(j=0;j<3;j++){
            g_arrBackGround[g_nLine+i][g_nList+j]=arrSqare[ntemp][i];
            ntemp--;
        }
        ntemp=2;
    }
}
void ChangeLineSqare(){
    if (g_arrBackGround[g_nLine][g_nList-1]==1)   //横着
    {
        //清零
        g_arrBackGround[g_nLine][g_nList-1]=0;
        g_arrBackGround[g_nLine][g_nList+1]=0;
        g_arrBackGround[g_nLine][g_nList+2]=0;

        if(g_arrBackGround[g_nLine+1][g_nList]==2){
            //赋值
            g_arrBackGround[g_nLine-1][g_nList]=1;
            g_arrBackGround[g_nLine-2][g_nList]=1;
            g_arrBackGround[g_nLine-3][g_nList]=1;
        }
        else if(g_arrBackGround[g_nLine+2][g_nList]==2){
            //赋值
            g_arrBackGround[g_nLine-1][g_nList]=1;
            g_arrBackGround[g_nLine-2][g_nList]=1;
            g_arrBackGround[g_nLine+1][g_nList]=1;
        }
        else{
            //元素赋值
            g_arrBackGround[g_nLine-1][g_nList]=1;
            g_arrBackGround[g_nLine+1][g_nList]=1;
            g_arrBackGround[g_nLine+2][g_nList]=1;
        }
    }
    else{
```

```c
        //清零
        g_arrBackGround[g_nLine-1][g_nList]=0;
        g_arrBackGround[g_nLine+1][g_nList]=0;
        g_arrBackGround[g_nLine+2][g_nList]=0;
        if(g_arrBackGround[g_nLine][g_nList+1]==2||g_nList==9){
            //元素赋值
            g_arrBackGround[g_nLine][g_nList-1]=1;
            g_arrBackGround[g_nLine][g_nList-2]=1;
            g_arrBackGround[g_nLine][g_nList-3]=1;
            //标记改变
            g_nList-=2;
        }
        else if(g_arrBackGround[g_nLine][g_nList+2]==2||g_nList==8){
            //元素赋值
            g_arrBackGround[g_nLine][g_nList-1]=1;
            g_arrBackGround[g_nLine][g_nList+1]=1;
            g_arrBackGround[g_nLine][g_nList-2]=1;
            //标记改变
            g_nList-=1;

        }
        else if(g_arrBackGround[g_nLine][g_nList-1]==2||g_nList==0){
            //元素赋值
            g_arrBackGround[g_nLine][g_nList+3]=1;
            g_arrBackGround[g_nLine][g_nList+1]=1;
            g_arrBackGround[g_nLine][g_nList+2]=1;
            //标记改变
            g_nList+=1;
        }
        else {
            g_arrBackGround[g_nLine][g_nList-1]=1;
            g_arrBackGround[g_nLine][g_nList+1]=1;
            g_arrBackGround[g_nLine][g_nList+2]=1;
        }
    }
}
int CanSqareChangeShape(){
    int i,j;
    for(i=0;i<3;i++){
        for(j=0;j<3;j++){
            if(g_arrBackGround[g_nLine+i][g_nList+j]==2){
                return 0;
            }
        }
    }
```

```
        if(g_nList<0){
            g_nList=0;
        }
        else if(g_nList+2>9){
            g_nList=7;
        }
        return 1;
    }
    int CanLineSqareChange(){
        int i,j;
        for(i=0;i<4;i++){
            if(g_arrBackGround[g_nLine][g_nList+i]==2||g_nList+i>9){   //右边界
                break;


            }
        }
        for(j=1;j<4;j++){
            if(g_arrBackGround[g_nLine][g_nList-j]==2||g_nList-j<0){   //左边界
                break;
            }
        }
        if(i-1+j-1<3){
            return 0;
        }
        return 1;
    }
    int CanSqareDown(){
        int j;
        for (j=0;j<10;j++){
            if(g_arrBackGround[19][j]==1){
                a=19;
                return 0;
            }
        }
        return 1;
    }
    int CanSqareDown2(){
        int i,j;
        for(i=19;i>=0;i--){
            for (j=0;j<10;j++){
                if (g_arrBackGround[i][j]==1){
                    if (g_arrBackGround[i+1][j]==2){
                        a=i+1;
                        return 0;
                    }
```

```c
                }
            }
        }
        return 1;
    }
    int CanSqareLeft(){
        int i;
        for(i=0;i<20;i++){
            if(g_arrBackGround[i][0]==1)
            return 0;
        }
        return 1;
    }
    int CanSqareLeft2(){
        int i,j;
        for(i=0;i<20;i++){
            for(j=0;j<10;j++){
                if (g_arrBackGround[i][j]==1){
                    if(g_arrBackGround[i][j-1]==2)
                    return 0;
                }
            }
        }
        return 1;
    }
    int CanSqareRight(){
        int i;
        for(i=0;i<20;i++){
            if(g_arrBackGround[i][19]==1)
                return 0;
        }
        return 1;
    }

    int CanSqareRight2(){
        int i,j;
        for(i=0;i<20;i++){
            for(j=9;j>=0;j--){
                if (g_arrBackGround[i][j]==1){
                    if(g_arrBackGround[i][j+1]==2)
                        return 0;
                }
            }
        }
        return 1;
```

```
}
```

随机方块旋转前、后图示分别如图 19-7 和图 19-8 所示。

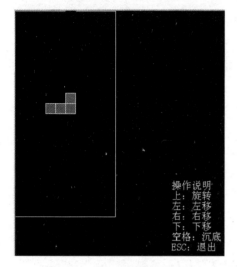

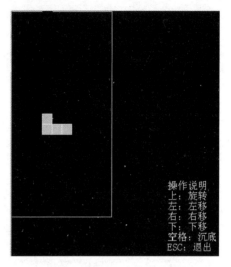

图 19-7 随机方块旋转前图示　　　　　图 19-8 随机方块旋转后图示

7. 方块消行模块

DestroyOneLineSqare()函数完成消行任务。代码实现如下。

```
void DestroyOneLineSqare(){
    int i,j;
    int nTempi;
    int nsum=0;
    int k;
    for(i=19;i>=0;i--){
        for(j=0;j<10;j++){
            nsum+=g_arrBackGround[i][j];
        }
        if(nsum==20){
            k=i;
            //消除一行

            for(nTempi=i-1;nTempi>=0;nTempi--){
                for(j=0;j<10;j++){
                    clearrectangle(j * UNIT,k * UNIT,j * UNIT+UNIT,k * UNIT+UNIT);
                    g_arrBackGround[nTempi+1][j]=g_arrBackGround[nTempi][j];
                clearrectangle(j * UNIT,nTempi * UNIT,j * UNIT+UNIT,nTempi * UNIT+UNIT);
                }
            }
            i=20;
        }
```

```
                nsum=0;
            }
    }
```

8. 显示分数模块

本模块用比较精确的计时函数解决了闪屏问题,将整数转换成字符串,显示分数。

```
void show(){
    int i,j;
    for (i=0;i<20;i++){
        for(j=0;j<10;j++){
            if (g_arrBackGround[i][j]==1){
                clearrectangle(j*UNIT,i*UNIT,j*UNIT+UNIT,i*UNIT+UNIT);
                if (gameover()!=0)
                    putimage(0,0,&img_bk);    //在坐标(0,0)位置显示 IMAGE 对象
                setlinecolor(RED);
                rectangle(-1,0,WIDTH+1,HEIGHT+1);
                settextstyle(20, 0, _T("宋体"));
                setbkmode(TRANSPARENT);
                settextcolor(BROWN);
                outtextxy(WIDTH+15, 270, _T("操作说明"));
                outtextxy(WIDTH+15, 300, _T("上:旋转"));
                outtextxy(WIDTH+15, 320, _T("左:左移"));
                outtextxy(WIDTH+15, 340, _T("右:右移"));
                outtextxy(WIDTH+15, 360, _T("下:下移"));
                outtextxy(WIDTH+15, 380, _T("空格:暂停"));
                outtextxy(WIDTH+15, 400, _T("ESC:退出"));
                settextstyle(40, 0, _T("楷体"));
                outtextxy(WIDTH+25 , 30, _T("分数:"));

            }
        }
    }
    itoa(Score,strScore,10);
    settextstyle(40, 0, _T("宋体"));
    settextcolor(LIGHTMAGENTA);
    outtextxy(WIDTH+130,33,_T(strScore));
}
```

带分数的显示结果如图 19-9 所示。

9. 系统测试

根据功能模块进行测试,测试的部分内容如下。

(1) 方块下移。

图 19-9　带分数的显示结果

（2）方块左右移动。

（3）方块旋转。

（4）方块消行。

（5）显示分数。

运行结果见"详细设计与实现"部分。

10. 设计总结

本程序介绍了俄罗斯方块游戏的设计思路及其编码的实现，重点介绍了各功能模块的设计原理，主要是引导学生熟悉 C 语言图形模式下的编程，希望有兴趣的学生可以在此基础上对此程序进行优化和完善，真正达到学以致用的目的。

第 20 章　课程设计案例——学生成绩管理系统

20.1　需求分析和总体设计

1. 设计目的

随着信息技术的发展,过去很多由人工处理的复杂事务开始由计算机完成,学生成绩管理系统利用计算机对学生的成绩进行统一管理,实现完善的学生成绩录入、维护、统计、排序、保存到文件、打开成绩文件等管理工作,从而节约时间,提高教务人员的工作效率。

通过本章项目的学习,读者能够掌握:

(1) 如何设计主菜单,实现菜单的显示、选择、响应操作。

(2) 如何合理设计结构体对系统中的实体进行封装。

(3) 如何合理设计结构体数组管理实体对应的数据。

(4) 如何对复杂的函数过程进行拆分,用多个子函数进行封装。

(5) 如何通过 C 语言实现基本的增加、删除、修改、查找等信息管理功能。

(6) 如何将信息保存到指定的磁盘文件中,并通过操作文件指针和调用文件相关函数实现对文件的读写操作。

2. 需求分析

为了更好地管理学生成绩,要求开发的学生成绩管理系统必须具备以下 4 种功能。

(1) 能够对学生成绩信息进行集中管理。

(2) 能够大大提高用户的工作效率。

(3) 能够对学生成绩信息实现增加、删除、修改、查找操作。

(4) 能够按成绩信息进行排序。

3. 总体设计

根据需求分析,学生成绩管理系统功能模块图如图 20-1 所示。

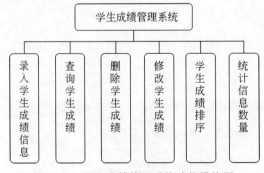

图 20-1　学生成绩管理系统功能模块图

（1）录入学生成绩信息：学号，姓名，C 语言成绩，高数成绩，英语成绩。

（2）查询学生成绩：即输入学号，查询该学生成绩的相关信息。

（3）删除学生成绩：即输入学号，删除相应的记录。

（4）修改学生成绩：即输入学号，修改相应信息。

（5）学生成绩排序：按照总成绩降序排序。

（6）统计信息数量：保存的学生成绩信息数量。

20.2　详细设计与实现

1. 预处理及数据结构

1）头文件

本项目用到以下 4 个头文件。

```
#include<stdio.h>
#include<stdlib.h>
#include<conio.h>
#include<string.h>
```

系统包含 4 个头文件，其中 stdio.h 头文件用到 scanf()、printf()、putchar() 等基本的输入输出函数。stdlib.h 是标准库头文件，项目中用到的 system(cls) 函数需要包含此头文件。conio.h 并不是 C 标准库中的文件，conio 是 Console Input/Output（控制台输入输出）的简写，其中定义了通过控制台进行数据输入和数据输出的函数，主要是一些用户通过按键产生的对应操作，如 getch() 函数等。string.h 头文件用到了 strcpy()、strcmp()、strlen() 等基本的字符串处理函数。

2）宏定义及全局变量

```
#define LEN sizeof(struct student)                    /* student 结构体所占字节数 */
#define FORMAT "%d  %s  %.2lf  %.2lf  %.2lf  %.2lf\n"  /* 设置显示格式 */
#define DATA stu[i].num,stu[i].name,stu[i].c,stu[i].m,stu[i].e,stu[i].sum
/* 设置显示内容 */
#define N 40                  /* 符号常量:班级人数 */
float Fc,Fm,Fe;              /* 全局变量:C 语言成绩,高数成绩,英语成绩 */
```

3）结构体

为了保存每位学生的成绩信息，可创建学生成绩结构体类型和结构体数组。

```
struct student          /* 定义学生成绩结构体 */
{
    int num;            /* 学号 */
    char name[15];      /* 姓名 */
    double c;           /* C 语言课程成绩 */
    double m;           /* 高数课程成绩 */
    double e;           /* 英语课程成绩 */
    double sum;         /* 总分 */
```

```
    } stu[N];                        /*定义结构体数组*/
```

4) 函数声明

```
void in();                       /*录入学生成绩信息*/
void show();                     /*显示学生信息*/
void order();                    /*按总分排序*/
void del();                      /*删除学生成绩信息*/
void modify();                   /*修改学生成绩信息*/
void menu();                     /*主菜单*/
void total();                    /*计算总人数*/
void search();                   /*查找学生信息*/
```

2. 主菜单界面

主菜单界面会将该系统中的所有功能都显示出来,每种功能前都有对应的数字,输入对应的数字,即可选择相应的功能,如图 20-2 所示。

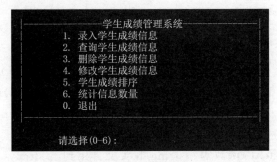

图 20-2 主菜单界面

程序代码如下所示。

```
void menu()                      /*自定义函数实现菜单功能*/
{
    system("cls");               /*清屏函数*/
    printf("\n\n\n\n\n");
    printf("\t\t|----------------学生成绩管理系统----------------|\n");
    printf("\t\t|\t 1.录入学生成绩信息                  |\n");
    printf("\t\t|\t 2.查询学生成绩信息                  |\n");
    printf("\t\t|\t 3.删除学生成绩信息                  |\n");
    printf("\t\t|\t 4.修改学生成绩信息                  |\n");
    printf("\t\t|\t 5.学生成绩排序                      |\n");
    printf("\t\t|\t 6.统计信息数量                      |\n");
    printf("\t\t|\t 0.退出                             |\n");
    printf("\t\t|--------------------------------------------|\n\n");
    printf("\t\t\t 请选择(0-6):");
}
```

menu()函数将程序中的基本功能列出。当输入相应数字后,程序会根据该数字调用不同的函数,当输入的数字为 0 时,退出该系统。这部分主要通过 main()函数实现,代码如下。

```
int main()                    /* 主函数 */
{
    int n;
    menu();
    scanf("%d",&n);           /* 输入选择功能的编号 */
    while(n)
    {
        switch(n)
        {
        case 1: in();break;
        case 2: search();break;
        case 3: del();break;
        case 4: modify();break;
        case 5:order();break;
        case 6:total();break;
        default:break;
        }
        menu();               /* 执行完功能再次显示菜单界面 */
        scanf("%d",&n);
    }
    return 0;
}
```

3. 录入学生成绩信息

当输入 1 时,进入录入学生成绩信息界面。录入新的信息前会将原有的记录显示出来,当无记录时,会提示"无记录";当要输入信息时输入"y"或"Y",按照给出的提示信息输入即可;当要退出该功能时,输入除"y"和"Y"之外的任意键即可。录入学生成绩信息结果图如图 20-3 所示。

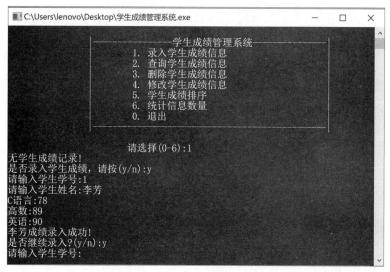

图 20-3　录入学生成绩信息结果图

主要程序代码如下。

```
void in()                                       /* 自定义函数实现录入学生成绩信息 */
{
    int i,m=0;                                  /* m 是记录的条数 */
    char ch[2];
    FILE * fp;                                  /* 定义文件指针 */
    if((fp=fopen("data","a+"))==NULL)           /* 打开指定文件 */
    {
        printf("系统出错,请与开发人员联系!\n");
        return;
    }
    while(!feof(fp))
    {
        if(fread(&stu[m],LEN,1,fp)==1)
            m++;                                /* 统计当前记录条数 */
    }
    fclose(fp);
    if(m==0)
        printf("无学生成绩记录!\n");
    else
    {
        system("cls");
        show();                                 /* 调用 show 函数,显示原有信息 */
    }
    if((fp=fopen("data","a+"))==NULL)
    {
        printf("系统出错,请与开发人员联系!\n");
        return;
    }
    printf("是否录入学生成绩,请按(y/n):");
    scanf("%s",ch);
    while(strcmp(ch,"Y")==0||strcmp(ch,"y")==0)  /* 判断是否要录入新信息 */
    {
        printf("请输入学生学号:");
        int k=scanf("%d",&stu[m].num);           /* 输入学生学号 */
        if(k!=1) {
        printf("学号是错误的,请重新输入");
        break;
        }
        for(i=0;i<m;i++)
            if(stu[i].num==stu[m].num)
            {
                printf("您输入的学号已经存在!");
                getch();
                fclose(fp);
```

```
            return;
        }
        printf("请输入学生姓名:");
        scanf("%s",stu[m].name);                /*输入学生姓名*/
        printf("C语言:");
        scanf("%lf",&stu[m].c);                 /*输入C语言成绩*/
        printf("高数:");
        scanf("%lf",&stu[m].m);                 /*输入高数成绩*/
        printf("英语:");
        scanf("%lf",&stu[m].e);                 /*输入英语成绩*/
        stu[m].sum=stu[m].c+stu[m].m+stu[m].e;  /*计算总成绩*/
        if(fwrite(&stu[m],LEN,1,fp)!=1)/*将新录入的信息写入指定的磁盘文件*/
        {
            printf("不能保存,请与开发人员联系!");
        }
        else
        {
            printf("%s成绩录入成功!\n",stu[m].name);
            m++;
        }
        printf("是否继续录入?(y/n):");          /*询问是否继续*/
        scanf("%s",ch);
    }
    fclose(fp);
}
```

4. 显示学生成绩信息

显示学生信息虽然不是菜单中的选项,由于会在多处显示学生成绩信息,故编写在函数中,以便调用。程序代码如下。

```
void show()                                 /*自定义函数实现显示学生成绩信息*/
{
    FILE *fp;
    int i,m=0;
    fp=fopen("data","r");
    while(!feof(fp))
    {
        if(fread(&stu[m],LEN,1,fp)==1)
            m++;
    }
    fclose(fp);
    printf("学号    姓名    C语言    高数    英语    总分\t\n");
    for(i=0;i<m;i++)
    {
        printf(FORMAT,DATA);                 /*将信息按指定格式打印*/
```

```
        }
    }
```

5. 查询学生成绩信息

查询学生成绩信息只需要输入学号便可进行,若该学号存在,则会提示是否显示该条信息,若学号不存在,则会输出提示信息。查询学生成绩信息结果图如图 20-4 所示。

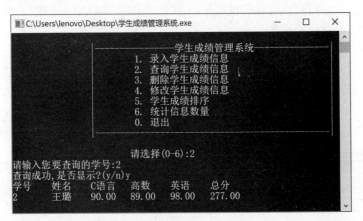

图 20-4　查询学生成绩信息结果图

实现上述功能的程序代码如下。

```
void search()                                      /*自定义函数实现学生成绩信息查询*/
{
    FILE * fp;
    int snum,i,m=0;
    char ch[2];
    if((fp=fopen("data","r"))==NULL)
    {
        printf("系统出错,请与开发人员联系!\n");
        return;
    }
    while(!feof(fp))
        if(fread(&stu[m],LEN,1,fp)==1)
            m++;
    fclose(fp);
    if(m==0)
    {
        printf("无记录!\n");
        getch();
        return;
    }
    printf("请输入您要查询的学号:");
    scanf("%d",&snum);
    for(i=0;i<m;i++)
```

```
        if(snum==stu[i].num)                    /*查找输入的学号是否在记录中*/
        {
            printf("查询成功,是否显示?(y/n)");
            scanf("%s",ch);
            if(strcmp(ch,"Y")==0||strcmp(ch,"y")==0)
            {
                printf("学号    姓名    C语言    高数    英语    总分\t\n");
                printf(FORMAT,DATA);                /*将查找出的结果按指定格式输出*/
                break;
            }
            else
                return;
        }
        if(i==m)
            printf("未找到您要查询的学生信息!\n");   /*未找到要查找的信息*/
        getch();
    }
```

6. 删除学生成绩信息

输入要删除的学生的学号,如果该学号存在,则提示是否删除;如果该学号不存在,则给出提示信息。删除学生成绩信息结果图如图 20-5 所示。

图 20-5　删除学生成绩信息结果图

实现上述功能的程序代码如下。

```
void del()                                    /*自定义函数实现学生成绩信息删除*/
{
    FILE * fp;
    int snum,i,j,m=0;
    char ch[2];
    if((fp=fopen("data","a+"))==NULL)
    {
        printf("系统出错,请与开发人员联系!\n");
```

```
        return;
    }
while(!feof(fp))
    if(fread(&stu[m],LEN,1,fp)==1)
        m++;
    fclose(fp);
    if(m==0)
    {
        printf("无记录!\n");
        return;
    }
    printf("请输入您要删除的学号:");
    scanf("%d",&snum);
    for(i=0;i<m;i++)
        if(snum==stu[i].num)
            break;
     if(i==m)
        {
        printf("对不起,没有您要删除的学生信息!");
        getch();
        return;
        }
        printf("确定删除?(y/n)");
        scanf("%s",ch);
        if(strcmp(ch,"Y")==0||strcmp(ch,"y")==0)    /*判断是否要进行删除*/
        {
            for(j=i;j<m;j++)
                stu[j]=stu[j+1];    /*将后一个记录移到前一个记录的位置*/
                m--;                /*记录的总个数减1*/
                printf("删除成功!\n");
                getch();
            }
            if((fp=fopen("data","w"))==NULL)
            {
                printf("系统出错,请与开发人员联系!\n");
                return;
            }
            for(j=0;j<m;j++)        /*将更改后的记录重新写入指定的磁盘文件中*/
                if(fwrite(&stu[j],LEN,1,fp)!=1)
                {
                    printf("更新失败,请与开发人员联系!\n");
                }
                fclose(fp);
    }
```

7. 修改学生成绩信息

输入学号,若该学号存在,则修改该学号对应的学生成绩信息并保存;若该学号不存在,则给出相应的提示信息。修改学生成绩信息结果图如图 20-6 所示。

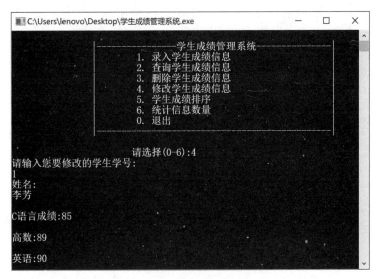

图 20-6　修改学生成绩信息结果图

实现上述功能的程序代码如下。

```c
void modify()                           /*自定义函数实现学生成绩信息修改*/
{
    FILE * fp;
    int i,j,m=0,snum;
    if((fp=fopen("data","a+"))==NULL)
    {
        printf("系统出错,请与开发人员联系!\n");
        return;
    }
    while(!feof(fp))
        if(fread(&stu[m],LEN,1,fp)==1)
            m++;
        if(m==0)
        {
            printf("无记录!\n");
            fclose(fp);
            return;
        }
        printf("请输入您要修改的学生学号:\n");
        scanf("%d",&snum);
        for(i=0;i<m;i++)
            if(snum==stu[i].num)            /*检索记录中是否有要修改的信息*/
                break;
```

```
if(i<m)
{
    printf("姓名:\n");
    scanf("%s",stu[i].name);      /* 输入名字 */
    printf("\nC 语言成绩:");
    scanf("%lf",&stu[i].c);        /* 输入 C 语言程序设计成绩 */
    printf("\n 高数:");
    scanf("%lf",&stu[i].m);        /* 输入高等数学成绩 */
    printf("\n 英语:");
    scanf("%lf",&stu[i].e);        /* 输入英语成绩 */
    stu[i].sum=stu[i].c+stu[i].m+stu[i].e;
}
else
{
    printf("没有您要修改的学生信息!");
    return;
}
if((fp=fopen("data","w"))==NULL)
{
    printf("系统出错,请与开发人员联系!\n");
    return;
}
for(j=0;j<m;j++)                          /* 将新修改的信息写入指定的磁盘文件中 */
    if(fwrite(&stu[j] ,LEN,1,fp)!=1)
    {
        printf("更新失败,请与开发人员联系!");
    }
    fclose(fp);
}
```

8. 学生成绩排序

根据学生的总成绩降序排序。学生成绩排序结果图如图 20-7 所示。

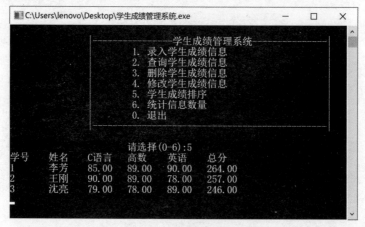

图 20-7 学生成绩排序结果图

实现上述功能的程序代码如下。

```
void order()                            /*自定义函数实现学生成绩排序*/
{
    FILE *fp;
    struct student t;
    int i=0,j=0,m=0;
    if((fp=fopen("data","a+"))==NULL)
    {
        printf("系统出错,请与开发人员联系!\n");
        return;
    }
    while(!feof(fp))
        if(fread(&stu[m] ,LEN,1,fp)==1)
            m++;
    fclose(fp);
    if(m==0)
    {
        printf("无记录!\n");
        getch();
        return;
    }
    for(i=0;i<m-1;i++)
        for(j=i+1;j<m;j++)              /*双重循环实现成绩比较并交换*/
            if(stu[i].sum<stu[j].sum)
            {
                t=stu[i];
                stu[i]=stu[j];
                stu[j]=t;
            }
            if((fp=fopen("data","w"))==NULL)
            {
                printf("系统出错,请与开发人员联系!\n");
                getch();
                return;
            }
            for(i=0;i<m;i++)      /*将重新排好序的内容重新写入指定的磁盘文件中*/
                if(fwrite(&stu[i] ,LEN,1,fp)!=1)
                {
                    printf("更新失败,请与开发人员联系!\n");
                }
            fclose(fp);
            show();
            getch();
```

}

9. 统计信息数量

如果选择"统计信息数量"功能,即统计学生人数,运行结果如图 20-8 所示。

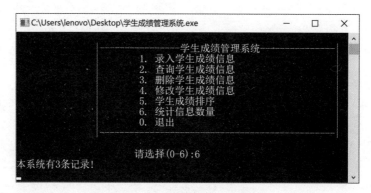

图 20-8　统计学生信息结果图

实现上述功能的程序代码如下。

```
void total(){                              /*自定义函数实现本系统信息数量统计*/
    FILE * fp;
    int m=0;
    if((fp=fopen("data","r"))==NULL){
        printf("系统出错,请与开发人员联系!\n");
        return;
    }
    while(!feof(fp))
        if(fread(&stu[m],LEN,1,fp)==1)
            m++;                           /*统计记录个数,即学生个数*/
    if(m==0){
        printf("无记录!\n");
        fclose(fp);
        return;
    }
    printf("本系统有%d条记录!\n",m);        /*将统计的个数输出*/
    getch();
    fclose(fp);
}
```

10. 系统测试

根据功能模块进行详细的功能测试,部分测试用例见表 20-1,主要关注错误输入值的测试情况。

表 20-1　学生成绩管理系统测试用例表

序号	测试项	前提条件	操作步骤	预期结果	测试结果
1	主菜单	进入主界面	输入 7	返回主菜单	通过
2		进入主界面	输入 0	退出系统	通过
3	录入学生成绩信息模块	主菜单选择 1	录入学生学号为非数值的符号	返回主菜单	通过
4			1. 录入学号为 1 的学生记录 2. 再次录入学号为 1 的记录	提示"您输入的学号已经存在",返回主菜单	通过
5	查询学生成绩信息模块	主菜单选择 2	1. 输入学号 2. 输入"y"	显示学生记录	通过
6	删除学生成绩信息模块	主菜单选择 3	1. 输入学号 2. 输入"y"	删除成功	通过
7	修改学生成绩信息模块	主菜单选择 4	输入修改学生记录	修改成功	通过
8	学生成绩排序模块	进入主界面	输入 5	显示排序结果	通过
9	统计信息数量模块	进入主界面	输入 6	输出学生统计结果	通过

运行结果见"详细设计与实现"部分。

11. 设计总结

本程序不但实现了学生成绩信息的增加、删除、修改、查找等基本功能,而且还实现了成绩的排序和统计等管理功能。此外,可以将学生记录存入文件中,也可以从文件中读取学生记录,并在其基础上进行维护等操作,以提高灵活性。

图 书 资 源 支 持

感谢您一直以来对清华版图书的支持和爱护。为了配合本书的使用，本书提供配套的资源，有需求的读者请扫描下方的"书圈"微信公众号二维码，在图书专区下载，也可以拨打电话或发送电子邮件咨询。

如果您在使用本书的过程中遇到了什么问题，或者有相关图书出版计划，也请您发邮件告诉我们，以便我们更好地为您服务。

我们的联系方式：

地　　址：北京市海淀区双清路学研大厦 A 座 701

邮　　编：100084

电　　话：010－62770175－4608

资源下载：http://www.tup.com.cn

客服邮箱：tupjsj@vip.163.com

QQ：2301891038（请写明您的单位和姓名）

用微信扫一扫右边的二维码，即可关注清华大学出版社公众号"书圈"。

资源下载、样书申请

书圈

扫一扫，获取最新目录